智能图像
处理及应用

ZHINENG TUXIANG CHULI JI YINGYONG

杨露菁　吉文阳　郝卓楠　李翀伦　吴俊锋　编著

中国铁道出版社有限公司
CHINA RAILWAY PUBLISHING HOUSE CO., LTD.

内 容 简 介

本书紧贴当前实际,将最新的人工智能技术与图像处理相结合,系统介绍了智能图像处理的基本概念、处理技术及其应用领域。全书以图像处理基本流程为主线,内容包括智能图像处理技术、图像分割、图像特征提取、目标检测、图像识别、图像跟踪、目标行为分析、图像融合、图像处理应用实例、图像处理发展趋势。本书将智能图像处理算法和大量的应用实例相结合进行阐述,内容涵盖生物医学、机器视觉、智能交通、智能安防、军事等领域,在各章都列举了有代表性的实例,这些实例具有较好的通用性和应用性,便于读者学习理解,并能很快将这些方法投入到实际应用中。

本书适合作为高等院校师生学习智能图像处理技术的教辅材料,也可作为科研院所和公司研发人员的参考用书。

图书在版编目(CIP)数据

智能图像处理及应用/杨露菁等编著 . —北京:中国铁道出版社,2019.3(2020.9 重印)
(人工智能应用丛书)
ISBN 978-7-113-25289-2

Ⅰ.①智… Ⅱ.①杨… Ⅲ.①计算机应用-图像处理
Ⅳ.①TP391.41

中国版本图书馆 CIP 数据核字(2018)第 297054 号

书　　名:智能图像处理及应用
作　　者:杨露菁　吉文阳　郝卓楠　李翀伦　吴俊锋

策　　划:周海燕　　　　　　　　　　　　　编辑部电话:(010)51873090
责任编辑:周海燕　冯彩茹
封面设计:穆　丽
责任校对:张玉华
责任印制:樊启鹏

出版发行:中国铁道出版社有限公司(100054,北京市西城区右安门西街 8 号)
网　　址:http://www.tdpress.com/51eds/
印　　刷:三河市航远印刷有限公司
版　　次:2019 年 3 月第 1 版　2020 年 9 月第 3 次印刷
开　　本:787 mm×1 092 mm　1/16　印张:20　字数:405 千
书　　号:ISBN 978-7-113-25289-2
定　　价:59.00 元

"人工智能应用丛书"编委会

"人工智能应用丛书"序

当前人工智能技术正以前所未有的速度与力量,成长为未来科学技术革命的重要驱动力,它将进一步促进新兴科技、新兴产业的发展与深度融合,推动新一轮的信息技术革命,成为经济结构转型升级的新支点。2017 年 10 月 24 日习近平总书记在中国共产党第十九次全国代表大会报告中明确提出要发展人工智能产业与应用。

人工智能作为科技领域最具代表性的技术,在我国已取得了重大的进展,近期,它在人脸识别、自动驾驶汽车、机器翻译、智能机器人、智能客服等多个应用领域取得了突破性进展,这标志着新的人工智能时代已经来临。国务院于 2017 年 6 月出台了"新一代人工智能发展规划"。根据此规划,我国在人工智能领域发展分为 2018—2020 年、2021—2025 年及 2026—2030 年三个阶段实施。到 2030 年在人工智能理论、技术与应用方面全面达到国际领先水平。2018 年伊始,工信部根据此规划,发布了 2018—2020 三年行动计划,其主要目标是使人工智能产业与集成应用在我国落地生根。

为了响应党和政府的号召,为发展新兴产业,同时满足读者对人工智能的认识需要,人工智能应用丛书编委会联合中国铁道出版社组织并推出以阐述人工智能应用为主的系列丛书,命名为"人工智能应用丛书"。本丛书以应用为驱动,应用带动理论,反映最新发展趋势作为主要编写方针。本丛书大胆创新、力求务实,在内容编排上努力将理论与实践相结合,尽可能反映人工智能领域的最新发展;在内容表达上力求由浅入深、通俗易懂;在内容和形式体例上力求科学、合理、严密和完整,具有较强的系统性和实用性。

本丛书适合人工智能产品开发和应用人员阅读,也可作为高等院校计算机专业、人工智能相关专业的课程教材及教学参考材料以及对人工智能领域感兴趣的读者阅读。

本丛书在出版过程中得到了计算机界、人工智能界很多专家的支持和指导,特别是得到了何新贵院士的指导与帮助,本丛书的完成不但是全体作者的共同努力,同时也参考了许多中外有关研究者的文献和著作,在此一并致谢。

人工智能是一个日新月异、不断发展的领域,许多理论与应用问题尚在探索和研究之中,观点的不同、体系的差异在所难免,如有不当之处,恳请专家及读者批评指正。

"人工智能应用丛书"编委会
2018 年 1 月

前　言

近年来人工智能尤其是深度学习的发展已超出人们的预料,广泛应用于视频图像领域,并且取得了极大的成功。智能图像处理从早期在军事、科研领域的"小众"应用,发展至今已经广泛应用到智慧城市、医疗、交通、安防、农业、工业、娱乐等各行各业,成为与人们生活和生产息息相关的"大众"应用。

本书紧贴当前实际,将最新的人工智能技术与图像处理相结合,系统介绍了智能图像处理的基本概念、处理技术及其应用领域。全书以图像处理基本流程为主线,内容包括智能图像处理技术、图像分割、图像特征提取、目标检测、图像识别、图像跟踪、目标行为分析、图像融合、图像处理应用实例、图像处理发展趋势。

第 1 章介绍智能图像处理的基本概念、图像处理过程、图像处理发展历史以及智能图像处理的应用领域。第 2 章介绍智能图像处理技术基础,包括机器学习理论、神经网络以及深度学习算法,为后续将这些智能方法应用于图像处理各环节奠定基础。第 3 章介绍智能图像分割的基本概念、智能图像分割方法及其多领域实际图像分割效果。第 4 章介绍智能图像特征提取的基本概念,图像底层特征及其特征提取方法,图像深层特征和深度学习特征提取方法,以及实际问题的图像特征。第 5 章介绍智能目标检测的基本概念和技术框架,基于深度学习的智能目标检测算法以及智能目标检测的应用。第 6 章介绍智能图像识别的基本原理及其应用,包括文字识别、人脸识别、手部生物特征识别。第 7 章介绍智能图像跟踪的概念、跟踪步骤和目标跟踪算法分类、智能目标跟踪方法以及跟踪应用的例子。第 8 章介绍智能视频行为分析及其应用,包括智能视频分析的基本概念、实现方式、功能,以及典型的行为分析的例子。第 9 章介绍智能图像融合的基本概念、基于卷积神经网络的智能图像融合方法,以及图像融合在医学、遥感、交通领域的应用。第 10 章列举了智能图像处理的部分实际应用,内容囊括身份鉴别、智能安防、机器视觉、人机交互几个方面。第 11 章介绍智能图像处理技术和应用方面的发展趋势,阐述了智能图像处理的发展动力和发展趋势,介绍了图像处理与分析的开发平台,分析了智能图像处理存在的问题。

本书由杨露菁、吉文阳、郝卓楠、李翀伦、吴俊锋编著。具体分工如下:海军工程大学的杨露菁,负责全书主要章节的编写及统稿;中国科学院的吉文阳编写第 5、6 章的部分内容,航天科技集团的郝卓楠编写第 8、10 章的部分内容,某部研究院的李翀伦编写第 3、7 章的部分内容,中国电子科技集团的吴俊锋编写第 11 章和第 9 章的部分内容。

本书由南京大学计算机科学与技术系徐洁磐教授主审,他对本书的构思及内容提出了宝贵意见,在本书付梓之际特表示衷心感谢。

本书将智能图像处理算法和大量的应用实例相结合进行阐述,内容涵盖生物医学、机器视觉、智能交通、智能安防、军事等领域,在各章都列举了有代表性的实例,这些实例具有较好的通用性和应用性,便于读者学习理解,并能很快将这些方法投入到实际应用中。

本书参考了大量国内外学者的学术论文和互联网资讯,在书后列举了这些参考文献,在此对原作者表示衷心的感谢! 由于作者学识有限,书中难免存在疏漏和不足之处,敬请批评指正。

编　者

2019 年 1 月

目　录

第6章　智能图像识别 ································· 143

第1章

绪　　论

近年来,图像处理领域已成为人工智能技术应用最为成熟的一个方面,本章概述智能图像处理的基本概念及其应用领域,包括图像与图像处理的基本概念、图像处理过程及图像处理任务、智能图像处理的基本概念、智能图像处理常用的基准数据库和基准测试,以及智能图像处理在医疗领域、机器视觉、智能交通、智能安防和军事领域的应用。

●●●●●● 1.1　图像与图像处理概述 ●●●●●

1.1.1　图像与图像处理的概念

在地球生物向更高智慧水平进化的过程中,视觉是非常重要的推动力量。寒武纪大爆发之后,地球上几乎所有的动物都进化出了某种形式上的视觉系统。5.4 亿年之后的今天,对于人类,眼睛已成为最重要的传感器,超过一半的大脑都会参与视觉功能,人类的视觉系统是令人惊叹的。1996 年,神经心理学家 Simon J. Thorpe 在《自然》上发表了一项研究,通过脑电波观察人脑对复杂图像进行分类的速度,发现仅需 150 μs,大脑就会发出一道区分信号,对画面中的物体是否为动物做出判断。这说明对物体的识别是视觉最基础的部分之一。视觉是人类发展的重要基石,在过去的几亿年中,不同生物的视觉系统不断发展,至今已成为人类大脑中最复杂的系统。

视觉系统的发展使得图像成为人类和各种生物认识世界的最重要的信息来源,据国内外学者的统计,人类所得到的外界信息中有 80% 以上都是来自于眼睛所摄取到的图像。在许多场合中,图像中传递出来的信息较之其他方式更为形象、直观、内容丰富,古人云"百闻不如一见""一目了然"便是这个道理。人类的视觉感知是有限的,仅对电磁波谱中的视觉波段敏感。但是随着科技的发展,成像机器能够捕获的电磁谱段越来越多,从伽马射线到无线电波,并能通过各种图像处理技术,将其转换成可见图像。广义上,图像就是所有具有视觉效果的画面,包括纸介质上的,底片或照片上的,电视、投影仪或计算机屏幕上的。

根据图像记录方式的不同,可分为两大类:模拟图像和数字图像。模拟图像可以通过某种物理量(如光、电等)的强弱变化来记录图像亮度信息,例如模拟电视图像;对模拟图像进行采样量化处理后,就可以得到一幅数字图像,它是用计算机存储的数据来记录图像上各点的亮度信息。将其在横向与纵向上等间距地进行分割,构成矩形网状结构,所形成的微小方格称为像素点,简称像素。

彩色数字图像可以用一个三维数字矩阵 $A_{m \times n \times r}$,$(r = 1,2,3)$ 来表示。矩阵中的每个元素处的值称为像素值,一般取整数。$r = 1,2,3$ 代表红色、绿色、蓝色三个通道。红色、绿色、蓝色三个通道的缩览图均以灰度显示。当只有一个通道时,图像称为灰度数字图像,对应的数字图像矩阵元素取值为 $[0,255]$,通常显示为从最暗的黑色到最亮的白色的灰度。若 L 为数字图像中所有像素所具有的离散灰度的个数,则称 L 为该幅图像的灰度级数,描述了图像中不同灰度值的个数,一般取 2^k。灰度级数越多,图像层次越清楚逼真。灰度级数取决于每个像素对应的存储单元的位数,如每个像素的颜色用 16 位二进制数表示,就称为 16 位图,它可以表达 2^{16} 即 65 536 种颜色;同理,如果每一个像素采用 24 位二进制数表示,就称为 24 位图,它可以表达 2^{24} 即 16 777 216 种颜色。

分辨率是衡量图像细节表现力的技术参数,通常是以像素数来计量的,如 1 024 × 1 024。一幅精度为 1 024 × 1 024 × 10 bit 的数字图像表示每个像素点的量化数为 10 bit(10 比特),灰度级数为 2^{10} = 1 024 级。

数字图像处理是指通过数学计算的方式对那些不符合人们日常视觉或者应用需求的原始图像进行加工和处理,以改善人类的视觉效果,符合人类的视觉需求和应用需求,从而大大延伸人类观测和认识客观世界的能力。近年来,随着计算机技术和人工智能技术的飞速发展,数字图像处理技术得到迅速发展,它与机器视觉、计算机视觉、人工智能、机器学习、神经生物学、统计学、几何学、光学等学科都有交叉,其学科关系如图 1 − 1 所示。

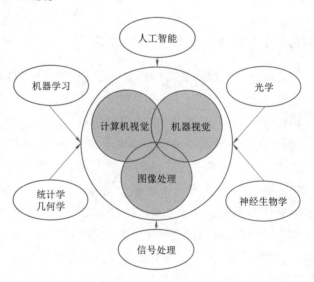

图 1 − 1　数字图像处理技术相关学科关系图

1.1.2　图像处理过程

人类之所以能在自然界中长期生存,一个重要原因是拥有迅速认识并理解所处环境的能力,而这其中关键的环节就是利用人类自身的视觉系统。研究如何让计算机具有观察、识别、分析事物的能力是计算机视觉的研究领域,最终目的是期望计算机能够达到像人类视觉系统那样的能力,包括目标分类、目标识别、姿态估计、三维重建等。

尽管人类的视觉感知很快速方便,但是利用计算机自动处理和分析图像信息,使它被人们所理解并不是一个简单的过程,这涉及一系列复杂的过程,需要各种图像处理技术来完成。

图像处理技术的广义含义是指各种与图像相关的技术的总称,泛指对各种图像信息进行加工、分析、处理以达到预期目的的技术,如图像获取、图像存储、图像压缩、图像编码、图像传输、图像变换、图像增强、图像滤波、图像复原、图像分割、目标检测、图像识别等。一般来讲,对图像进行处理(或加工、分析)的主要目的有以下几个方面:

(1)图像增强和复原,改善图像的视觉效果和提高图像的质量。在图像的采集、保存以及处理过程中,可能含有噪声、出现失真,这对图像的高质量处理存在消极的影响,因此需要进行图像的亮度、彩色变换,增强、抑制某些成分,对图像进行几何变换等,以改善图像的质量。突出图像中人们感兴趣的区域,去除或减弱无用的信息和噪声,提高图像的清晰度等。如强化图像高频分量,可使图像中物体轮廓清晰,细节明显;强化低频分量可减少图像中的噪声影响。图像复原要求对图像降质的原因有一定的了解,一般应根据降质过程建立"降质模型",再采用某种滤波方法,恢复或重建原来的图像。

(2)提取图像中包含的某些特征或特殊信息,为计算机分析图像提供便利。例如提取特征或信息作为模式识别或计算机视觉的预处理。提取的特征包括很多方面,如频域特征、灰度或颜色特征、边界特征、区域特征、纹理特征、形状特征、拓扑特征和关系结构等。

(3)图像数据的变换、编码和压缩,以便于图像的存储和传输。图像变换可以直接在空间域中进行,但是由于图像阵列很大,计算量很大。因此,往往通过各种图像变换的方法,将空间域的处理转换为变换域处理,如傅里叶变换、沃尔什变换、离散余弦变换、小波变换等,以减少计算量,或者获得在空间域中很难甚至是无法获取的特性。图像编码压缩技术可减少图像数据量(即比特数),节省图像传输、处理时间,减少所占用的存储器容量。压缩可以在不失真的前提下获得,也可以在允许的失真条件下进行。编码是压缩技术中最重要的方法,在图像处理技术中是发展最早且比较成熟的技术。

(4)图像分割。根据几何特性或图像灰度选定的特征,将图像中有意义的特征部分提取出来,包括图像中的边缘、区域等,这是进一步进行图像识别、分析和理解的基础。虽然已研究出不少边缘提取、区域分割的方法,但还没有一种普遍适用于各种图像的有效方法。因此,图像分割是图像处理中研究的热点之一。

(5)图像重建。通过物体外部测量的数据,经数字处理获得三维物体的形状信息的技术。图像重建的典型应用就是 CT 技术,它的主要算法有傅里叶反投影法、代数法、卷积反投影法和迭代法。近年来,三维重建算法发展很快,而且它与计算机图形学相结合,可以把多个二维图像合成三维图像,并加以光照模型和各种渲染技术,从而生成各种具有高品质和强烈真实感的图像。

(6)图像描述。图像描述是图像识别和理解的必要前提。作为最简单的二值图像可采用几何特性描述物体的特性,一般图像的描述方法采用二维形状描述,有边界描述和区域描述两类方法。对于特殊的纹理图像可采用二维纹理特征描述。随着图像处理研究的深入发展,已经开始进行三维物体描述的研究,出现了体积描述、表面描述、广义圆柱体描述等方法。

(7)图像分类、识别。图像分类、识别属于模式识别的范畴,主要内容是图像经过某些预处理(增强、复原、压缩)后,进行图像分割和特征提取,从而进行判决分类。图像分类常采用统计模式分类、句法(结构)模式分类和人工神经网络模式分类等方法。

上述图像处理技术可以纳入图1-2所示的层次结构中,包括低层的图像采集与图像预处理;中间处理层的图像表达、目标检测、特征提取与匹配、目标跟踪、物体识别与分类等;高层的信息分析,包括动作分析、行为分析、场景语义分析等。

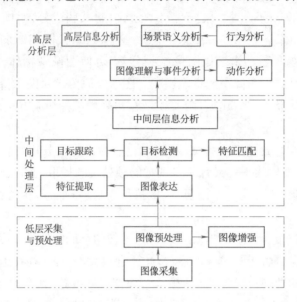

图1-2 图像处理的层次结构

(1)低层采集与预处理。指的是像素层次上的处理,这个层次的目的是改善图像的质量。它是对图像进行各种加工如图像滤波、图像增强,以改善图像视觉效果并为其后的目标自动识别奠定基础,或者对图像进行压缩编码以减少图像存储所需的空间或图像传输所需的时间。这是一个从图像到图像的过程,主要在图像像素级上进行处理,处理的数据量非常大。

(2)中间处理层。图像分析主要是对图像中感兴趣的目标进行检测和测量,以获得它们的客观信息,从而建立对图像和目标的描述。图像分析是一个从图像到数据的过程,这里的数据可以是对目标特征测量的结果,或是基于测量的符号表示。图像分析涉及图像表达、特征提取、目标检测、目标跟踪和目标识别。将原来以像素描述的图像转变成比较简洁的非图像的描述,如得到图像中目标的类型。

(3)高层分析层。指的是在中层处理的基础上进行图像理解与事件分析,包括目标动作分析、行为分析、场景语义分析。图像处理的最高目标是让计算机具有人那样的视觉系统,这样在某些领域可以代替人更好地完成任务,这个层次的目标是使计算机具有通过二维图像认知三维环境信息的能力,这种能力将不仅使计算机能感知三维环境中物体的几何信息,包括它们的形状、位置、姿态、运动等,还能对它们进行描述、存储、识别与理解。它是在高层次上对从描述抽象出来的符号进行运算,处理过程与人类的思维推理具有相似之处。

1.1.3 图像处理任务

一般而言,计算机视觉中关于图像处理的任务如图 1 - 3 所示,其典型技术路线是:目标分割→目标检测→目标识别→目标跟踪。

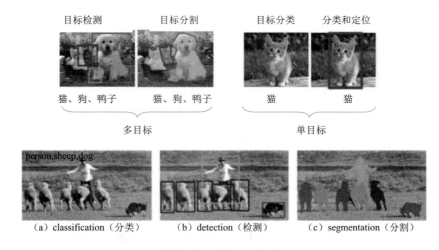

图 1 - 3 图像处理任务

1. 目标分割(Target Segmentation)

目标分割分为实例分割(Instance-level)和场景分割(scene-level),解决"每一个像素属于哪个目标物或场景的问题"。假定数据是图像,任务是把目标分割出来,即提取出哪些像素是用于表述目标的。

2. 目标检测(Target Detection)

目标检测是在一幅图像或一个序列图像(如视频)中判断是否有目标,若有则返回目标的大小、位置等信息,一般用矩形框表示。旨在解决"有什么?"的问题。

3. 目标识别(Target Recognition)

目标识别是在假设图像或图像序列中有目标的情况下,根据目标特征判断目标的类型、身份等信息。即给定一张图片或视频,判断里面包含的目标是什么类型,例如图 1 -3 中的猫、狗和鸭子。旨在解决"是什么?"的问题。

4. 目标跟踪(Target Tracking)

目标跟踪是在视频中跟踪目标运动轨迹,涉及的数据一般是时间序列,完成这个任务首先要进行目标定位(Target Locating),即定位出这个目标的位置。然后在后面的序列数据中,快速高效地对目标进行再定位。为了避免不必要的重复计算,可以充分利用时间序列的相关性。旨在解决"在哪里?"的问题。

需要说明的是,分类(Classification)技术可以用于上述目标分割、检测、识别中,例如目标分割问题可以看成是像素层面的分类问题,即把每一个像素标签化,找出感兴趣的那一类标签对应的像素;也可以是聚类问题,即不知道像素的标签,但通过某些特征可以对像素进行分类。目标检测相当于目标"有"或"无"的分类问题。目标识别是一个基于分类的识别问题,即在所有的给定数据中,找出哪些是目标。这个分类的层面往往不是针对像素,而是给定的一些分类,或定义的对象,或图像本身。

为了便于理解上述过程,下面给出一个例子,如需要对视频中的小明进行跟踪,处理过程如下:

(1)采集第一帧视频图像,因为人脸部的肤色偏黄,因此可以通过颜色特征将人脸与背景分割出来(目标分割)。

(2)分割出来后的图像有可能不仅仅包含人脸,可能还有部分环境中颜色也偏黄的物体,此时可以通过一定的形状特征将图像中所有的人脸准确找出来,确定其位置及范围(目标检测)。

(3)接下来需要将图像中的所有人脸与小明的人脸特征进行对比,找到匹配度最好的,从而确定哪个是小明(目标识别)。

(4)之后的每一帧就不需要像第一帧那样在全图中对小明进行检测,而是可以根据小明的运动轨迹建立运动模型,通过模型对下一帧小明的位置进行预测,从而提升跟踪的效率(目标跟踪)。

1.2 智能图像处理概述

1.2.1 智能图像处理概念

人工智能(Artificial Intelligence,AI)是研究、开发用于模拟、延伸和扩展人的智能的理论、方法、技术及应用系统的一门技术科学。随着20世纪40年代计算机的出现,以及50年代人工智能的兴起,人们希望用计算机来代替或扩展人类的部分脑力劳动,从而提高模式识别的自动化程度。近50年来,人工智能获得了很大发展,它引起众多学科和不同专业背景学者的日益重视,成为一门广泛的交叉和前沿科学。近10年来,现代计算机的发展已能够存储极大量的信息,进行快速信息处理,软件功能和硬件实现均取得长足进步,从而使人工智能获得进一步的应用。自2016年3月Alpha Go大胜世界围棋冠军李世石后,人工智能的巨大潜力引起全世界的高度关注,各国都纷纷采取措施追赶这一来势凶猛的科技革命浪潮。

目前图像处理已经进入了智能化的时代。自2006年以来,人工智能领域中的深度学习(Deep Learning,DL)课题开始受到广泛关注,谷歌、微软、百度等拥有大数据的高科技公司相继投入大量资源进行深度学习技术研发,并在语音、图像、自然语言等领域取得显著进展。如今深度学习一统计算机视觉江湖,它在图像分类领域取得的成就尤为显著。从对实际应用的贡献角度来说,深度学习将图像分类精度提升到一个全新的高度,并且它可能是机器学习领域近十年来最接近人工智能的研究方向。

图像处理领域是人工智能技术应用最为成熟的一个方面,人工智能的发展对视觉研究的作用明显。人类视觉系统演化用了 500 多万年的时间,而人工智能计算机视觉发展只用了 15 年左右。在计算机图像识别领域,近 8 年时间,视觉识别的错误率已降到了原来的 1/10。人脸识别、物体跟踪等技术已经在许多场景中得到应用,如"智能购物场景""居住安全人脸识别""无人车技术""医疗影像和病理分析"等。

在人工智能的研究中,对于人类的感知信息的分析、理解与描述是当前的热点,也是难点。令机器拥有视觉功能是人类多年来的梦想。计算机视觉正是研究如何令计算机像人类那样"看"的一门学科。具体来说,它是通过利用摄像机和计算机来模拟人眼,使其具有类似人类对目标的分割、分类、识别、跟踪与判别决策的功能。随着计算机视觉与模式识别研究领域的快速发展,许多研究成果已逐步成功应用到自主导航、文档分析、医疗诊断、军事目标跟踪等系统中。然而目前计算机对于场景中目标的理解和描述并没有具备像生物那样的高效性及灵活性,因此对图像视频的理解与描述仍然是目前计算机视觉研究领域的前沿课题。

计算机人工智能能够实现图像信息理解、处理和决策。在图像处理中,神经网络可用于图像压缩,将图像输入层和输出层设置较多节点,中间传输层设置较少节点,学习后的网络可以较少的节点表示图像,用于存储和传输环节,节约了存储空间,提高了传输效率,最后在输出层将图像还原。神经网络也可用于图像分割,还可用于图像分析中的特征提取以及图像识别分类,如利用神经网络对人类染色体图像进行分类,对手写体数字进行多分辨率识别等。

深度学习是科技巨头竞争激烈的技术阵地,包括谷歌、微软、脸谱、亚马逊、苹果、百度都投入重金,并在图像识别竞技场上展开激烈角逐。在 2012 年,由 Dean 和 Andrew 共同主持的 Google Brain 计划中,通过 16 000 片 CPU 构建起大规模的深层网络,实现了对猫图像的卓越辨识能力。同年开展的 ImageNet 竞赛当中,含有五个卷积层的 AlexNet 在图像特征识别方面表现出了巨大的威力;而 2014 年,GoogleNet 建立了含有 59 个卷积层的深度学习网络。随着深度学习理论研究的不断推进和实际应用成果的快速涌现,许多公司都投入巨资,组建以"基于深度学习的图像识别"为主要研究对象的技术团队。

在我们的日常生活中,许许多多的应用背景都广泛应用智能图像处理和视频处理过程。以智能视频监控系统为例,它广泛应用于军事、金融、交通、公安及其他重要场所,能够获得大量的图像帧,利用图像处理技术获取其中的有价值信息,在图像或图像序列与事件描述之间建立映射关系,从而使计算机能够通过数字图像处理和分析来理解视频画面中的内容,从繁杂的视频图像中分辨、识别出关键目标的行为,过滤用户不关心的信息,自动分析和抽取视频源中的关键信息。如检测感兴趣目标的存在、识别目标的种类、跟踪运动目标、分析和理解目标行为等。

智能视频监控在不需要人为干预的情况下,利用图像分析技术对摄像机拍录的图像序列进行自动分析,实现对动态场景中目标的定位、识别和跟踪,并在此基础上分析和判断目标的行为,得出对图像内容含义的理解以及对客观场景的解释,从而指导和规划行动。如图1-4所示,智能视频监控图像处理的核心任务包括目标检测、目标分类、目标跟踪、行为理解与描述等内容。其中目标跟踪与目标检测是智能视频分析技术的低级部分,目标分类和行为理解是智能视频分析技术的高级部分。

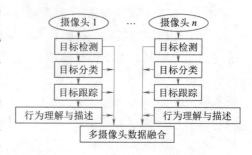

图1-4 智能视频监控图像处理过程

一般情况下,智能视频分析的基本过程是从给定的视频中读取每帧图像,判断输入图像中是否有运动目标,接下来判断运动目标是否为监控目标,最后对该目标根据需求进行监控、跟踪或是行为理解等分析。

本书参照计算机视觉中图像处理任务的典型技术路线以及智能视频监控图像处理过程,理论和实践相结合,构建了图1-5所示的内容框架。第1章概述智能图像处理的相关概念和应用领域,第2章概括全书用到的人工智能图像处理技术,第3章图像分割和第4章图像特征提取是图像处理各阶段的基础,后面各章依次介绍目标检测、目标识别、图像跟踪、目标行为分析等内容。第9章在单图像源处理的基础上,介绍多源图像融合。第10章介绍图像处理在实际中的应用。第11章概述智能图像处理的发展趋势。

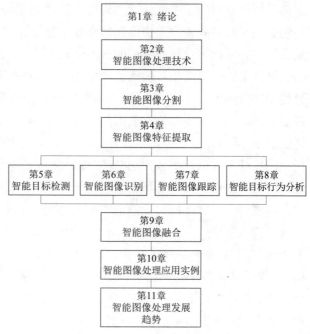

图1-5 本书内容框架

1.2.2 智能图像基准数据集

在图像处理及其应用领域中大部分都需要用到物体的识别、检测和分类功能,目前国内外研究人员提出了很多智能图像检测、识别算法,那么应该怎样评价这些算法的有效性,从而给业界提供更好的解决方案呢?每一个算法的设计者都会运用自己搜集到的场景图片对算法进行训练和检测,这个过程就逐渐形成了数据集(Dataset)。但是这样形成的数据集存在很大的偏向性。因为即使笔者可以随机搜集图片,在筛选时也存在作者对事物的主观判断,而这种判断在其他人眼中就会觉得不公平。同时为了比较不同的算法效率,设计者也会运用数据集进行性能比较。这就需要有一个大家公认的评估数据集,用以评价各种方法的优劣。下面介绍一些常用的数据集,在本书后面会用到部分数据集。

1. 综合数据集

1) Caltech

Caltech 是加州理工学院的图像数据库,包含 Caltech101 和 Caltech256 两个数据集。这个数据集是由李飞飞等人在 2003 年 9 月收集而成的。Caltech101 包含 101 种类别的物体,每种类别约 40 ~ 800 个图像,大部分类别约有 50 个图像。Caltech256 包含 256 种类别的物体,约 30 607 张图像。部分图像如图 1 - 6 所示。

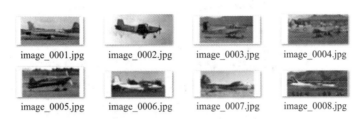

图 1 - 6 Caltech 部分图像

2) Corel5k

Corel5k 数据集是科雷尔(Corel)公司收集整理的 5 000 幅图片,可以用于图像分类、检索等实验。它是图像实验的事实标准数据集,被广泛应用于标注算法性能的比较。包含 50 个语义主题,如有公共汽车、恐龙、海滩等。每个语义主题包含 100 张大小相等的图像。Corel5k 图像库通常被分成三个部分:4 000 张图像作为训练集,500 张图像作为验证集用来估计模型参数,其余 500 张作为测试集评价算法性能。部分图像如图 1 -7 所示。

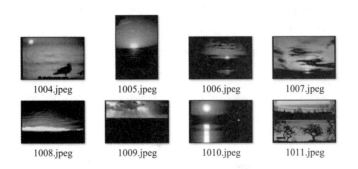

图 1 -7 Corel5k 部分图像

3) CIFAR(Canada Institude For Advanced Research)

CIFAR 是由加拿大先进技术研究院收集的包含 8 亿张小图片的数据集,有 CIFAR-10 和 CIFAR-100 两个数据集。CIFAR-10 由 60 000 张 32×32 的 RGB 彩色图片构成,共 10 个类别。50 000 张训练,10 000 张测试(交叉验证)。这个数据集最大的特点在于将识别迁移到了普适物体,而且应用于多个类别分类。CIFAR-100 由 60 000 张图像构成,包含 100 个类别,每个类别 600 张图像,其中 500 张用于训练,100 张用于测试。其中这 100 个类别又组成了 20 个大的类别,每个图像包含小类别和大类别两个标签。部分图像如图 1-8 所示。

图 1-8　CIFAR 部分图像

2. 人脸数据集

1)AFLW(Annotated Facial Landmarks in the Wild)

AFLW 人脸数据库是一个包含多姿态、多视角的大规模人脸数据库,而且每张人脸都被标注了 21 个特征点。这个数据库信息量非常大,包含了各种姿态、表情、光照、种族等因素影响的图片。AFLW 人脸数据库大约包括 25 000 万已手工标注的人脸图片,其中 59% 为女性,41% 为男性,大部分图片为彩色,少部分是灰色图片。这个数据库非常适合用于人脸识别、人脸检测、人脸对齐等方面的研究,具有很高的研究价值。部分图像如图 1-9 所示。

image00002.jpg　image00013.jpg　image00014.jpg　image00019.jpg

image00047.jpg　image00048.jpg　image00049.jpg　image00050.jpg

图 1-9　AFLW 部分图像

2）FDDB（Face Detection Data Set and Benchmark）

FDDB 数据集主要用于约束人脸检测研究，选取自然环境中拍摄的 2 845 个图像，5 171 张人脸作为测试集，是一个广泛使用的权威的人脸检测平台。部分图像如图 1-10 所示。

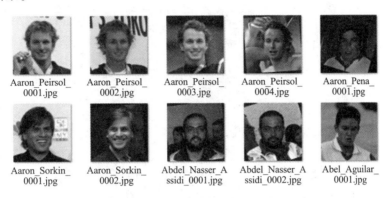

图 1-10 FDDB 部分图像

3）GENKI

GENKI 数据集由加利福尼亚大学的机器概念实验室收集。该数据集包含 GENKIR2009a、GENKI-4K、GENKI-SZSL 三个部分。GENKI-R2009a 包含 11 159 个图像，GENKI-4K 包含 4 000 个图像，分为"笑"和"不笑"两种，每个图片的人脸的尺度大小、姿势、光照变化、头的转动等都不一样，专门用于做笑脸识别。GENKI-SZSL 包含 3 500 个图像，这些图像包括广泛的背景，如光照条件、地理位置、个人身份和种族等。部分图像如图 1-11 所示。

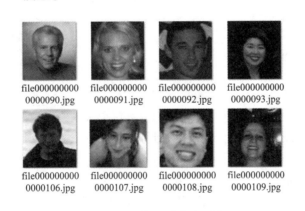

图 1-11 GENKI 部分图像

4）MegaFace

MegaFace 是由美国华盛顿大学（University of Washington）计算机科学与工程实验室于 2015 年发布的公开人脸数据集，数据集中包含 690 572 个人，超过百万张图像，这是第一个百万规模级别的面部识别算法测试基准。为了比较现有的公开的脸部识别算法的准确度，华盛顿大学开展了一个名为"MegaFace Challenge"的公开竞赛，这个项目旨在研究当数据库规模提升数个量级时,现有的脸部识别系统能否维持可靠的准确率。MegaFace 成为目前世界范围内最为权威热门的评价人脸识别性能的指标。部分图像如图 1 - 12 所示。

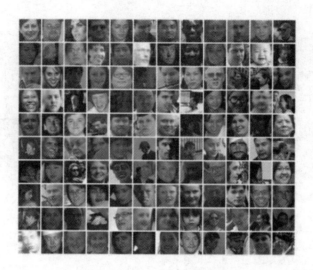

图 1 - 12　MegaFace 部分图像

3. 行人检测数据集

1) INRIA Person Dataset

IIRIA 数据集是最常使用的行人检测数据集。其中正样本(行人)为 png 格式,负样本为 jpg 格式。里面的图片分为只有车、只有人、有车有人、无车无人四个类别。图片像素为 70×134、96×160、64×128 等。具体图像如图 1 - 13 所示。

crop_000004b.png　crop_000005a.png　crop_000005b.png　crop_000005c.png

crop_000007a.png　crop_000007b.png　crop_000008a.png　crop_000008b.png

图 1 - 13　INRIA 数据集部分图像

2) Caltech Pedestrian Detection Benchmark

加州理工学院的步行数据集包含大约 10 小时的像素为 640×480 的视频。主要是在一个行驶在乡村街道的小车上拍摄的,视频大约 250 000 帧,共有 350 000 个边界框和 2 300 个特定的行人进行了注释。具体图像如图 1 - 14 所示。

图 1 - 14 Caltech 数据集部分图像

4. 车辆数据集

1）斯坦福车辆数据集

数据集包含 16 185 张图片,196 种类型的车。其中训练数据集包含 8 144 张图片,测试数据集 8 041 张。只包含正样本,可以用来进行模型训练。数据库的一些样本如图 1 - 15 所示。

图 1 - 15 斯坦福车辆检测数据库样本示意图

2）伊利诺伊车辆数据集

这个数据集由伊利诺伊大学(UIUC)提供,是通过车载视角拍摄得到的图片,包含 1 050 张 pgm 格式的图片,其中有 550 张图片包含车辆,另外 500 张不包含车辆,并且有多个尺度大小的车辆图片。这个数据集相对比较小,且全部是灰度图片。在这个数据集中也包含其评价准则。

3）CompCars 车辆数据集

CompCars 数据集包含 208 826 个车辆图片,1 716 种最新款的车辆型号,是由实际场景和网上图片组成的数据集。与之前数据库相比,CompCars 包含了车辆的层次结构(如车辆制造、模型、生产年份),属性(最大速度、配置、车门数量、车辆座位数、车型),外观(前面、后面、侧面),车辆部件(前灯、尾灯,雾灯、进气孔、仪表台、方向盘、变速杆)等。具体图像如图 1 - 16 所示。

图 1 – 16　CompCars 数据集部分图像

5. 字符数据集

MNIST(Mixed National Institute of Standards and Technology)是一个大型手写体数字数据库,广泛应用于机器学习领域的训练和测试,由纽约大学整理。MNIST 包含 60 000 个训练集,10 000 个测试集,每张图都进行了尺度归一化和数字居中处理,固定尺寸大小为 28 × 28。具体图像如图 1 – 17 所示。

6. 人群密度估计数据集

1) UCSD 数据集

UCSD 数据集分为 UCSD Pedestrain、people annotation、people counting 三个部分。具体图像如图 1 – 18 所示。

图 1 – 17　MNIST 数据集部分图像

图 1 – 18　UCSD 数据集部分图像

2) PETS

该数据集包含 S0、S1、S2、S3 四个子集,S0 为训练数据,S1 为行人计数和密度估计,S2 为行人跟踪,S3 为流分析和事件识别。具体图像如图 1 – 19 所示。

图 1 – 19　PETS 数据集部分图像

1.2.3 智能图像处理基准测试

目前国际上很多智能图像处理算法竞赛是在一些基准测试数据集上进行的。

1. ImageNet 图像识别竞赛

ImageNet 是现任美国斯坦福大学副教授,曾在普林斯顿大学研究人工智能的华裔科学家 Fei-Fei Li(李飞飞)建立的一个计算机视觉系统识别库,是目前世界上图像识别最大的数据库。从 2007 年到 2009 年,ImageNet 利用人工、互联网分时雇佣平台等传统方法,收集了超过 320 万个被标记的图像,分为 12 个大类别、5 247 个小类别,如哺乳动物、汽车和家具等。图 1 - 20 所示为部分图像。

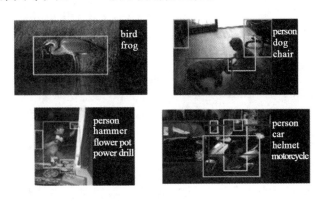

图 1 - 20　ImageNet 部分图像

计算机图像识别基本上都是在一个算法的基础上,用大量分类图片来训练,以达到识别特定物体的效果。例如,如果想让一个 AI 认识猫,就必须给它看很多很多不同角度、不同花色、不同姿态的猫的照片,最终 AI 可以判断任意一张图片里是不是有猫。所以,作为一个基准图片库,ImageNet 不仅可以用来训练 AI,还能够验证 AI 是否准确认出了图片里的内容。

2010 年开始,ImageNet 设立了竞赛规则,开始邀请全世界的计算机科学研究者参加竞赛,比赛内容是比较算法识别特定图像的错误率。从 2011 年到 2017 年每年举办一次 ImageNet 大赛,引起了国内外各大名校、IT 公司和网络巨头的关注。

2012 年的 ImageNet 比赛是一个里程碑。来自多伦多大学的 Geoffrey Hinton、Ilya Sutskever 和 Alex Krizhevsky 提交了名为"AlexNet"的深度卷积神经网络算法,这种算法的图形识别错误率低至 16% ,比第二名的错误率低 40% 以上。可以说,人工智能在"看特定的图"这件事上第一次接近了人类。从此,深度卷积神经网络算法成为主流的研究方向,图形识别的错误率也一再降低。

2014 年,Google 组建的团队 GoogleNet 将物体识别的准确率从前一年的 22.6% 提高到了 43.9% ,但之后没有再参加比赛。2015 年的比赛中,计算机看图的错误率已经低至百分之几,研究者认为,计算机在这种特殊的任务中已经超越了人类。

2015 年之后,由中国政府资助、中国人参与的团队开始在 ImageNet 中获得更好的成绩。2016 年,公安部第三研究所资助的 Trimps-Soushen 获得"图像目标定位"单项的第一名;南京信息工程大学团队 NUIST 获得"视频中物体探测"子项目的第一;监控摄像机厂商海康威视 HikVision 获得"场景分类"单项的第一。

2017 年的 ImageNet 大赛是最后一届,27 支参赛团队超过半数来自中国。其中 WMW 团队以 2.25% 的错误率赢得了图像分类竞赛,团队三人来自北京初创公司 Momenta,一人来自牛津大学;物体识别比赛中,DBAT 团队的识别精确度为 73.1%,比 2016 年的 66.3% 更进一步,团队成员有 8 人来自南京大学,两人来自伦敦帝国学院。

简单地说,后面两年获奖的项目主要致力于特殊的任务,如视频监控和识别。因为基于分类图片的图像识别已经非常准确,没有太大的发展空间,因此未来图像识别人工智能的研究将转向没有标注的图片和视频。未来,由苏黎世联邦理工、Google Reasearch、卡耐基梅隆大学等共同组织的 WebVision 竞赛将接替 ImageNet 的地位,WebVision 的数据直接从网络抓取,没有经过标注,可能本身就包含很多错误的信息,而且分类也更多。从另一个角度来说,这种数据训练出的人工智能,在模糊识别的能力上将更接近人类。

2. PASCAL VOC 挑战赛

PASCAL 的全称是 Pattern Analysis,Statistical Modeling and Computational Learning。PASCAL VOC 挑战赛是视觉对象的分类识别和检测的一个基准测试,提供了检测算法和学习性能的标准图像注释数据集和标准的评估系统,部分图像如图 1–21 所示,包含 VOC2007 和 VOC2012 两个版本。从 2005 年至今,该组织每年都会提供一系列类别的、带标签的图片,挑战者通过设计各种精妙的算法,仅根据分析图片内容来将其分类,最终通过准确率、召回率和效率来一决高下。如今,挑战赛和其所使用的数据集已经成为物体检测领域普遍接受的一种标准。

2007_000032.jpg　　2007_000033.jpg　　2007_000039.jpg　　2007_000042.jpg

2007_000061.jpg　　2007_000063.jpg　　2007_000068.jpg　　2007_000121.jpg

图 1–21　PASCAL VOC 部分图像

组委会提供的图片集包括 20 个目录:人类,动物(鸟、猫、牛、狗、马、羊),交通工具(飞机、自行车、船、公共汽车、小轿车、摩托车、火车),室内物品(瓶子、椅子、餐桌、盆栽植物、沙发、电视)等。这些都是日常中最常见的物体,能更好地体现算法的实用性。

挑战赛主要分为三个部分:图像的分类、检测、分割,另外还有一个"动态"分类项目,一个由 ImageNet 举办的大规模识别竞赛和人类身体部位识别的附加赛项目。分类就是让算法找出测试图片属于哪一个标签,对测试的图片进行分类,将图片对号入座;

检测则是检测出测试图片中由组委会特别圈定的内容,看看算法能否正确地符合圈定的内容;分割是对图片进行像素级分割,也就是识别出特定物体,用同一种颜色表示,其他的则作为背景。

动作分类则是在静态图片中预测人类的动作,比如有一张人类跑步的图片,算法根据身体各部位的位置特征判别这个动作是"running"。人类轮廓识别就是识别标示出人体部位,这对于一张图片有多个人或者两个人身体部分纠缠在一起的图片识别有重要意义。

VOC挑战提供两种参加形式:第一种是仅用组委会提供的数据进行算法机器学习和训练;第二种是用组委会提供的数据集之外的数据进行算法训练,如某些商业系统。但是这两种情况最终都必须严格地利用组委会提供的测试数据来生成最终的结果。测试数据不得用于训练和调试系统,比如通过利用运行多个参数的对比结果,选择出最好的算法。

1.3　智能图像处理应用领域

人工智能堪比当年的工业革命或者电力革命,它与实体经济的深度融合对相关行业都产生了巨大影响。在人工智能信息化时代,图像处理技术特别是图像识别技术和视频图像处理分析技术作为核心技术已深入到各个行业,并对人类生产和生活方式产生颠覆性改变。基于人工智能的图像处理技术是立体视觉、运动分析、数据融合等实用技术的基础,在生物医学、遥感、交通、家居、安防、军事等诸多领域都具有重要的应用价值。

1.3.1　医疗领域

图像处理技术的发展很大程度上来自于医疗图像处理的需求。随着医学影像设备的逐渐成熟和计算机科学技术的不断进步,各种医学图像层出不穷,并得到快速的发展。通过对医学图像的特征进行提取,借助计算机对医学疾病进行智能诊断分析代替繁杂的人力诊断,是计算机辅助诊断的主要研究方向,也是未来的医学领域愿景。医学影像广泛应用于疾病诊断,以及各种医学治疗的规划设计、方案执行等领域。

在医学应用中,计算机图像分析已经逐步融入医疗诊断过程中。临床自动检验和分析、心电和脑电信号提取分析、医学影像处理和分析、自动治疗计划和辅助诊疗等方面,已经取得了成效,例如,CT成像(主要用于可视化人体结构与身体细节图像)、癌细胞、染色体检查、B超等。通过一组切片对人体器官进行重构,可以为医疗诊断和病理分析提供重要和直观的帮助关注。在埃博拉疫情中,美国启用新型机器人,通过目标识别及避障完成了对整个房间的消毒。

1. "AI +"渗透医疗健康各领域

近年来,图像识别、深度学习、神经网络等关键技术的突破带动了人工智能新一轮的发展,渐趋成熟的人工智能技术正逐步向"AI +"转变,人工智能的下一个风口很可能是医疗,因为医疗作为人们生活的重要部分,自然而然会成为新的关注点。

就目前全球创业公司实践的情况来看,"AI+医疗"的具体应用主要在辅助诊疗、医学影像分析、药物研发、健康管理服务几个方面。

(1)辅助诊疗。让计算机学习医学专家的医疗知识,模拟医生的思维和诊断推理,从而给出可靠的诊断和治疗方案。应用于早期筛查、诊断、康复、手术风险评估场景,提供临床诊断辅助系统等医疗服务,这是医疗领域最重要、最核心的场景。

(2)医学影像分析。将人工智能技术应用于医学影像的诊断,帮助医生更快、更准地读取病人的影像数据。高精准率电子胶片的推广、放射科经验丰富医师的缺乏,使得人工智能技术在医学影像方面有着巨大的发展空间。医学影像的解读需要长时间的经验积累,即使是老道的医生,有时在面对海量数据时,也会判断失误。

人工智能在图像识别的速度和精度上,都胜于人力操作。因此,"AI+"医学影像识别将非常具有潜力,它主要分为两部分:一是图像识别,应用于人工智能的感知环节,其主要目的是对医学影像这类非结构化数据进行分析,获取一些有意义的信息;二是深度学习,应用于人工智能学习和分析环节,通过大量的影像数据和诊断数据,不断对神经网络进行深度学习训练,促使其掌握诊断的能力。随着当代医学影像技术的不断进步,在现代医学病理分析及疾病治疗过程中,医学图像分析扮演着越来越重要的角色。

(3)药物研发。将人工智能深度学习技术应用于药物临床前研究,快速、准确地挖掘和筛选合适的化合物或生物,缩短新药研发周期,降低新药研发成本,提高新药研发成功率。利用人工智能技术对药物活性、安全性和副作用进行预测。

(4)健康管理服务。主要集中在风险识别、虚拟护士、精神健康、在线问诊、健康干预以及基于精准医学的健康管理。其中,风险识别就是通过包括可穿戴设备在内的手段,监测用户个人健康数据,预测和管控疾病风险;虚拟护士就是运用AI技术,以"护士"身份了解病人饮食习惯、锻炼周期、服药习惯等个人生活习惯,进行数据分析并评估病人整体状态,协助规划日常生活;精神健康管理运用AI技术从语言、表情、声音等数据切入,对个体进行情感识别;健康干预运用AI对用户体征数据进行分析;定制健康管理计划。

2. "AI+医疗"应用研究现状

在智能医疗领域,IBM、微软、谷歌等科技巨头纷纷介入。IBM很早就在"AI+"辅助诊疗领域有所布局。在"AI+"辅助诊疗的应用中,IBM的人工智能Watson是目前最成熟的案例。2011年2月14日,Watson问世,开始了医学知识的"学习"和"研究",在学习了各种肿瘤领域的教科书、医学期刊和文献后,Watson开始被应用在临床上,在肺癌、乳腺癌、直肠癌、结肠癌、胃癌和宫颈癌等领域向人类医生提出建议。2015年,Watson仅用10 min就为一名60岁女性患者诊断出白血病,并向东京大学医学研究所提出了适当的治疗方案。IBM的"AI+医疗"产品不仅仅停留在实验室,目前已逐渐打开了市场。比如在2016年下半年,就有21家中国医院引入IBM的认知技术,以辅助癌症诊疗。2016年12月26日,"浙江省中医院沃森联合会诊中心"成立,这也意味着

Watson 在中国医疗领域的商业试应用正式落地。

"AI +"医学影像也已经走出实验室,迎来商业化浪潮。MedyMatch 是一家以色列的人工智能医疗公司,专注于中风诊断。他们研发了一款可以从普通断层扫描中提取图像的软件,该软件运用了深度学习技术,方法是向计算机导入系列图例,从而设定读图基准,随后把系列图片上传到计算机,计算机可以从中"学到"流血的样子。经过图例培训的计算机可以自己阅读图像。软件的具体应用场景为急诊室与监护室,利用 MedyMatch 开发的算法在云端处理图像,在图像上做笔记,为医生标注出重点。在做完以上工作后,软件会将原图与处理后的影像图片一同发送至医生的平台。对于中风这种类型的疾病,诊疗的速度非常重要,而借助 MedyMatch 的软件,医生可以在 3 ~ 5 min 内对中风类型做出判断,从而缩短诊疗时间,使患者得到及时的救治。

一项来自日本横滨的研究发现,在良性肿瘤恶化之前,利用人工智能可帮助检测出结肠直肠癌。人工智能程序将直肠息肉放大 500 倍,以观察其变异状况。随后,研究人员将这些变异与一个数据库进行交叉对照,这个数据库中包含了 3 万多张用于训练机器学习程序的癌前病变和癌细胞图像。有了这样的知识库,人工智能可以在不到 1 s 的时间内做出预测,这是人工智能为这一特定目的的首次使用和研究。研究结果令人印象深刻:通过对已确诊结肠直肠息肉病变患者进行评估所得出的结果,准确率高达 86%。

随着人工智能技术的不断进步,它所适用的医疗应用场景也将会越来越多,随着人工智能技术与医疗不断融合,医疗智能化时代将全面开启。

1.3.2 机器视觉

视觉在人类日常生活中扮演着非常重要的角色。尤其是随着信息技术的快速发展,图像以其直观、具体、高效的特点成为获取外界信息的重要方法。人类的视觉感知是人类与外界接触的一个非常重要的活动,也是一个复杂过程。机器视觉(Machine Vision)就是使用机器代替人的视觉感知,通过由机器获取外部世界的视觉信息,完成机器对客观世界的认知(目标识别、场景分类、目标跟踪等)。

1. 机器视觉概述

机器视觉是人工智能领域中发展迅速的一个重要分支,目前正处于不断突破、走向成熟的阶段。一般认为机器视觉"是通过光学装置和非接触传感器自动地接受和处理一个真实场景的图像,通过分析图像获得所需信息或用于控制机器运动的装置",可以看出智能图像处理技术在机器视觉中占有举足轻重的位置。

计算机视觉和机器视觉是既有区别又有联系的两个不同的术语。计算机视觉是采用图像处理、模式识别、人工智能技术相结合的手段,着重于一幅或多幅图像的计算机分析。图像可以是由单个传感器在某一时刻获取的单幅图像,也可以是单个传感器在不同时刻获取的图像序列。通过对目标物体的识别,确定目标物体的位置和姿态,对三维景物进行符号描述和解释。

机器视觉则偏重于计算机视觉技术的工程化,能够自动获取和分析特定的图像,以控制相应的行为。具体地说,计算机视觉为机器视觉提供图像和景物分析的理论及算法基础,机器视觉为计算机视觉的实现提供传感器模型、系统构造和实现手段。因此可以认为,一个机器视觉系统就是一个能自动获取一幅或多幅目标物体图像,对所获取图像的各种特征量进行处理、分析和测量,并对测量做出定性分析和定量解释,从而得到有关目标物体的某种认识并做出相应决策的系统。功能包括物体定位、特征检测、缺陷判断、目标识别、计数和运动跟踪等。

智能图像处理是指一类基于计算机的自适应于各种应用场合的图像处理和分析技术,本身是一个独立的理论和技术领域,但同时又是机器视觉中的一项十分重要的技术支撑。人工智能、机器视觉和智能图像处理技术之间的关系如图 1 – 22 所示。

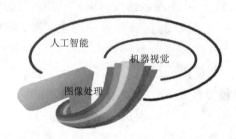

图 1 –22 人工智能、机器视觉和智能图像处理技术之间的关系

具有智能图像处理功能的机器视觉,相当于人们在赋予机器智能的同时为机器安上了眼睛,使机器能够"看得见""看得准",可替代甚至胜过人眼做测量和判断,使得机器视觉系统可以实现高分辨率和高速度的控制。而且,机器视觉系统与被检测对象无接触,安全可靠。

常见的机器视觉系统主要可分为两类:一类是基于计算机的,如工控机或 PC;另一类是更加紧凑的嵌入式设备。典型的基于工控机的机器视觉系统主要包括光学系统、摄像机和工控机(包含图像采集、图像处理和分析、控制/通信)等单元,如图 1 – 23 所示。机器视觉系统对核心的图像处理要求算法准确、快捷和稳定,同时还要求系统的实现成本低、升级换代方便。

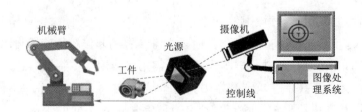

图 1 –23 机器视觉系统案例

机器视觉的起源可追溯到 20 世纪 60 年代美国学者 L. R. 罗伯兹对多面体积木世界的图像处理研究,70 年代麻省理工学院(MIT)人工智能实验室"机器视觉"课程的开设。到 80 年代,全球性机器视觉研究热潮开始兴起,出现了一些基于机器视觉的应用

系统。90年代以后,随着计算机和半导体技术的飞速发展,机器视觉的理论和应用得到进一步发展。

进入21世纪后,机器视觉技术的发展速度更快,目前,随着人工智能浪潮的兴起,机器视觉技术正处于不断突破、走向成熟的新阶段,已经大规模地应用于智能制造、智能交通、医疗卫生、安防监控、国防安全、智能家居和工业自动化等多个领域。以下列举说明智能机器人和无人驾驶汽车两个机器视觉的典型应用。

2. 智能机器人

机器视觉作为智能机器人的重要感觉器官,其应用领域十分广泛,如用于军事侦察、危险环境的自主机器人,邮政、医院和家庭服务的智能机器人。此外,机器视觉还可用于工业生产中的工件识别和定位、太空机器人的自动操作等。机器人视觉的主要功能为识别物体信息,将识别的结果作为下一步动作的信息指南,如定位、抓取和导航避障等。

近年来,机器人领域一些先进技术的发展已经对许多工业生产和社会发展做出了巨大的贡献。在高科技生活需求的推动下,促进了高新技术的发展。作为一种先进的智能系统,移动机器人已经被应用到更多实际生活领域中,如用于家庭清洁的扫地机器人、可以跟随顾客移动的超市自动购物车、为老人和残障人服务的智能轮椅,以及军事上的无人机/无人艇等。如今,机器人系统及机器人技术正从传统的工业制造向医疗服务、教育娱乐、勘探勘测、生物工程、救灾救援、军事等领域迅速扩展。在这些应用中,移动机器人的自主性是一个关键问题,一个完全自主的移动机器人必须具备对环境信息的认知能力以及遇到障碍物时的避障能力,而机器人的一种非常重要的感知能力就是视觉感知,必然会涉及对于运动目标的图像检测与跟踪。

移动机器人运动目标检测和跟踪融合了人工智能、数字图像处理、模式识别、自动化以及计算机等领域的众多技术,其实现过程是首先利用传感器对环境内的运动目标进行实时观测,并在此基础上对被观测对象进行分类,然后在被观测场景中,将实时检测到的运动目标提取出来,最后对目标进行实时跟踪,并根据实际应用需求调整跟踪模式,使得跟踪更加准确。因此智能图像处理是智能机器人的最前端处理,是机器人所有功能实现的前提和基础。

3. 无人驾驶

无人驾驶是机器视觉的另一个重要应用领域,目前,无人驾驶的智能汽车以其广阔的应用前景和巨大的市场价值,吸引着各大科技公司投入大量资源进行研究。无人驾驶技术中很重要的部分就是利用场景图像分类系统,让智能汽车可以自动完成场景判断进而做出相应的操作。

为了了解无人驾驶需要哪些机器学习技术和机器视觉技术,下面来看看人类是如何驾驶车辆的,假设开车从中国科学院电子学研究所去北京首都机场T2航站楼,你作为司机要完成这一次驾驶任务。接下来你会怎么做?

(1)首先,你要知道本次行驶的起始地和目的地。通常会借助导航软件,为我们提供一条最优的行驶路径。如图1-24所示是百度地图为我们计算出来的路径。

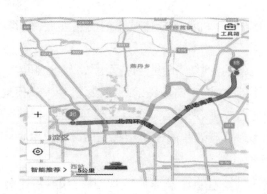

图 1-24　百度地图路径规划

这里涉及定位、路径规划的问题。前者可以通过 GPS 或其他技术手段来实现,后者也有成熟的算法,如 Dijkstra 或者 A * 搜索算法,它给出了计算图的两个节点之间最短距离的方案。目前,这一问题已经得到很好地解决。

(2)接下来,就要启动汽车开始行驶。首先要知道的是:路在什么地方? 应该上哪个车道?

这就是机器视觉登场的时候了,它要解决路面和车道线检测问题(见图 1 – 25)。目前主流的自动驾驶系统一般都采用了激光雷达 + 摄像机 + 其他传感器相结合的方案。无论是激光雷达扫描得到的 3D 距离数据,还是摄像机成像的 2D 数据,都要对它们进行分析,以准确地确定路面的位置、车道线和每个车道的范围。

(3)在找到了道路和车道之后,就要开始行驶了,你要控制油门、刹车、方向盘。现在问题又来了,如何开?

你得知道路上有没有车、有没有人、有多少车、有多少人,以及其他障碍物,它们在路面的什么地方(见图 1 – 26)。这又是机器视觉要解决的问题,同样是检测问题。这需要对激光雷达或者摄像机的图像进行分析得到。

图 1-25　路面和车道线检测问题

图 1-26　障碍物检测

(4)行驶过程中,遇到的行人、车辆都是移动的,因此必须要对他们的运动趋势做出预判。前面的车辆、后面的车辆的行驶速度和轨迹都会影响要采取的动作。如果有人要过马路,距离你还有 30 m,是停下来等他过去,还是慢速行驶过去?

这是机器视觉中的目标跟踪问题,要准确地跟踪出人、车辆、动物等移动目标的运动轨迹,估计出他们的运动速度与方向(见图 1 – 27),以便于做出决策。

（5）行驶一会儿之后，你遇到了第一个十字路口，这里有红绿灯（见图1-28），当前是红灯，因此你需要停下来等待，而不是硬闯过去，这又涉及一个问题，你怎么知道这些是交通灯？

图1-27　运动目标跟踪　　　　　　图1-28　交通标志识别

这依然是机器视觉要解决的问题，即准确地检测出图像中的交通灯，并知道它们当前的状态。除了红绿灯之外，还有其他交通标志需要识别，如速度限制、是否允许调头等。

（6）还有一个问题没有解决，在知道这些环境参数之后，我们该怎么行驶？即根据环境参数得到要执行的动作，在这里是车辆行驶的速度（速度是一个矢量，具有大小和方向）。这个问题不属于图像处理范畴，不做过多阐述。

1.3.3　智能交通

自20世纪80年代以来，随着科学技术的不断突破，世界经济迎来了新一轮的飞速发展，各个国家道路交通网也逐步建成，城市化进程出现高峰。此外，汽车和其他机动车的普及，在方便人们日常出行的同时，交通压力也随之加大，由此引发了如道路车辆拥挤、交通事故频发、交通成本剧增等一系列较为严重的社会问题。面对这些问题，在有限的土地和资金以及环境条件下，依靠传统的道路修建方式建设更多的基础交通设施将受到限制。因此，从整个交通系统建设观点出发，将道路和车辆进行综合考虑，充分运用如模式识别、电子信息技术等各类前沿信息技术，从系统层级上解决这一系列难题的思想应运而生，于是出现了智能交通系统（Intelligent Transportation System，ITS）。

1. 智能交通系统概述

智能交通系统是一个将电子传感技术、数据通信技术、模式识别、计算机技术、控制技术和信息工程技术等融为一体的综合性信息系统，是在当前较完善的道路设施基础上建立起来的现代化道路交通综合管理系统。目前智能交通系统已在世界范围内大规模实现，实践证明，ITS是现代交通管理的有效手段，能够有效缓解道路压力，监控道路状况，同时能减少道路事故的发生，为出行者提供舒适的交通环境。

智能交通系统的工作原理为：路面情况、行驶车辆信息、行人信息由交通监控系统的视屏设备通过监控网络集中传输至交管中心部门进行统一处理，经过处理的信息再由电子系统传输至用户终端设备中。用户利用终端设备中所呈现的信息可以知晓当前各路段的路面情况,避免选择拥堵路段,从而提高行车的效率,也降低了潜在交通事故出现的概率。

交通系统对路况信息采集的手段是多样的,如红外检测、超声波检测、感应线圈检测及视频检测等,根据日本研究部门对交通监控检测的相关报告结果表明,相对于其他检测方式,视频检测方法效率更高:第一,它可以更加直观、清晰的形式显示出当前的路况信息,为处理交通事故和违章车辆提供直观的证据说明;第二,视频拍照技术已发展较为成熟;第三,交通管理部门只需在所需路段地点设置视频设备,避免了因安装复杂检测设备而必须封闭路段进行道路施工而带来的交通不畅。

由于视频检测技术拥有其他方式无法达到的优点,因此,作为智能交通系统的核心子系统,交通视频监测已成为大多数的交通道路信息获取手段。目前,我国各大城市的交通管理部门已在大部分的交通要道安装相应的视频监测设备,通过监测系统对车辆违章情况进行抓拍,同时对路况进行实时监控。交通视频监测系统能收集到来自于车型分类、车速、违章、路况及天气等方面的实时信息,通过这些信息,有效控制其他各子系统的运行。视频监控对于交通事故和车辆监控的画面呈现如图 1 - 29 所示。在道路交通中不仅需要视频监控,而且还需要大量的识别监视跟踪系统。例如,对道路上异常车辆的检测、车辆异常车牌号码的识别,对交通事故过程的保存与事故后的处理等都具有十分重要的作用。

（a）交通事故　　　　　　　　　　　　　　　（b）车辆监控

图 1 - 29　交通事故及车辆监控

智能交通系统的研究从 20 世纪 60 年代开始,经过几十年的发展,取得了很多成果。随着人工智能的兴起以及计算机科学等相关领域的发展,智能交通技术已经日趋完善。这些技术的运用为智能交通提供了保障。基于计算机视觉的机动车辅助系统是智能交通系统的重要研究方向之一,它是通过安装摄像头获取视频,利用智能图像处理技术进行车辆检测、道路识别、交通标志识别等方面的研究。

2. 车辆检测

智能交通的一个关键环节是车辆检测问题。通过车辆检测系统能够检测车辆,测量流量参数如数量、速度、事件等,使驾驶员及时获取路面的交通信息,及时调整交通路线;也可以通过车辆检测来规划交通、优化道路监控管理。

车辆检测研究可以追溯到 20 世纪 70 年代。传统的车辆检测器如磁感应线圈有着很多的缺点和局限性,针对这种情况,研究者们不断提出了新的车辆检测方案。近年来,随着计算机视觉、人工智能和图像处理等学科的不断发展,利用机器视觉(计算机视觉)进行车辆检测已经成为一种性价比高的替代方法,是现代智能交通系统的重要组成部分。

基于图像视频的方法是通过安装摄像头获取视频,然后对视频帧进行分析检测,这种方式不仅可以检测车辆,还可以检测行人、路标等其他目标。通过在计算机上安装分析软件,将摄像头获取的图像送入软件内检测,检测到车辆之后,还可以对车辆进行视频跟踪,及时获取车辆的实时动态。这种方式已经成为未来车辆检测的一个主要方向,目前车辆检测技术已广泛应用于交通流量控制、交通路口监测以及辅助驾驶技术中。但是目前的检测率以及稳定性还有待提升,尤其是对车辆检测有着实时性要求的应用场景。

深度学习的提出使车辆检测技术日趋成熟。在无人车项目以及带高级辅助驾驶功能的汽车上都有车辆检测功能。因为图像包含的信息比较丰富,不仅仅是静态信息,同时包括运动信息,只要有足够好的算法,实现车辆检测是不成问题的。此外,摄像头的价格相对低廉,视频分析的实时性也很好,因而用视频来检测车辆的研究比其他两种方法都要多。目前大部分基于视觉的车辆检测主要还是靠单目摄像头,而随着计算机性能的提高,各种高性能的芯片的出现,基于双目摄像头的检测算法也不断被提出。

3. 交通标志识别

由于交通标志是重要的道路安全附属设施,其所传达的信息对于规范交通行为、指示道路状况、引导行人和安全驾驶等方面具有重要的意义。因此,进行交通标志识别(Traffic Sign Recognition,TSR)的研究十分有必要。

交通标志作为道路设施的重要组成部分和道路交通信息的重要载体,包含道路、车辆和路况等许多关键的交通信息,如注意行人、限速提示、前方道路状况变化等。在日常的驾驶环境中,它可以为驾驶员提供路况信息,而在困难和危险的驾驶环境中,它可以及时为驾驶员提供安全警告,以督促驾驶员谨慎驾驶等。在无人驾驶汽车项目中,交通标志识别系统通过实时识别行驶道路上的交通标志,及时为车辆提供道路信息,有助于无人驾驶车辆选择正确的道路行驶等。随着科学技术的不断发展,未来生产的汽车会越来越趋于智能化,交通标志识别系统必定会作为控制系统的重要组成部分应用于汽车的自动驾驶中。

伴随着电子技术、信息技术、通信技术和计算机网络技术的发展,TSR 越来越受到各个国家的重视,以美国、日本为首的一些发达国家纷纷开始对 TSR 的开发投入大量的精力,并在理论研究和实践应用上都取得了一系列成果。最早于 20 世纪 80 年代,部分发达国家已经开始了交通标志识别系统的研究。如日本最早于 1987 年针对 TSR 系统在检测与识别方面开展研发工作,其交通标志检测和速度标志的识别都是用硬件设备完成的,故当该系统在 PC-AT 机器上运行时,针对每幅交通标志的检测时间为

1/60 s,识别时间为 0.5 s。

1990 年,随着无人驾驶汽车的问世,许多发达国家纷纷加入到 TSR 系统的研发中来,如法国、美国、德国等。交通标志识别的解决方案也逐渐丰富起来,1992 年,法国的一家公司研发了一种新型 TSR 系统,该系统针对红色类型的交通标志的平均识别率达 94.9%。美国于 1993 年研制成功了 ADIS 系统(Advanced Driver Information System),该系统对停车标志进行分类识别,正确率达到 100%。

1994 年,德国的科布伦茨-兰道大学与奔驰公司联合研发了一套 TSR 系统,该系统的处理效率为 3.3 s/幅。1997 年系统改进后的处理效率为 3 幅/s,对 40 000 幅交通标志图像的识别率达 98%。2001 年,美国威斯康星大学开发了一套识别停止标志的系统,该系统对 540 幅来自实际道路环境中的停止标志的分类准确率为 95%。2005 年,澳大利亚与瑞典共同开发了一套 TSR 系统,该系统首先基于形状对称性来定位交通标志的质心,然后再对该区域交通标志图像进行进一步分类识别,实验结果表明该系统的分类正确率为 95%。

此外,还有一些国家,如瑞典、西班牙、以色列等,在交通标志识别领域也进行了一些卓有成效的工作。在国内,从事该领域研究的时间较晚,且与 TSR 系统相关的各项技术都不太成熟,目前还没有较完善且可以在实际中大规模应用的 TSR 系统。在国内,从事该领域研究的主要是国内的部分高校、部分研究机构及一些企业等。

4. 智能车牌识别

随着社会经济的发展、汽车数量急剧增加,对交通控制、安全管理、收费管理的要求也日益提高,运用电子信息技术实现安全、高效的智能交通成为交通管理的主要发展方向。汽车车牌号码是车辆的唯一"身份"标识,智能车牌识别(Vehicle License Plate Recognition,VLPR)系统可以在汽车不做任何改动的情况下实现汽车"身份"的自动登记及验证,在交通管理方面发挥了重要的作用,已应用于公路收费、停车管理、交通诱导、交通执法、公路稽查、车辆调度、车辆检测等各种场合,在交通违法抓拍、治安卡口车辆抓拍、停车场智能管理和道路交通超速车辆管理等方面取得了较好的应用效果,对实现交通运输智能化管理提供了巨大的帮助,也是实现现代化的交通智能管理的关键技术保证。

智能车牌识别系统是采用车牌识别技术作为基础,应用于停车场、高速路口、收费通道等场所的车辆管理系统。车牌识别技术是指能够检测到受监控路面的车辆并自动提取车辆车牌信息(含汉字字符、英文字母、阿拉伯数字及号牌颜色)进行处理的技术。车牌识别是现代智能交通系统中的重要组成部分之一,应用十分广泛。它以数字图像处理、模式识别、计算机视觉等技术为基础,对摄像机所拍摄的车辆图像或者视频序列进行分析,得到每一辆汽车唯一的车牌号码,从而完成识别过程。通过一些后续处理手段可以实现停车场收费管理、交通流量控制指标测量、车辆定位、汽车防盗、高速公路超速自动化监管、闯红灯电子警察、公路收费站等功能,对于维护交通安全和城市治安、防止交通堵塞、实现交通自动化管理有着现实的意义。以下列举智能车牌识别系统的几种应用方式。

1）监测报警

对于纳入"黑名单"的车辆,例如,被通缉或挂失的车辆、欠交费车辆、未年检车辆、肇事逃逸及违章车辆等,只需将其车牌号码输入到应用系统中,智能车牌识别设备安装于指定的路口、卡口或由执法人员随时携带按需要放置,系统将识读所有通过车辆的车牌号码并与系统中的"黑名单"比对,一旦发现指定车辆立刻发出报警信息。系统可以全天不间断工作、不会疲劳、错误率极低;可以适应高速行驶的车辆;可以在车辆行使过程中完成任务而不影响正常交通;整个监视过程中司机也不会觉察、保密性高。应用这种系统将极大地提高执法效率。

2）超速违章处罚

车牌识别技术结合测速设备可以用于车辆超速违章处罚,一般用于高速公路。具体应用是:在路上设置测速监测点,抓拍超速的车辆并识别车牌号码,将违章车辆的车牌号码及图片发往各出口;在各出口设置处罚点,用智能车牌识别设备识别通过车辆并将号码与已经收到的超速车辆的号码比对,一旦号码相同即启动警示设备通知执法人员处理。与传统的超速监测方式相比,这种应用可以节省警力,降低执法人员的工作强度,而且安全、高效、隐蔽,司机需时刻提醒自己不能超速,极大地减少了因超速引发的事故。

3）车辆出入管理

将智能车牌识别设备安装于出入口,记录车辆的车牌号码、出入时间,并与自动门、栏杆机的控制设备结合,实现车辆的自动管理。应用于停车场可以实现自动计时收费,也可以自动计算可用车位数量并给出提示,实现停车收费自动管理,节省人力、提高效率。应用于智能小区可以自动判别驶入车辆是否属于本小区,对非内部车辆实现自动计时收费。在一些单位这种应用还可以同车辆调度系统相结合,自动地、客观地记录本单位车辆的出车情况。

4）自动放行

将指定的车牌信息输入系统,系统自动地识读经过车辆的车牌并查询内部数据库。对于需要自动放行的车辆,系统驱动电子门或栏杆机让其通过,对于其他车辆,系统会给出警示,由值勤人员处理。可用于特殊单位(如军事管理区、保密单位、重点保护单位等)、路桥收费卡口、高级住宅区等。

5）高速公路收费管理

在高速公路的各个出入口安装智能车牌识别设备,车辆驶入时识别车辆车牌,将入口资料存入收费系统,车辆到达出口时再次识别其车牌并根据车牌信息调用入口资料,结合出入口资料实现收费管理。这种应用可以实现自动计费并可防止作弊,避免了应收款的流失。

目前,高速公路已开始实施联网收费,随着联网范围的扩大,不同车型的收费差额也越来越高,司机利用现有收费系统的漏洞通过中途换卡进行逃费的问题将越来越突出,利用车牌识别技术是解决此类问题的根本方法。

6）计算车辆行驶时间

在交通管理系统中可以将车辆在某条道路的平均行驶时间作为判断该道路拥堵

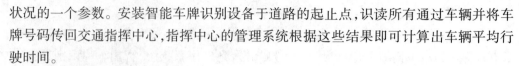

状况的一个参数。安装智能车牌识别设备于道路的起止点,识读所有通过车辆并将车牌号码传回交通指挥中心,指挥中心的管理系统根据这些结果即可计算出车辆平均行驶时间。

7)车牌号码自动登记

交通监管部门每天都要处理大量的违章车辆图片,一般由人工辨识车牌号码再输入管理系统,这种方式工作量大、容易疲劳误判。采用自动识别可以降低工作强度,能够大幅度提高处理速度和效率。这种功能可用于电子警察系统、道路监控系统等。

智能车牌识别系统将摄像机在入口拍摄的车辆车牌号码图像自动识别并转换成数字信号。做到一卡一车,车牌识别的优势在于可以把卡和车对应起来,使管理提高一个档次,卡和车对应的优点在于长租卡须和车配合使用,杜绝一卡多车使用的漏洞,提高物业管理的效益。同时,自动比对进出车辆,防止偷盗事件的发生。摄像系统可以采集清晰的图片,作为档案保存,为一些纠纷提供有力的证据。方便了管理人员在车辆出场时进行比对,大大增强了系统的安全性。

5.智能数据分析

目前智能交通系统主要包括信息采集系统、数据分析系统和信息发布系统。

信息采集系统主要包括摄像机、GPS导航仪、车辆通行电子信息卡、红外雷达监测器以及线圈检测器等,负责道路信息采集,如摄像机负责道路图像采集,红外雷达监测器负责车速监测,GPS负责车辆位置数据采集。

数据分析系统是智能交通系统的核心,主要负责对信息采集系统获取的信息、数据进行分析以获取道路有效信息,分析的内容主要包括车辆信息、车主信息、车辆速度、车流量以及道路拥堵状况等。目前主要以计算机智能和人工决策为主,随着人工智能、模式识别等技术的高速发展,越来越多的计算机智能分析系统得到了应用,而人工决策则渐渐退出了历史的舞台。

信息发布系统是智能交通系统中非常重要的环节,主要负责将数据分析系统所得到的数据进行发布,发布对象包括道路监管部门和有关车辆。一方面能够提高交管部门的管理效率;另一方面也可以实现车辆与系统之间的通信,使得车辆更全面地了解道路信息,提高道路交通效率。

1.3.4　智能安防

安全防控是我国运用人工智能技术较早的领域之一。传统的监控摄像头能够储存海量的视频数据,例如,北京市拥有超过200万个安全监控摄像头,每一个都在24小时不停地录视频,这意味着每一天北京市的全部摄像头会录制总时长超过200万天的视频,相当于五千多年!假如警方想通过人工观看视频的方式追踪某一犯罪嫌疑人的行踪,如同大海捞针,难度可想而知。格灵深瞳公司研发的"智能视频监控系统"破解了这一难题。该系统运用了包括人脸识别在内的智能图像识别技术,只要将犯罪嫌疑人的脸部照片输入系统,系统便能瞬间从海量视频库中搜索出所有该嫌疑人留下的视频资料,此后如果摄像头再拍摄到嫌疑人的新视频,系统会自动报警。假如警方没有得到嫌疑人的脸部照片,还可以把他的衣着、身高、体型、发型、车牌号码等作为线索输入系统,进行搜索和自动报警。

在银行、停车场、超市等人员众多的公共场所中的视频监控系统,用来对可疑人员以及可疑物品进行有效监控;在门禁控制系统中对身份进行识别,身份识别的途径主要有无线射频识别、密码识别和生物特征识别;在公安侦查领域中将指纹作为侦查的重要线索,由于指纹识别设备安全性不足已经逐渐退出高端安防市场,转向了低端安防市场;在各大机场火车站汽车站安检中,图像技术用于自动检测可疑的行李物品。如图 1-30 所示为目标识别在安防中的典型应用,图 1-30(a)所示为车牌识别,主要用于可疑车牌的检测;图 1-30(b)所示为各大火车站、汽车站、飞机场、地铁站等对可疑行李的检测;1-30(c)所示为指纹识别;图 1-30(d)所示为各大重要场所中的安全监控,可疑人物的检测。

（a）车牌识别 　　　　（b）可疑行李识别

（c）指纹识别 　　　　（d）道路监控

图 1-30　图像识别在智能安防中的应用

智能视频监控技术在公共商业场所安防方面的应用有:

（1）商品监控。商场专柜物品被盗、柜台丢货的情况经常发生,因此促使了这种监测设备的出现,这个功能主要是在商品被移动或盗走时,系统算法自动检测并报警。

（2）拥挤监测。通过智能视频分析来识别人群整体动作特征,进而判断拥堵情况,然后通过其他联动系统控制人流量。

（3）滞留分析。对各区域长时间逗留的人和事物进行分析,当对象在区域内逗留时间超过系统设置的时间时,系统就会自动报警,通知相关人员处理。

（4）人流量分析。通过视频技术计算并统计某一条通道或者很多条通道的人流情况,这对超市的分区管理、商品摆放等方面有数据导向作用。

智能化监控系统在小区安防方面的应用是由录像监控、巡更管理、防越报警、家庭自动报警等众多子系统构成的。录像监控系统实时对指定区域图像进行收集和处理;巡更管理系统是对巡更人员、路线、时间的规划、记录及控制;防越报警系统的核心是智能化图像分析器,通过这个模块来识别视频图像并对"自动报警""电子地图"等联动功能系统发送命令信息。通过这个系统使住宅小区建设越来越趋向于智能化、网络化、个性化。

1.3.5　军事领域

智能图像处理技术在军事、公安刑侦领域的应用很广泛,如军事目标的侦察、制导和警戒系统,公安部门的现场照片、指纹、手迹、印章、人像等的处理和辨识,历史文字

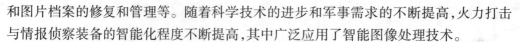

和图片档案的修复和管理等。随着科学技术的进步和军事需求的不断提高,火力打击与情报侦察装备的智能化程度不断提高,其中广泛应用了智能图像处理技术。

1. 预警探测和情报侦察

军事上的自动情报与图像识别系统通过情报分析和图像处理技术,对敌方情报及图像进行识别、分类和信息处理。同时,自动提供辅助决策意见。自动目标识别(Automatic Target Recognition,ATR)技术是采用计算机处理一个或多个传感器的输出信号(目前来看,主要是图像信号),识别和跟踪特定目标的一种技术。目标识别(Target Recognition)也称属性分类或身份估计,是指对目标敌我属性、类型、种类的判别,它与目标状态估计相结合,构成战场态势评定和威胁估计的基础,是战术决策的重要依据。由于图像传感器技术的发展,以及图像处理技术的发展,目前基于图像的目标识别应用越来越广泛。

图像目标识别过程是通过各种传感器感知到的目标外在特征信息(如目标的雷达回波、光学图像、红外图像、合成孔径/逆合成孔径雷达图像等)确定目标属性(如目标是敌、我还是友)、区分目标的类型(如飞机、舰艇、坦克还是导弹等)、辨别目标的真假及其功能,为估计目标威胁等级、辅助指挥员作战决策提供重要依据。

目标识别技术在预警探测和战场情报侦察中的应用极为广泛,如预警探测雷达对空中目标或低空目标进行探测、对来袭目标群进行分类识别;星载雷达以及远程光学望远镜等观测设备对外空目标进行探测、分类和识别,达到早期预警目的;雷达系统对敌方反辐射导弹进行早期识别预警,提高己方生存能力等。目前,美国、英国、法国、俄罗斯等都研制了不同功能的战场侦察传感器系统,许多型号已经大量装备部队并应用于实战中,这些传感系统的主要功能是完成目标识别和目标定位、跟踪等。

1) 无人艇海面目标探测系统

随着各国对海洋权益的日益重视,无人艇作为一种人工智能平台,能够监测海洋环境、勘察水文地理和行使军事任务,已引起国内外智能研究机构的高度重视。要使无人艇能够在复杂多变的海洋环境自主航行,即无须人为操控便能根据自身获取的信息进行航行,则无人艇必须具备良好的环境感知能力和智能决策控制能力。

良好的环境感知能力是无人艇自主航行的前提和关键。目前获取海上目标信息的方式主要有四种:雷达图像、卫星图像、红外图像和视频图像。雷达图像具有较强的探测能力,但在军事应用中易受干扰;卫星遥感尤其是 SAR 成像具有良好的穿透能力和直观判断,但是无法实现全天候、实时监测;红外成像只适用于夜间或光照不足的情况,且消耗大;视频图像则具有全天候、成本低和实时性强等优势。无论从哪种方式获取海上目标信息,都需要对这些图像进行检测才能获取目标信息。

传统的图像检测大多采用视觉显著性检测技术,主要遵循预处理、特征提取和分类三个步骤,虽然这种方法检测的准确性较好,但检测的速度过慢,在复杂多变的海洋环境下,检测速度的落后会导致信息的滞后,从而会使无人艇陷入危险的境地。由此可见,要实现无人艇的自主航行,研究目标图像快速检测技术,提高无人艇实时检测目标的能力具有非常高的应用前景。

2）航天侦察

航天侦察是一种重要的军事侦察手段,它通过高轨道卫星使用遥感技术进行全天候、无国界的大范围对地遥感侦测,然后将生成的卫星影像下传至地面,由图像判读员进行人工目标判断生成有用的情报,如图1-31所示是一幅典型的卫星遥感图像。

图1-31　典型的卫星遥感影像

随着卫星遥感技术的发展,卫星影像数据及其处理发生了重大变化:

(1)卫星影像的获取能力大大提高,其时间分辨率、空间分辨率、频段分辨率也越来越高,类型越来越多,数据量越来越大。

(2)卫星影像处理的重点发生转变。传统数据少时,从一幅图像理解其中的各个单元、目标的信息是重点;在大量数据连续涌入时,发现对象变化的信息、全局统计信息成为重点。

这直接带来了一个严重的问题:图像判读员不够用。按照美国军方的标准,一名合格的判读员培养周期长达八年之久。即使在技术人才最为充裕的美国军队和美国情报部门,也长期面临判读员严重匮乏的问题。

通过在卫星影像数据处理中综合运用云计算、大数据、人工智能、深度学习、智能图像处理等多种技术,对海量卫星影像进行系统、综合的智能化处理,一方面实现了海量卫星图像的自动、半自动处理,大幅缓解了图像判读员不够用的矛盾;另一方面提高了人眼难以发现的潜在军事目标的发现率,并与其他来源的情报进行相互验证,从而实现更精确的军事目标识别和跟踪。

目前,美军已在其卫星影像数据判读中引入智能化判读,并将它应用于对其所关注的航母、潜艇等军事目标的航天侦察和跟踪中。

2.智能武器

目标识别技术对于战术导弹武器精确打击目标、使导弹智能化攻击目标、提高发射武器的发射平台生存力具有重要的意义。将自动目标识别技术应用在导弹武器系统中,能够完成准确的自动目标捕获任务,并将导弹导向目标,使导弹武器性能更高,突防能力更强,提高武器系统的作战效能。

远程精确制导武器在导弹飞行过程中对目标进行识别,然后实施攻击,这已成为该领域的一个研究热点。其发展方向是利用目标成像识别技术,即采用高分辨率雷达获得目标的一维或二维图像,使目标识别变得简单而清晰。

国外 ATR 技术在典型导弹上的应用如表 1-1 所示,能够完成自动目标识别的传感器系统,主要有红外成像传感器、激光雷达、毫米波雷达及合成孔径雷达,这些传感器的共同特点是都能产生用于目标景象处理的图像。红外传感器产生二维热图像;激光雷达产生三维(角度—角度—距离)彩色图像;毫米波和合成孔径雷达产生灰度图像。从表 1-1 中可以看出,目前 ATR 系统的技术体制包括两类:采用红外成像传感器的 ATR 系统;采用激光成像传感器的 ATR 系统。

表 1-1　采用 ATR 技术的导弹(或炸弹)

导弹名称	成像方式	国家	导弹类型
SLAM-ER	红外成像	美国	空地导弹
JDAM	红外成像	美国	制导炸弹
JSOW	红外成像	美国	空地导弹
JASSM	红外成像	美国	空地导弹
LOCAAS	激光成像	美国	空地导弹
风暴前兆	红外成像	英国	空地导弹
斯卡耳普	红外成像	法国	空地导弹
ASM-2C	红外成像	日本	反舰导弹
LAM	激光成像	美国	反装甲导弹
KEPD-350	红外成像	德国/瑞典	空地导弹

3. 目标毁伤效果评估

在现代战争中,需要对火力打击后目标的毁伤效果进行实时评估,以判断是否达到预期目标以及是否需要进行再次打击,为各级指挥人员提供下一步行动的决策依据。

以往,毁伤情况只能通过诸元计算、模拟、仿真等方法计算出目标的理论毁伤效果,这就很难得出真实可信的打击效果评估结论。但随着卫星、无人机技术的不断进步,打击目标图像信息的快速甚至实时获取已经成为现实。这样,利用图像信息进行精确制导武器攻击后的毁伤程度评估成为一种必然选择。美国在阿富汗和伊拉克战争中大量通过无人机航拍图片来进行目标分析和打击效果评估,从而使这项技术得到广泛关注。

基于图像的打击效果评估就是利用卫星或无人机平台,获取打击目标的影像信息,并通过对图像信息的分析与处理完成对目标的分析和打击效果评估。打击效果评估并不是整个作战链条的最后一环,它贯穿着从战前侦察—作战计划制订—毁伤评估的整个作战过程。战前的目标图像信息是打击效果评估的起点和基础,对目标图像的分析结论则决定了作战计划的制订,最终的打击效果评估结论是通过对打击前后目标图像的分析得到的,这个评估结论继续影响着下一轮作战计划的制订。

战场的打击效果评估,是一项极具风险而又要求很高的工作。一般来说,主要是依赖卫星和航空侦察得到的图像,对打击效果进行评估。采用这种评估方法,需要确保能获得被打击目标的图像,且图像的分辨率较高,能识破敌伪装的欺骗。尽管获得战场目标图像信息的手段及其分辨率都在不断提高,但无论采用哪种方法,都需要一个评估系统对所获得的图像进行处理和分析,从而得到最终的打击效果评估结论。

针对精确制导武器的主要打击目标,可采用如下几种主要的打击效果评估方法:

1)基于变化检测的物理级毁伤效果评估方法

该方法主要针对典型面目标(如大型油库、防空阵地等)。由于面目标存在背景简单、形状规则、毁伤特征明显的特点,因此利用打击前、后的下视图像提取一些主要特征量,并对这些特征量进行比较,可以准确地给出目标被摧毁的程度。这类方法的关键是实现打击前后图像的高精度配准。现有的变化检测方法主要存在计算时间长,定位精度差的问题。

2)基于自动目标识别的物理级毁伤评估方法

该方法主要针对没有打击前图像,只有打击后实时图像的大中型功能性目标。由于各类功能性目标的反射特性、形态特征、功能特性和抗毁特性差异较大,给目标的自动提取和识别造成了较大的难度。对典型目标的自动提取和识别可以通过多源信息融合的方法,分别从像素级、特征级和决策级的不同层次上实现各类数据的融合,从而有效地降低提取难度和提高识别精度。在实际的处理过程中,该方法可利用先验知识,减小识别区域,进一步提高弹坑特征的提取速度和定位精度。

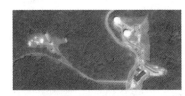

(a)某雷达站的遥感影像

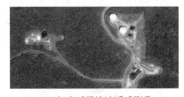

(b)打击后雷达站遥感影像

(c)变化参考图

图1-32 雷达站遥感影像

例如,雷达作为空天侦察的"眼睛",具有获取空中目标的情报信息,发现、识别、追踪空中目标并能确定其坐标位置和运动轨迹的功能,通常是最先遭受打击的目标。战时迅速查明雷达遭受打击的效果,做出准确的毁伤效果评估,能够快速为指挥机构提供火力调整、展开后续打击的依据,对夺取战争胜利具有至关重要的意义。如图1-32所示是雷达站遥感影像,由变化检测结果可知,雷达站原有3部雷达,打击后1部雷达被命中摧毁,另外2部完好;同时一些保障建筑物也有不同程度的损伤。

第 2 章

智能图像处理技术

近年来人工智能的发展已超出人们早期的预料,并且广泛应用于图像处理领域,取得了极大的成功。机器学习是人工智能的核心技术,人工神经网络是机器学习算法之一,深度学习尤其是卷积神经网络则是近年来发展最迅速,给图像处理领域带来极大成功的源动力。本章介绍机器学习、人工神经网络、卷积神经网络等智能图像处理技术,为本书后续章节中利用这些技术解决图像处理各环节问题奠定基础。

●●●●●● 2.1 机器学习理论 ●●●●●●

机器学习是人工智能领域的一个重要研究方法,在人工智能领域具有举足轻重的位置,一个智能系统最基本的能力就是"学习",否则它就没有资格被称为智能系统。近年来随着机器学习技术的不断成熟,使得计算机在解决图像自动分类问题上的应用越来越广泛。通过机器学习的相关算法,构建合适的图像分类器,从而实现对图像的自动分类已经成为图像分类实现的主要技术手段。

2.1.1 机器学习概述

机器学习是人工智能的核心技术,通过模拟人类的学习行为,从大量数据中寻找规律并依据规律来判断未知的数据。该方法使得计算机变得更加智能,由此可见机器学习在人工智能中的重要地位。机器学习是研究如何使计算机模拟或实现人类的行为,以获取新的知识与技能,不断改善其自身性能的一门交叉学科。机器学习涉及面非常广,与软件工程、统计学、生物学等多个学科都有关联,例如,统计学中有很多数据分析工具,计算机可以利用这些工具来认识数据,进而分析问题,针对问题找到最好的解决方案。

机器学习样本分为训练样本(也称样例)和测试样本,通过已知的训练样本数据来确定函数输出和输入之间的映射关系,并根据此映射关系给出测试样本的输出。这些样本又分为正样本(正例)和负样本(反例)。

1. 机器学习的一般形式

机器学习问题可以用如下的一般形式来描述:假设有服从某未知联合概率密度 F

(x,y) 的因变量 y 和自变量 x。给定 n 个服从独立分布的实验样本：(x_1,y_1)，(x_2,y_2)，$\cdots$，(x_n,y_n)，给定学习函数集 $\{f(x,\omega)\}$，其中参数 ω 是函数集的广义参数，要在该学习函数集中寻找一个求解两个变量之间的关系，使期望风险 $R(\omega)=\int L(y,f(x,\omega))\mathrm{d}F(x,y)$ 值达到最小的最优函数 $f(x,\omega_0)$。式中，$L(y,f(x,\omega))$ 表示使用 $f(x,\omega)$ 对 y 预测时造成损失的损失函数，由于机器学习主要用于概率密度估计、函数拟合和模式识别问题中，相应的损失函数为：

（1）概率密度估计。求出自变量 x 的概率密度函数 $p(x,\omega)$，求解时需要使用到训练样本数据，此时的损失函数为 $L(y,f(x,\omega))=-\log(p(x,\omega))$。

（2）函数拟合。对应于单值函数的输出变量 y 是连续数值，此时的损失函数为 $L(y,f(x,\omega))=(y-f(x,\omega))^2$。

（3）模式识别。预测函数变成指示函数，此时输出变量 y 代表分类类别。例如，对于两类的分类情况 $y=\{0,1\}$，此时的损失函数定义为：

$$L(y,f(x,\omega))=\begin{cases}0, & \text{if } y=f(x,\omega)\\1, & \text{if } y\neq f(x,\omega)\end{cases}$$

2. 经验风险最小化

长期以来经验风险最小化准则占据统治地位，机器学习问题的基本思想就是该准则。通过上面的分析可知，机器学习的目的是尽量使期望风险值达到最小，但这在实际问题中是很困难的，因此传统的机器学习方法是根据经验风险最小化准则，利用大数定理，假设样本数据具有均匀的概率分布，那么它的估计值可由样本定义的最小化经验风险 $R_{\mathrm{emp}}(\omega)$ 得到：

$$R_{\mathrm{emp}}(\omega)=\frac{1}{n}\sum_{i=1}^{n}L(y_i,f(x_i,\omega))$$

经验风险分别对应于概率密度估计、函数拟合和模式识别问题中训练样本分类的最大似然估计、平方训练误差和错误率。

有一种缺乏可靠的理论依据的方法可以求得广义参数 ω：先将经验风险逼近给定的期望风险 $R(\omega)$，然后对其最小化，这种方法缺乏理论依据的原因有二：一是假如有一个学习算法在样本容量无穷大的情况下求得，没有理论可以保证当样本容量变为有限时，该算法的性能依旧出色；二是根据大数定律，虽然经验风险在样本容量趋于无穷大时概率上趋近于实际风险，却无法保证两者取得最小值时是在同一点。

3. 复杂度和推广能力

对经验风险最小化准则来说，要实现预测误差最小化，通过使训练误差最小化即可实现。然而单一地过于注重经验误差最小化并不是好事，比如在传统神经网络中，因为存在"过学习"的现象，有时预测效果较差，这就是经验风险最小化准则不成功的一个典型例子。同理，单一地过于注重训练误差最小化也并非好事，有时训练误差过小会导致模型的推广能力下降，这是由于"过学习"的问题。归根结底，试图用一个复杂的算法在容量有限的样本上进行拟合，是造成这种问题的真正原因。

在样本容量有限的情况下,机器模型的泛化能力和复杂度之间存在以下三方面的矛盾:

(1)一个具有较强推广力的机器学习算法应该具有一定的复杂度,该复杂度能够和实际问题相对应,不过机器学习算法的性能受复杂度的影响很大。

(2)采用经验风险最小化准则会使模型的复杂度增加,这就使原本复杂度较高的机器学习算法一般经验风险增大。

(3)经验风险最小化准则并不是总能提高机器学习算法的推广性,这是因为算法的性能虽然在某种程度上受到经验风险的影响,却不是决定性的。

如今,统计学理论得到长足的发展,这使得在样本容量有限的情况下,建立有效且具有推广力的学习算法完全成为可能。

2.1.2 机器学习方式

人工智能是以机器学习为主导的技术,只有通过机器学习才能有望实现计算机的智能化。机器学习的应用较为广泛,其主要目的是通过计算机模拟人类的一些特定行为。最主要的部分是学习现有的知识,在不断获取新知识的同时自我改善,提升自我适应、学习能力。根据数据类型的不同,对一个问题的建模有不同的方式。

机器学习的算法很多,各个算法之间的联系也非常密切,可以根据算法学习方式的不同来区别机器学习种类繁多的算法。通过划分不同的学习方式,可以在建模和算法选择时缩小选择范围,根据输入数据来选择最合适的算法从而获得最好的结果。

机器学习方式大体可分为监督式学习、非监督式学习、半监督学习以及强化学习四大类,而具体的学习算法主要用于解决三大类问题:分类、回归以及聚类。解决这些问题的过程也就是人类认识世界的主要过程。

1. 监督式学习

监督式学习(Supervised Learning)指的是利用一组已知类别的样本训练分类器,对分类器的参数进行调整,使其达到所要求性能的过程,具体过程如图 2 - 1 所示。

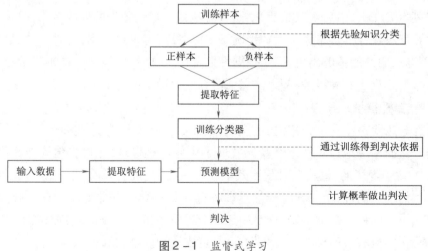

图 2 - 1 监督式学习

监督式学习通过已有的训练样本(即已知数据及其对应的输出)去训练得到一个最优模型(这个模型属于某个函数的集合,最优则表示在某个评价准则下是最佳的),再利用这个模型将所有的输入映射为相应的输出,对输出进行简单的判断从而达到分类的目的,也就具有了对未知数据进行分类的能力。

在我们认识事物的过程中,从小就被大人教授这是鸟、那是猪、那是房子,等等。我们所见到的景物就是输入数据,而大人对这些景物的判断结果(是房子还是鸟)就是相应的输出。当我们见识多了以后,脑子里就慢慢地得到了一些泛化的模型,这就是训练得到的函数,从而不需要大人在旁边指点的时候,我们也能分辨得出来哪些是房子,哪些是鸟。

监督式学习主要思想是根据具有明确标识的数据来获得一个高准确率的预测模型。其中,准备数据然后获得预测模型的过程称为训练,输入的数据被称为"训练数据"。每组训练数据都有一个明确的标识或结果,如防垃圾邮件系统中的"垃圾邮件""非垃圾邮件",手写数字识别中的"1""2""3""4",图像数据库中的"风景""人物""动物"等。

在建立预测模型的时候,监督式学习通过对每一类训练数据进行分析,建立一个学习(也称训练)过程,将预测结果与训练数据的实际结果进行比较,不断调整预测模型,直到模型的预测结果达到一个预期的准确率。监督的意思就是学习需要达到一个目标,不然就需要继续学习。这里的目标就是指获得一个高准确率的预测模型。其中预测模型的准确率来源于预测结果与训练数据实际的标识之间的比较。学习的过程也就是根据目标不断调整预测模型的过程。

监督式学习的应用非常广泛,可以解决常见的分类问题和回归问题。例如,在分类问题中,学习过程是不断调整分类的准则,使其最终满足某种最优的分类要求。训练好分类器也就是得到了一种预测模型,分类器就能够根据该预测模型判定新的样本属于每种类别的可能性,并将新的样本判定为所属的可能性最大的类别。近年来比较流行的监督学习算法有支持向量机(Support Vector Machine,SVM)、决策树(Decision Tree)、K 近邻算法、逻辑回归(Logistic Regression)、BP 神经网络(Back-Propagation Neural Network)等。其中,支持向量机在解决小样本、非线性以及高维度模式识别中表现出了许多独特的优势,并且泛化能力较强,在实践中得到了广泛的应用。

2. 非监督式学习

非监督式学习(Unsupervised Learning)是另一种研究的比较多的学习方法,它与监督式学习的不同之处在于它是对没有事先标记的样本集进行学习,挖掘数据集中的内在结构特性,然后根据其内在的结构,推出数据之间的联系,自动得到模型。这听起来似乎有点不可思议,但是在我们自身认识世界的过程中很多处都用到了非监督式学习。比如我们去参观一个画展,我们完全对艺术一无所知,但是欣赏完多幅作品之后,我们也能把它们分成不同的派别(如哪些更朦胧一点,哪些更写实一些,即使我们不知道什么叫做朦胧派,什么叫做写实派,但至少我们能把它们分为两个类)。

非监督式学习常见的应用场景是聚类。聚类的目的在于把相似的东西聚在一起,而我们并不关心这一类是什么。因此,一个聚类算法通常只需要知道如何计算相似度就可以开始工作了。如图2-2中,所有训练样本数据按照空间距离的远近聚类成5类。

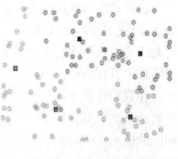

图2-2　数据聚类

在非监督式学习过程中,并不知道每次的分类结果是否正确。其特点是只要提供一定数量的样本作为输入,算法就能自动寻找出样本中潜在的分类规则。常见的非监督式学习算法包括 Apriori 算法、k-Means算法、主成分分析算法以及独立分量分析法等。

3. 半监督式学习

监督式学习只利用标记的样本集进行学习,非监督式学习只利用未标记的样本集进行学习。但是在很多实际问题中,常常会出现只有少量数据带有标记,而大多数数据没有标记的情况,并且要对这些没有标记的数据进行标记可能代价较高。例如,在生物学上对某种蛋白质的结构进行分析或者功能鉴定,要花费生物学家很多年的时间,而大量未标记的数据却很容易得到。这就使得能够同时利用标记样本和未标记样本的半监督式学习技术迅速发展起来。

在半监督式学习中由于同时存在标记的样本和未标记的样本,所以可以单独使用有标记样本生成有监督分类算法,也可以单独使用未标记的样本生成无监督聚类算法。然后,使用这两种学习方法互相增强:即在有监督的分类算法中加入无标记的样本来增强有监督的分类效果,并且在无监督的学习算法中加入有标记的样本来增强非监督式学习算法的分类效果。

一般来说,半监督式学习侧重于在有监督的分类算法中加入无标记样本来实现半监督分类。应用场景包括分类和回归,算法包括一些对常用监督式学习算法的延伸,这些算法首先试图对未标识数据进行建模,在此基础上再对标识的数据进行预测。目前常用的半监督式分类算法有自训练算法、生成模型、图论推理算法以及拉普拉斯支持向量机等。

半监督式学习对于数据的噪声干扰是非常敏感的,而现实中用到的数据大多数存在被噪声干扰的情况,难以得到纯样本数据。这也部分导致了自诞生以来,半监督式学习主要用于人工合成数据,只在实验室试用,还没有办法在某个现实领域得到应用。

4. 强化学习

强化学习来自于动物学习以及参数扰动自适应控制等理论,这种学习算法的基本思想是通过学习环境对系统的某种行为是强化(鼓励或者信号增强)还是弱化(抑制或者信号减弱)来动态地调整系统参数,最终达到系统总体信号最大的目的。

在强化学习模式下,输入数据作为当前模型的一个反馈输入,用于检查模型的对错,模型对输入数据做出响应,如强化或者弱化。就像一个反馈系统一样,强化学习算法能够自动地根据当前的处理情况来给予输出变量一定的惩罚或者是奖赏。学习过程就是在不断的尝试中慢慢探索出最佳的输入与输出关系。强化学习的常见算法包括时间差分(Temporal-difference,TD)算法、Q 学习(Q-Learning)算法等。

在企业数据应用的场景下,人们最常用的是监督式学习和非监督式学习模型。在图像识别等领域,由于存在大量的非标识的数据和少量的可标识数据,目前半监督式学习是一个很热门的话题。而强化学习常见的应用场景包括动态系统、机器人控制及其他需要进行系统控制的领域。

2.1.3 机器学习算法

机器学习算法有很多,根据算法的功能和形式的类似性可以大致分为回归算法、决策树学习、聚类算法、人工神经网络四类。当然,机器学习的范围非常庞大,有些算法很难明确归类到某一类。而对于有些分类来说,同一分类的算法可以针对不同类型的问题。在机器学习领域,有种说法叫做"世上没有免费的午餐",简而言之,它是指没有任何一种算法能在所有问题上都得到最好的效果,这个理论在监督学习方面体现得尤为重要。举个例子来说,你不能说神经网络永远比决策树好,反之亦然。模型运行被许多因素左右,例如数据集的大小和结构。因此,应该根据问题尝试许多不同的算法,同时使用数据测试集来评估性能并选出最优项。

1. 回归算法

回归分析是研究自变量和因变量之间关系的一种预测模型技术,它可以描述出自变量与因变量之间的显著关系,也可以反映多个自变量对因变量的影响。通过对数据进行学习,可以估计出一个回归方程的参数,求回归方程中的回归系数的过程就是回归。然后利用这个模型去预测/分类新的数据。例如可以通过回归去研究超速与交通事故发生次数的关系。

有很多种回归方法用于预测。这些技术可通过三种方法分类:自变量的个数、因变量的类型和回归线的形状。包括线性回归、逻辑回归、多项式回归、逐步回归、岭回归等。图 2-3 所示为一些回归例子。

图 2-3(a)所示为线性回归,它是世界上最知名的建模方法之一。线性回归用一个等式表示,通过找到输入变量的特定权重(b),来描述输入变量(x)与输出变量(y)之间的线性关系,例如,$y = b_0 + b_1 x$,给定输入 x,我们将预测 y,线性回归学习算法的目标是找到系数 B_0 和 B_1 的值。可以使用不同的技术从数据中学习线性回归模型,如用于普通最小二乘和梯度下降优化的线性代数解。

图 2-3(b)所示为逻辑回归,它是机器学习从统计领域借鉴的另一种技术,这是二分类问题的专用方法。逻辑回归与线性回归类似,这是因为两者的目标都是找出每个输入变量的权重值。与线性回归不同的是,输出的预测值使用称为逻辑函数的非线性函数进行变换。逻辑函数看起来像一个大 S,并能将任何值转换为 0 到 1 的范围内。这很有用,因为我们可以将相应规则应用于逻辑函数的输出上,把值分类为 0 和 1 并预测类别值。

图 2-3(c)所示为多项式回归,用公式表示为 $y = a + bx^2$,此时最适当的回归线不是一条直线,而是一条曲线。很多情况下,为了降低误差,经常不能抵制使用多项式回

归的诱惑,但事实是,我们经常会造成过拟合。所以要经常把数据可视化,观察数据与模型的拟合程度。

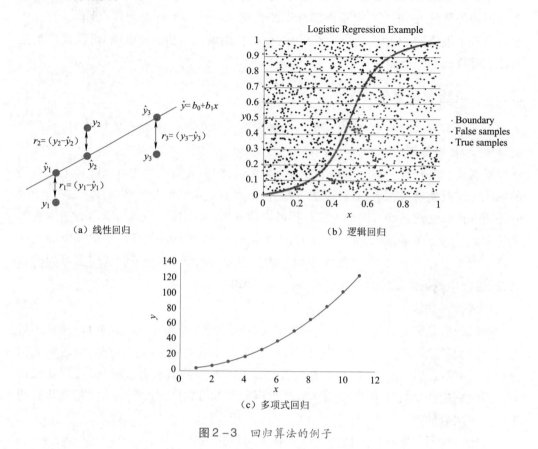

(a)线性回归　　　　　　　　　　(b)逻辑回归

(c)多项式回归

图2-3　回归算法的例子

2.决策树学习

决策树是一类被广泛应用于数据挖掘的算法,很多领域如电信、银行、保险、零售、医疗等领域均需要数据挖掘算法提供决策支持。目前,决策树算法也常常被用来解决分类和回归问题。决策树方法有多种优点:①复杂度较小,速度较快;②抗噪声能力强;③可伸缩性强,既可用于小数据集,也可用于海量数据集。

决策树算法根据数据的属性采用树状结构建立决策模型,决策树的一般组成部分有决策节点、分支和叶子。决策树中最上面的节点称为根节点,这是整个决策树的开始。用样本的属性作为节点,用属性的取值作为分支的树结构。每个分支是一个新的决策节点,或者是叶子节点。每一个决策节点代表一个问题和决策,通常对应于待分类对象的属性。每一个叶节点代表一种可能的分类结果。

图2-4所示为对应这组样本的决策树模型。表2-1所示为一个动物分类训练样本集,根据"体温"和是否"胎生"两个属性判断一个动物是"哺乳类"还是"非哺乳类"。

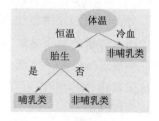

图2-4　决策树模型

表 2 - 1　动物分类训练样本集

体温	胎生	类别
恒温	是	哺乳类
冷血	否	非哺乳类
恒温	否	非哺乳类

决策树概念最早出现在概念学习系统(Concept Learning System,CLS)中,CLS 的工作过程是首先找出有判别力的属性,把训练集的数据分成多个子集;每个子集又选择有判别力的属性进行划分,一直进行到所有子集仅包含同一类型的数据为止;最后得到一棵决策树(分类模型),可以用它对新的样本进行分类。决策树用于对新样本的分类,即对新样本属性值的测试,从树的根节点开始,按照样本属性的取值,逐渐沿着决策树向下,直到树的叶节点,该叶节点表示的类别就是新样本的类别。

常见的算法包括 C4.5 算法、Decision Stump、随机森林(Random Forest)、多元自适应回归样条(MARS)以及梯度推进机(Gradient Boosting Machine,GBM)等。当前国际上最有影响的决策树算法是 1986 年由 J. R. Quinlan 提出的 ID3 算法。实际上,能正确分类训练集的决策树不止一棵,ID3 算法能得出节点最少的决策树。它是用信息论中的信息增益(互信息)来选择属性作为决策树的节点,对训练实例集进行分类并构造决策树。决策树的根节点是所有样本中信息量最大的属性,树的中间节点是该节点为根的子树所包含的样本子集中信息量最大的属性。决策树的叶节点是样本的类别值。

3. 聚类算法

聚类是一个将数据集划分为若干组或簇的过程,使得同一类的数据对象之间的相似度较高,而不同类的数据对象之间的相似度较低。聚类问题的关键是把相似的事物聚集在一起。聚类可以定义为:对给定的多维空间的数据点集寻找一种划分,目的是将数据点集划分为多个类或者簇,使同一个类或者簇中的对象具有较高的相似性,而不同类或者簇中的对象具有较大的相异性。即一个类簇内的实体是相似的,不同类簇的实体是不类似的。

聚类算法的研究有很长的历史,几十年来已经形成了一个很庞大的聚类体系。目前常用的聚类算法包括层次聚类算法,如传统聚合算法、Binary-Positive 算法、RCOSD 算法等,划分式聚类算法,如 K-means 算法、K-modes 算法、K-means-CP 算法、FCM 算法等,以及基于网格和密度的聚类算法和其他聚类算法,如量子聚类、核聚类、谱聚类等。

一种最常见的算法是图 2 - 5 所示的 K-均值聚类算法,该算法将无标签的样本聚类成 K 个簇(K 需要事先给定)。该算法流程简单,收敛速度非常快。在指定类别数目(本例是 5)以及正常初始化之后经过有限次数的迭代(本例是 4 次)就能将样本按照特征空间距离的远近聚类成若干个簇,从而形成不同的类别。K-均值算法存在类别数无法自动确定、容易收敛至局部最优而非全局最优、特征呈现非凸分布时难以收敛以及对噪声和离群样本比较敏感等缺点。

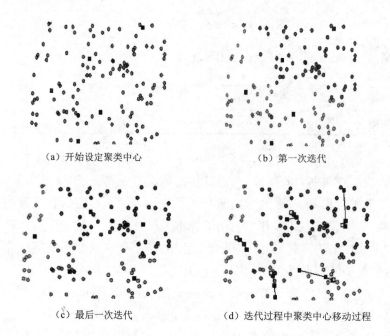

（a）开始设定聚类中心   （b）第一次迭代

（c）最后一次迭代   （d）迭代过程中聚类中心移动过程

图 2-5 *K*-均值聚类算法

4.人工神经网络

人工神经网络（Artificial Neural Network,ANN）算法是 20 世纪 80 年代机器学习界非常流行的算法,不过在 90 年代中途衰落。现在,携着"深度学习"之势,神经网络重装归来,重新成为最强大的机器学习算法之一。人工神经网络是图像分类识别更有效的一种方法,它从微观上模拟动物大脑皮层的感知和思维功能以及行为特征,进行分布式并行信息处理。通过学习过程从外部环境中获取知识,内部神经元可存储所获取的知识。

人工神经网络是机器学习的一个庞大的分支,有几百种不同的算法。深度学习就是其中的一类算法,2.3 节将会单独讨论。人工神经网络算法分为前馈神经网络（如BP 神经网络、支持向量机）、递归神经网络（如 LSTM 和 GRU）等。

人工神经网络为优化设计、模式识别、自动控制、机器人、图像处理、信号处理以及人工智能等领域研究不确定性、非线性问题以及提高智能化水平提供了一条途径。人工神经网络图像识别技术已经发展了较长时间,具有识别速度快、分类能力强、识别率高、容错能力强、并行处理能力好、自学能力强等优点。

人工神经网络识别的基本思路是:首先建立样本集（包括训练样本集和测试样本集）,然后用神经网络算法训练样本集,神经网络通过不断调节网络不同层之间神经元连接上的权值使训练误差逐步减小,最后完成网络训练学习过程,即建立数学模型。将建立的数学模型应用在测试样本上进行预测或分类,训练好的网络对测试样本的实际输出为最终的识别信息。其结构框图如图 2-6 所示。

本书主要基于人工神经网络及深度神经网络解决图像检测、识别、跟踪等图像处理问题,下一节将对人工神经网络做进一步深入的介绍。

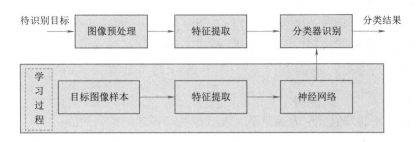

图2-6 人工神经网络识别结构框图

●●●●● 2.2 人工神经网络 ●●●●●

人工神经网络由大量基本处理单元(神经元,Neurons)广泛互连而成,每个神经元的结构和功能都比较简单,但由其组成的系统却十分复杂。神经元具有非线性映射的能力,它们之间通过权系数相连接。神经网络是从输入空间到输出空间的一个非线性映射的动态系统,通过调整权系数来学习或发现变量间的关系。这种大规模的并行结构具备很高的计算速度。在这种多层网络结构中,信息被分布存储于连接的权系数中,使网络具有很高的健壮性与容错性,能实现丰富多彩的行为,可解决复杂的非线性问题。

2.2.1 人工神经元

人工神经网络的基本单元是人工神经元,这参考了生物神经元。生物神经元如图2-7所示,具有多个树突,用来接受其他神经元传入的信息;而轴突只有一条,轴突尾端有许多轴突末梢可以给其他多个神经元传递信息。轴突末梢跟其他神经元的树突产生连接,从而传递信号。这个连接的位置在生物学上称为"突触"。

人工神经元模型如图2-8所示,$x_j(j=1,2,\cdots,N)$表示该神经元的输入,如同树突接收到的来自其他神经元的信号。y_i是神经元i的输出,好比由轴突送往其他神经元的信号。

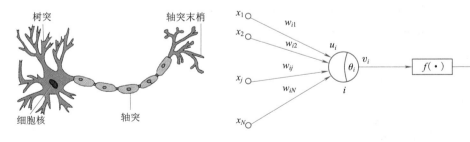

图2-7 生物神经元　　　　　　　　图2-8 人工神经元

神经元模型包括三个要素:

(1)一组突触或连接。常用w_{ij}表示神经元i和神经元j之间的连接强度,称为权值。$w_{ij}>0$表示x_j对神经元i有激励作用;$w_{ij}<0$表示x_j对神经元i有抑制作用。

（2）输入信号累加器。反映生物神经元的时空整合功能。u_i表示第i个神经元的净输入，是输入信号线性组合后的输出，是对大脑神经元输入信号整合功能的一阶近似。

$$u_i = \sum_j w_{ij}x_j$$

θ_i是神经元的阈值或称为偏差用b_i表示，v_i为经偏差调整后的值：$v_i = u_i + b_i$。

（3）神经元的激活函数。$f(\cdot)$用于限制神经元的输出，使输出y_i一般在$[0,1]$或$[-1,1]$之间。

$$y_i = f\left(\sum_j w_{ij}x_j + b_i\right)$$

深度神经网络中常用的激活函数有 sigmoid 函数、tanh 函数、ReLU 函数等。

sigmoid 函数：表达式为

$$y_i = \frac{1}{1 + \exp(-av_i)}$$

其中，a为斜率参数。sigmoid 曲线如图 2-9（a）所示。sigmoid 函数将一个实数输入映射到$[0,1]$范围内，使用 sigmoid 作为激活函数参数收敛速度很慢，严重影响了训练的效率，因此在设计神经网络时，很少采用 sigmoid 激活函数。

双曲正切（tanh）函数：表达式为$y_i = \tanh(v_i)$，曲线如图 2-9（b）所示。tanh 函数将一个实数输入映射到$[-1,1]$范围内，当输入为0时，tanh 函数输出为0，符合我们对激活函数的要求。然而，tanh 函数也存在梯度饱和问题，导致训练效率低下。

ReLU 函数（The Rectified Linear Unit）：表达式为$f(x) = \max(0,x)$，$x < 0$ 时，$f(x) = 0$；$x > 0$时，$f(x) = x$，是斜率为1的线性函数。ReLU 函数曲线如图 2-9（c）所示。

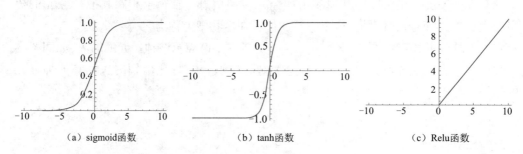

（a）sigmoid函数　　　（b）tanh函数　　　（c）Relu函数

图 2-9　神经网络激活函数

相比 sigmoid 和 tanh 函数，ReLU 激活函数的优点在于：

①梯度不饱和。因此在反向传播过程中，减轻了梯度弥散的问题，神经网络前几层的参数也可以很快地更新。

②计算速度快。正向传播过程中，sigmoid 和 tanh 函数计算激活值时需要计算指数，而 ReLU 函数仅需要设置阈值，加快了正向传播的计算速度。因此，ReLU 激活函数可以极大地加快收敛速度，相比 tanh 函数，收敛速度可以加快6倍。

2.2.2 感知器

感知器(Perceptron)是最基本的人工神经网络,包括单层感知器和多层感知器。

1. 单层感知器

单层感知器的结构如图 2 – 10 所示,有两个层次,分别是输入层和输出层。输入层的输入为 x_j,输出层的"输出单元"则需要对前面一层的输入进行计算。我们把需要计算的层次称为"计算层",并把拥有一个计算层的网络称为"单层神经网络"。

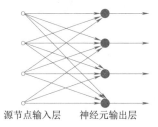

源节点输入层 神经元输出层

图 2 – 10 单层感知器

单层神经网络的权值是通过训练得到的,类似一个逻辑回归模型,可以做线性分类任务。我们可以用决策分界来形象地表达分类的效果。决策分界就是在二维数据平面中画出一条直线;当数据的维度是三维时,画出一个平面;当数据的维度是 n 维时,划出一个 $n – 1$ 维的超平面。例如,用单层感知器实现逻辑"或"运算的结果如图 2 – 11 所示,单层感知器实现数据分类的结果如图 2 – 12 所示。但是单层感知器无法实现非线性分类,例如无法实现逻辑"异或"运算。

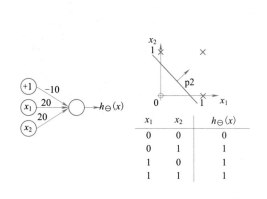

图 2 –11 单层感知器实现逻辑"或"运算

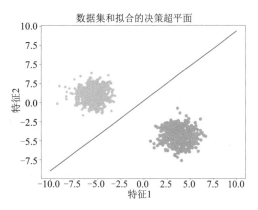

图 2 –12 单层感知器实现数据分类

2. 多层感知器

在单层感知器中增加一个计算层以后,两层神经网络不仅可以解决异或问题,而且具有非常好的非线性分类效果。两层神经网络除了包含一个输入层,一个输出层以外,还增加了一个中间层(也称隐藏层)。此时,中间层和输出层都是计算层,多层感知器的结构如图 2 – 13 所示。

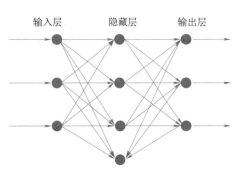

图 2 –13 多层感知器结构

多层感知器的特点如下:

(1)多了隐藏层,可以从输入模式提取更多的有用信息,完成更复杂的任务。

（2）每层的激活函数都是可微的 sigmoid 函数。

（3）多突触使得网络更具连通性，连接权值的变化会引起连通性的变化。

（4）采用独特的学习算法——误差反向传输（Back Propagation，BP）算法，因此也称 BP 神经网络。BP 学习算法包含两个阶段：

①工作信号正向传播。输入信号从输入端经隐藏层单元，传向输出层，在输出端产生输出信号。在信号正向传播过程中网络的权值固定不变，每一层神经元的状态只影响下一层神经元的状态。如果在输出端得不到期望的输出，则转入误差信号反向传播。

②误差信号反向传播。网络的实际输出与期望输出的差值为误差信号，它由输出开始逐层反向传播，在此过程中权值由误差反馈进行调节，通过权值的不断修正使网络的实际输出更接近期望输出。

例如，利用多层感知器实现 750 个二维数据的分类，结果如图 2－14 所示，上部分为数据，下部分为分类界面。

人工智能初期是浅层学习为主，它们只包括 1～2 层非线性特征结构转化层，根据人工经验进行样本特征的选择，然后训练模型。不同隐含层感知器的分类能力如图 2－15 所示。但是神经网络仍然存在以下问题：训练时间长，局部最优解问题，过拟合问题。这使得神经网络的优化较为困难。同时，隐藏层的节点数需要调参，使用不是太方便。

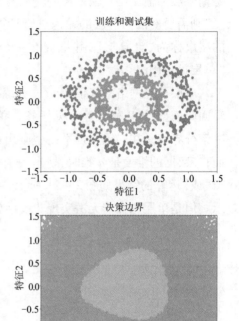

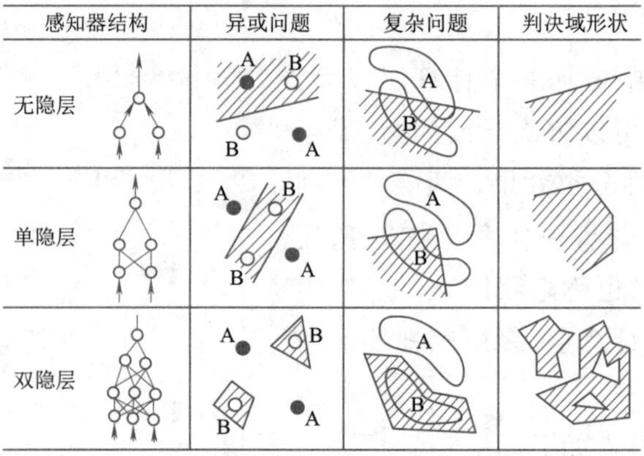

图 2－14　多层感知器分类

图 2－15　不同隐藏层感知器的分类能力

2.2.3　支持向量机

支持向量机(Support Vector Machine,SVM)是一种非常流行的机器学习方法,是最成功的浅层模型典范,它可以将不同类别的数据特征向量通过特定的核函数由低维空间映射到高维空间,然后在高维空间中寻找分类的最优超平面。支持向量机具有更好的推广泛化能力,而且支持向量机求得的是全局最优解。

传统人工神经网络通常只通过增加样本数量来减少分类误差,提高识别精度,而当分类器对训练样本过度拟合时,在实际情况中,并不能准确地分类测试样本,造成了分类器的推广能力差。

支持向量机分类思想如下:图2-16(a)表示训练样本上的两种分类模型,即曲线模型和直线模型,显然曲线模型可以非常准确地将两种不同类型的样本分开,而直线模型的分类错误率很高。图2-16(b)中,同样的分类曲线模型的分类效果不如图2-16(a),但是直线模型的分类识别率比图2-16(a)好。因此,将曲线过度拟合的训练样本,其测试样本的分类效果并不比直线模型好。因此,将训练样本精确分类,过度拟合训练样本,并不能提高测试样本分类识别的正确率。所以,为了防止曲线的过度拟合,需要控制支持向量机的分类模型的复杂度。

(a)　　　　　　　　　　　　(b)

图2-16　分类模型的选择

如图2-17所示,实心圆点和空心圆点分别表示不同类型的样本点。图2-17(a)表示任意分割的超平面,图2-17(b)表示最优分割超平面。在图2-17(a)中任意一条直线都能将两类样本分开,而在现实情况中,越靠近样本的分类线对噪声越敏感,健壮性也越差,并且无法准确地总结样本以外的数据。而在图2-17(b)中,直线 H_1、H_2 已经将两个样本分开,靠近样本最近并且相互平行。由于 H_1、H_2 靠近样本,对噪声非常敏感,健壮性也非常差,无法准确总结样本以外的数据。为了解决这个问题,设 H 为分类线,H 平行于 H_1 和 H_2,且在 H_1 与 H_2 的中间,使得 H_1 与 H_2 的垂直距离相等。H_1 与 H_2 之间的距离称为最大间隔,而 H 到 H_1 与到 H_2 的距离相同。所以,H 与 H_1、H_2 相比健壮性强并且分类识别能力较好。因此,将 H 称为最优超平面。H_1 和 H_2 上的样本点称为支持向量。

支持向量机在很大程度上对机器学习的发展做出了很大的贡献,在非线性高维模式识别中有很大优势。其主要思想是把低维空间中线性不可分的问题转化到高维空间中就变成了线性可分,从低维空间到高维空间的转换用到了核函数,核函数的优点是避免了维度灾难。转化为线性可分问题后,就是要优化某几类之间的最大类间隔,寻找最优的分割超平面。

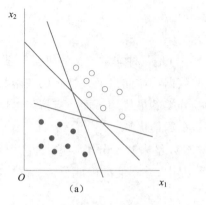
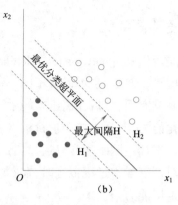

图2-17 分割超平面

作为一种性能优异且在多领域都得到应用的机器学习方法,它在面对模式识别中较难解决的如样本集较小、样本非线性及样本维度高等问题时,表现出非常强的学习能力。而且相对于其他机器学习方法具有更好的泛化能力。为了使不同种类的数据在空间上能够最好地分隔开来,支持向量机通过找到一个最优的分类超平面来解决这个问题。

支持向量机适合解决样本特征较少、问题较为简单或者限制条件较多的简单分类问题,但是在解决复杂多变的现实问题时,就显得心有余而力不足,表现也差强人意。例如,当面临自然语言处理分析、大规模图像分析等场景时,浅层结构无法完全拟合复杂问题函数,泛化性差,表达能力也受到一定的限制。

2.2.4 递归神经网络

多层感知器和支持向量机都是前馈神经网络,是以确定性方式将输入映射到输出,其网络结构如图2-18所示,连接仅馈送到后续层,通过隐藏层将输入矢量馈送到网络中,并最终获得一个输出。即样例输入网络后被转换为一项输出,在进行有监督学习时,输出为一个标签。也就是说,前馈网络将原始数据映射到类别,识别出信号的模式,如一张输入图像应当给予"猫"还是"狗"的标签,我们用带有

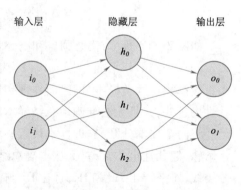

图2-18 前馈神经网络结构

标签的图像训练好一个前馈网络,直到网络在猜测图像类别时的错误达到最小。将参数,即权重定型后,网络就可以对从未见过的数据进行分类。已定型的前馈网络可以接受任何随机的图片组合,而输入的第一张照片并不会影响网络对第二张照片的分类。看到一张猫的照片不会导致网络预期下一张照片是狗。这是因为网络并没有时间顺序的概念,它所考虑的唯一输入是当前所接受的样例。前馈网络仿佛患有短期失忆症,它们只有早先被训练定型时的记忆。

对于许多问题,这是理想选择,但是,假设我们在处理时序数据。孤立的单一数据

并不是完全有用的,考虑一个自然语言处理应用程序,其中的字母或单词表示网络输入。当我们考虑理解单词时,单独考虑一个字母是没有意义的,必须考虑这个字母前面和后面的字母,也就是字母的上下文。这可视为时间序列数据,此时需要一种可以考虑输入历史的新型拓扑结构,递归神经网络(RNN)。

RNN 能够通过反馈来维护内部记忆,所以它支持时间行为。在图 2-19 所示的示例中,将隐藏层输出反馈回隐藏层。网络保持前馈方式(先将输入应用于隐藏层,然后再应用于输出层),但 RNN 通过上下文节点(Context Node)保持内部状态。

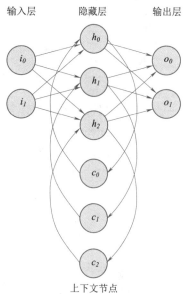

图 2-19　RNN 神经网络结构

RNN 是两种人工神经网络的总称。一种是时间递归神经网络(Recurrent Neural Network),又称循环神经网络;另一种是结构递归神经网络(Recursive Neural Network)。时间递归神经网络的神经元间连接构成矩阵,而结构递归神经网络利用相似的神经网络结构递归构造更为复杂的深度网络。RNN 一般指代时间递归神经网络。

RNN 代表一种未来的基础架构,可以在大多数先进的深度学习技术,如 LSTM(Long Short Term Memory)和 GRU(Gated Recurrent Unit)中找到它。单纯递归神经网络因为无法处理随着递归、权重指数级爆炸或消失的问题,难以捕捉长期时间关联;而结合不同的长短期记忆的 LSTM 可以很好地解决这个问题。GRU 则是 LSTM 的一个变体,保持了 LSTM 的效果,同时又使结构更加简单,所以它也非常流行。

LSTM 是一种时间递归神经网络,首次发表于 1997 年,由于独特的设计结构,LSTM 适合于处理和预测时间序列中间隔和延迟非常长的重要事件,在不分段连续手写识别上效果很好。2009 年,用 LSTM 构建的人工神经网络模型赢得过国际文档分析与识别大会(ICDAR)手写识别比赛冠军。作为非线性模型,LSTM 可作为复杂的非线性单元用于构造更大型深度神经网络。

LSTM 含有 LSTM 区块(Blocks)或其他种类的神经网络,称为智能网络单元,因为它可以记忆不定时间长度的数值,区块中有一个门(Gate)能够决定输入是否重要到能被记住及能不能被输出。LSTM 的重复网络模块实现了三个门计算,即遗忘门(Forget gate)、输入门(Input gate)和输出门(Output gate),如图 2-20(a)所示。根据谷歌的测试表明,LSTM 中最重要的是 Forget gate,其次是 Input gate,最次是 Output gate。

GRU 模型只有两个门,分别为更新门和重置门,如图 2-20(b)所示,即图中的 z_t 和 r_t。更新门用于控制前一时刻的状态信息被带入到当前状态中的程度,更新门的值越大说明前一时刻的状态信息带入越多。重置门用于控制忽略前一时刻的状态信息的程度,重置门的值越小说明忽略得越多。

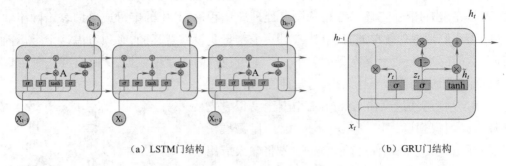

（a）LSTM门结构　　　　　　　　　　　（b）GRU门结构

图 2-20　LSTM 和 GRU 门结构

时间递归神经网络可以描述动态时间行为,因为和前馈神经网络接受较特定结构的输入不同,RNN 将状态在自身网络中循环传递,因此可以接受更广泛的时间序列结构输入。手写识别是最早成功利用 RNN 的研究结果。

●●●●● 2.3　卷积神经网络 ●●●●●●

自 2006 年以来,深度学习(Deep Learning)开始受到广泛关注,并在语音、图像、自然语言等领域取得显著进展。深度神经网络在处理图像、声音、文字信号时,通过多层变换对数据进行特征描述,得到相较于传统方法优异的结果。当前深度学习已经发展成为语音识别领域和图像处理领域的主流技术方法。

2.3.1　深度学习概述

2006 年,人工智能比往任何时候都更加深入公众视野和日常生活。2006 年,加拿大机器学习领域的泰斗 Geoffrey Hinton 教授以及学生在 *Science* 上发表了一篇论文,提出可以通过多层人工神经网络的学习将高维数据转换为更接近数据描述的低维编码,通过微调的方式解决由深度增加导致的"梯度弥散"问题,打开了如何学习深层次网络的大门。

其中提到两个主要观点:①多隐藏层神经网络的特征学习能力优异,利用深度神经网络对图像特征进行逐层滤波,能学到数据更本质的特征,更加有利于分类或可视化;②深度神经网络可利用"逐层初始化"来减少参数数量,降低训练难度,解决过拟合问题。

深度学习模型是一个统称,能够以简洁的参数形式对复杂的函数关系进行学习,得到数据之间多层的深度隐含非线性函数关系。深度学习不等于深度神经网络,深度神经网络只是深度学习的一个子类。深度学习从形式上看,信号在这个多层结构中逐层传播,最后得到信号表达;从内容上讲,对数据局部特征进行多层次的抽象化的学习与表达。

深度学习能够挖掘出存在于数据之间高度隐含的关系,且样本的特征复用率更高。深度学习作为一种新的机器学习方法,通过对深层非线性网络结构的监督学习,实现复杂函数的近似,并具有强大的从有限样本集合中学习问题本质的能力。这种特性更有利于深度学习对视觉、语音等信息进行建模,进而能更好地对图像和视频进行表达和理解。这种优越的模型表达力,使其能够更好地处理复杂的函数关系。同时深度学习特有的生物学基础,使其更加适于处理人类社会感知的语义信息。

深度学习实质上先是完成含很多隐藏层的学习模型的构建,然后从大量的训练数据中来学习得到更富有表现力的特征,进而改善分类或预测任务的准确度,简而言之,是通过"深度模型"这个手段来实现"特征学习"的目的。与传统的浅层学习相较而言,深度学习不仅着重突出了模型结构的深度,包含更多的隐藏层,另外将样本特征经逐层变换到新的另外一个特征空间,从而更有利于分类或预测任务。深度学习是从大数据中来学习得到特征,这种方式能够得到数据的更多本质特性。

随着人们对深度学习邻域的不断探索,模型以及算法不断发展,深度学习将在更多领域实现价值,帮助人类解决更多难题。深度学习可以理解为神经网络的发展。大约30年前,神经网络曾是机器学习领域特别火热的一个方向,但后来却慢慢淡出,一方面是因为比较容易过拟合,参数比较难调,且需要不少约束;另一方面,训练速度较慢,且层次较少时效果不如其他方法。深度学习与传统神经网络之间有很多异同点,两者都采用了具有相似分层结构的神经网络,系统都是由输入层、隐藏层和输出层组合而成的多层次网络结构,仅相邻层间的节点间有连接,每一层可看作一个逻辑回归模型。图2-21所示是含有多个隐藏层的深度学习模型。

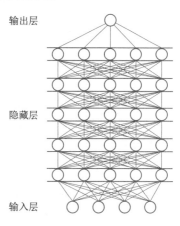

图2-21 深度学习模型

如前所述,机器学习方式有监督式、非监督式和半监督式学习算法。半监督式学习算法在深度神经网络中运用的大致思路是:用无监督算法实现对网络模型的预训练(Pre-training),对网络模型参数初始化;利用图像类别信息通过监督学习算法对网络模型参数进行微调。半监督式学习算法的模型代表是深度信念网络(Deep Belief Networks,DBN),它是以限制玻尔兹曼机(Restricted Boltzmann Machine,RBM)为基础,逐层堆叠RBM,其中玻尔兹曼机的训练为无监督过程,在堆叠之后形成的深度神经网络需要图像类别信息调整网络参数。监督式学习算法的代表网络是卷积神经网络(Convolutional Neural Networks,CNN)。

深度学习使用不同的训练机制来克服神经网络在训练方面的问题。传统神经网络采用后向传播的方式,简而言之就是通过迭代算法来训练整个网络,随机初始化来计算网络的输出,然后根据输出与标签的差反向微调各层的参数,直至收敛(梯度下降法)。而深度学习结构的层数比较多,若采用后向传播,随着传播残差越变越小,容易导致产生梯度弥散或者陷入局部极值等问题,因而深度学习采用逐层训练机制。具体就是采用无标签数据来分层对每一层的参数进行预处理,这也是和传统神经网络的随机初始化区别最大的地方,然后通过对模型反向传播处理来进一步对每层参数进行优化。

深度网络模拟人类的感知机理,可以从数据中无监督学习到具有一定语义的特征,它的应用对象包括语音、图像和视频,还有文本、语言以及其他语义信息。随着深度学习在学术界的持续升温,许多领域都出现了深度学习技术的研究及应用成果,2011 年微软在语音识别领域取得重大突破,其采用深度学习技术使得语音识别错误率降低了两到三成;2012 年,Google 的 Google Brain 项目构建出一个具有自动学习能力、兼有很好的识别准确度的神经网络,且成功应用于安卓的语音识别系统;而百度也依靠深度学习技术在语音识别方面取得了超越以往的提升。

深度网络在图像识别领域的成就更是引人注目。2010 年开始的大规模视觉识别比赛在 ImageNet 数据库上进行,ImageNet 数据库是用来测试深度学习系统计算机视觉(自动识别图像能力)能力的数据库,在这个数据库上进行的比赛体现了计算机识别技术的最高水平。2012 年 10 月,Hinton 使用深度学习中的 CNN 方法优化分类结果,在 ImageNet 大规模视觉识别挑战赛上,获得图像识别第一名,大大减少了错误率,提高了图像分类的性能。在 ImageNet 2014 大规模视觉识别比赛中,CNN 已经得到了广泛的应用,其中错误率只有 6.656% 的最优算法也是源自 CNN。

2012 年,谷歌研发出来的虚拟人脑及其相关研究成果成为全球的关注热点,其训练出具有模拟部分人脑功能的深度神经网络,令机器具有一定的自主学习能力,表明了仅由无标签数据训练出分类器的可行性,成为 AI 领域的一个里程碑。这个网络使用 16 000 个计算节点,将网络视频作为训练集,用了 3 天时间训练得到 9 层深度自编码器网络,该网络能够模拟人脑的部分功能,比如在无标签情况下,当输入是"猫"的图像时,网络中的部分节点会有很强的响应,而当输入其他概念时,另一些其他节点也会产生强烈的响应。实验证明,这些节点的响应并不受输入图像的旋转、平移等变化的影响。这个著名的项目证明,通过无标签的样本来训练出某一类别的分类器是可行的。

综上所述,深度学习强大的学习能力正在引领行业进行变革,而深度学习的一些成果也已经渗透到生活的各个角落。在图像、自然语言、语音识别及语言翻译等方面,作为核心技术的深度学习大幅提升了各类信息服务质量,引发的数据智能对信息产业产生极大的影响。它正在逐渐变为一项通用的、基础的核心技术,将对互联网、智能设备、自主驾驶、生物医药等领域产生重大的影响。

2.3.2 卷积神经网络原理

在各种深度神经网络结构中,CNN 是应用最广泛的一种,是 1989 年由 Yann LeCun 等人提出的。CNN 在早期被成功应用于手写字符图像识别。2012 年更深层次的 AlexNet 网络取得成功,此后 CNN 蓬勃发展,被广泛用于各个领域,在很多问题上都取得了当前最好的性能,在图像识别和处理领域的应用相当广泛。

CNN 结构能够较好地模拟视觉皮层中细胞之间的信息传递。CNN 的提出在小数据小尺寸图像的研究上刷新了当时的研究结果,但是不能很好地理解大尺寸的自然图像,因此没有得到计算机视觉领域的重视。

CNN 是利用空间关系来减少参数量,降低网络模型的复杂度,减少需要训练的权值数目,进而提高 BP 训练效率的一种拓扑式结构,并在实验中取得了较好性能。这些优点在处理多维图像时表现尤为显著,它以图像的局部感受区域作为网络的输入,避免了传统识别方法中烦琐的特征提取和重构过程,依次将信息传输到不同层,每层通过滤波器的卷积操作来获得数据对平移、缩放、旋转等形变高度不变的显著特征。

1. 卷积神经网络的思想起源

CNN 通过卷积和池化操作自动学习图像在各个层次上的特征,这符合我们理解图像的常识。人在认知图像时是分层抽象的,首先理解的是颜色和亮度,然后是边缘、角点、直线等局部细节特征,接下来是纹理、几何形状等更复杂的信息和结构,最后形成整个物体的概念。

视觉神经科学对于视觉机理的研究验证了这一结论,动物大脑的视觉皮层具有分层结构。眼睛将看到的景象成像在视网膜上,视网膜把光学信号转换成电信号,传递到大脑的视觉皮层,视觉皮层是大脑中负责处理视觉信号的部分。1959 年,David 和 Wiesel 进行了一次实验,他们在猫的大脑初级视觉皮层内插入电极,在猫的眼前展示各种形状、空间位置、角度的光带,然后测量猫大脑神经元放出的电信号。实验发现,当光带处于某一位置和角度时,电信号最为强烈;不同的神经元对各种空间位置和方向偏好不同。这一成果后来让他们获得了诺贝尔奖。

目前已经证明,视觉皮层具有层次结构,如图 2 – 22 所示。从视网膜传来的信号首先到达初级视觉皮层,即 V1 皮层,V1 皮层简单神经元对一些细节、特定方向的图像信号敏感;V1 皮层处理之后,将信号传导到 V2 皮层,V2 皮层将边缘和轮廓信息表示成简单形状,然后由 V4 皮层中的神经元进行处理,它对颜色信息敏感。复杂物体最终在 IT 皮层被表示出来。

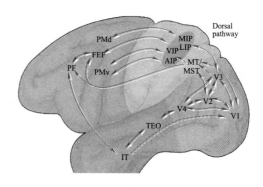

图 2 – 22 视觉皮层结构

CNN 可以看成是上面这种机制的简单模仿。它由多个卷积层构成,其中的卷积核对图像进行处理后得到输出。前面的卷积层捕捉图像局部、细节信息,后面的卷积层捕获图像更复杂、更抽象的信息。经过多个卷积层的运算,最后得到图像在各个不同尺度的抽象表示。

2. 卷积层

卷积层是卷积神经网络的核心。下面通过一个实际的例子来理解卷积运算。如果被卷积图像为:

$$\begin{bmatrix} 11 & 1 & 7 & 2 & 2 \\ 1 & 3 & 9 & 6 & 7 \\ 7 & 3 & 9 & 6 & 1 \\ 4 & 3 & 2 & 6 & 3 \\ 4 & 1 & 3 & 4 & 5 \end{bmatrix}$$

卷积核为：

$$\begin{bmatrix} 1 & 5 & 2 \\ 2 & 6 & 3 \\ 7 & 1 & 1 \end{bmatrix}$$

首先用图像第一个位置处的子图像，即左上角的子图像和卷积核对应元素相乘，然后相加，在这里子图像为：

$$\begin{bmatrix} 11 & 1 & 7 \\ 1 & 3 & 9 \\ 7 & 3 & 9 \end{bmatrix}$$

卷积结果为：$11 \times 1 + 1 \times 5 + 7 \times 2 + 1 \times 2 + 3 \times 6 + 9 \times 3 + 7 \times 7 + 3 \times 1 + 9 \times 1 = 138$。接下来在待卷积图像上向右滑动一列，将第二个位置处的子图像

$$\begin{bmatrix} 1 & 7 & 2 \\ 3 & 9 & 6 \\ 3 & 9 & 6 \end{bmatrix}$$

与卷积核卷积，结果为 154。接下来，再向右滑动一位，将第三个位置处的子图像与卷积核进行卷积，结果为 166。处理完第一行之后，向下滑动一行，然后重复上面的过程。依次类推，最后得到卷积结果图像为：

$$\begin{bmatrix} 138 & 154 & 166 \\ 126 & 167 & 133 \\ 104 & 110 & 121 \end{bmatrix}$$

经过卷积运算之后，图像尺寸变小。也可以先对图像进行扩充，例如在周边补 0，然后用尺寸扩大后的图像进行卷积，保证卷积结果图像和原图像尺寸相同。另外，在从上到下，从左到右滑动的过程中，水平和垂直方向滑动的步长都是 1，也可以采用其他步长。

卷积运算显然是一个线性操作，而神经网络要拟合的是非线性的函数，因此和全连接网络类似，需要加上激活函数，常用的有 sigmoid 函数、tanh 函数、ReLU 函数等。

前面是单通道图像的卷积，输入是二维数组。实际应用时我们遇到的经常是多通道图像，如 RGB 彩色图像有三个通道，另外由于每一层可以有多个卷积核，产生的输出也是多通道的特征图像，此时对应的卷积核也是多通道的。具体做法是用卷积核的各个通道分别对输入图像的各个通道进行卷积，然后把对应位置处的像素值按照各个通道累加。

由于每一层允许有多个卷积核，卷积操作后输出多张特征图像，因此第 L 个卷积层的卷积核通道数必须和输入特征图像的通道数相同，即等于第 L － 1 个卷积层的卷积核的个数。图 2 － 23 所示是一个简单的例子：图中卷积层的输入图像是 3 通道的，对应的，卷积核也是 3 通道的。在进行卷积操作时，分别用每个通道的卷积核对对应通道的图像进行卷积，然后将同一个位置处的各个通道值累加，得到一个单通道图像。图中，有 4 个卷积核，每个卷积核产生一个单通道的输出图像，4 个卷积核共产生 4 个通道的输出图像。

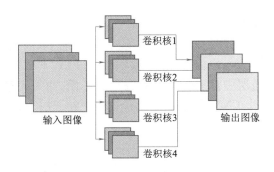

图2-23 多通道卷积

3. 池化层

通过卷积操作,完成对输入图像的降维和特征抽取,但特征图像的维数还是很高。维数高不仅计算耗时,而且容易导致过拟合,为此引入了下采样技术,也称为池化(pooling)操作。池化的做法是对图像的某一个区域用一个值代替,除了降低图像尺寸之外,下采样带来的另外一个好处是平移、旋转不变性,因为输出值由图像的一片区域计算得到,对于平移和旋转并不敏感。典型的池化有以下几种:

最大池化:遍历某个区域的所有值,求出其中最大的值作为该区域的特征值。

求和池化:遍历某个区域的所有值,将该区域所有值的和作为该区域的特征值。

均值池化:遍历并累加某个区域的所有值,将该区域所有值的和除以元素个数,也就是将该区域的均值作为特征值。

下面通过一个实际例子来理解下采样运算。输入图像为:

$$\begin{bmatrix} 11 & 1 & 7 & 2 \\ 1 & 3 & 9 & 6 \\ 7 & 3 & 9 & 6 \\ 4 & 3 & 2 & 6 \end{bmatrix}$$

在这里进行无重叠的 2×2 最大池化,结果图像为:

$$\begin{bmatrix} 11 & 9 \\ 7 & 9 \end{bmatrix}$$

其中,第一个元素 11 是原图左上角 2×2 子图像

$$\begin{bmatrix} 11 & 1 \\ 1 & 3 \end{bmatrix}$$

元素的最大值 11。第二个元素 9 为第二个 2×2 子图像

$$\begin{bmatrix} 7 & 2 \\ 9 & 6 \end{bmatrix}$$

元素的最大值 9,其他的依次类推。如果是采用的均值下采样,结果为:

$$\begin{bmatrix} 4 & 6 \\ 4.24 & 5.75 \end{bmatrix}$$

池化层的具体实现是在进行卷积操作之后对所得到的特征图像进行分块,图像被划分成不相交块,计算这些块内的最大值或平均值,得到池化后的图像。

均值池化和最大池化都可以完成下采样操作,前者是线性函数,而后者是非线性函数,一般情况下最大池化有更好的效果。

4. 卷积神经网络结构

神经网络的训练学习过程是模拟视觉处理系统不断抽取高级特征的过程, CNN 是一种多层的神经网络结构, 一般由输入层、卷积层(C 层)、下采样层(S 层)、全连接层(F 层)和输出层组成, 每层中都有多个独立的二维平面, 而每个平面中又有多个神经元。图 2-24 所示为一个 CNN 的结构模型, 包含 2 个卷积层、2 个池化层(下采样层)、1 个全连接层。

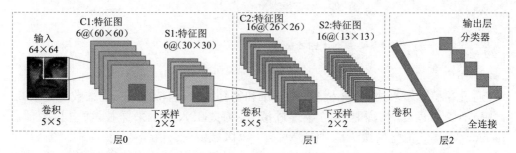

图 2-24 CNN 结构模型

CNN 由多个卷积层构成, 每个卷积层包含多个卷积核, 用这些卷积核从左向右、从上往下依次扫描整个图像, 得到称为特征图(Feature Map)的输出数据。网络前面的卷积层捕捉图像局部、细节信息, 感受野(Receptive Field)较小, 即输出图像的每个像素只利用输入图像很小的一个范围。后面的卷积层感受野逐层加大, 用于捕获图像更复杂、更抽象的信息。经过多个卷积层的运算, 最后得到图像在各个不同尺度的抽象表示。

输入图像通过卷积层和池化层后得到一些特征图; 在输入到分类器层之前, 需要将所有的特征图拉成一列连接起来, 构成一个特征向量; 最后利用分类器层完成分类。例如, 分类器层可以使用 Softmax 分类模型。

Softmax 在机器学习和深度学习中有着非常广泛的应用。尤其在处理多分类($C > 2$)问题中, 分类器最后的输出单元需要 Softmax 函数进行数值处理。Softmax 函数的定义如下所示:

$$s_i = \frac{e^{v_i}}{\sum_{i=1}^{C} e^{v_i}}$$

其中, v_i 是分类器前级输出单元的输出。i 表示类别索引, 总的类别个数为 C。s_i 表示当前元素的指数与所有元素指数和的比值。Softmax 将多分类的连续输出数值转化为各类之间的相对概率, 更有利于我们理解。

列举一个多分类问题, $C = 4$。假设分类器模型最后输出层为向量 V:

$$V = \begin{bmatrix} -3 \\ 2 \\ -1 \\ 0 \end{bmatrix}$$

经过 Softmax 处理后, 数值转化为相对概率:

$$S = \begin{bmatrix} 0.0057 \\ 0.8390 \\ 0.0418 \\ 0.1135 \end{bmatrix}$$

本例中，$s_2 = 0.8390$，对应的概率最大，因此可以判断预测为第 2 类的可能性更大。

实际应用中，使用 Softmax 需要注意数值溢出的问题。因为有指数运算，如果 V 数值很大，经过指数运算后的数值往往可能有溢出的可能。所以，需要对 V 进行一些数值处理：即 V 中的每个元素减去 V 中的最大值。

$$D = \max(V)$$

$$s_i = \frac{e^{v_i - D}}{\sum_{i=1}^{C} e^{v_i - D}}$$

5. 卷积神经网络的训练过程

训练 CNN 的目的是寻找一个模型，通过学习样本，这个模型能够记忆足够多的输入与输出映射关系。模式识别中，神经网络的有监督学习是主流，无监督学习更多用于聚类分析。对于 CNN 的有监督学习，本质上是一种输入到输出的映射，在无须任何输入和输出间的数学表达式的情况下，学习大量的输入与输出间的映射关系，简而言之，就是仅用已知的模式对 CNN 训练使其具有输入到输出间的映射能力。其训练样本集是标签数据。除此之外，训练之前需要一些"不同"（保证网络具有学习能力）的"小随机数"（权值太大，网络容易进入饱和状态）对权值参数进行初始化。

CNN 的训练过程可分为前向传播和后向传播两个阶段：

第一个阶段，前向传播：

（1）将图像数据输入到卷积神经网络中。

（2）逐层通过卷积池化等操作，输出每一层学习到的参数，$n-1$ 层的输出作为 n 层的输入。上一层的输入 x^{l-1} 与输出 x^l 之间的关系为

$$x^l = f(W^l x^{(l-1)} + b^l)$$

式中，l 为层数；W 为权值；b 为一个偏置；f 是激活函数。

（3）最后经过全连接层和输出层得到更显著的特征。

第二个阶段，反向传播：

（1）通过网络计算最后一层的残差和激活值。

（2）将最后一层的残差和激活值通过反向传递的方式逐层向前传递，使上一层中的神经元根据误差来进行自身权值的更新。

（3）根据残差进一步算出权重参数的梯度，并再调整卷积神经网络参数。

（4）继续第（3）步，直到收敛或已达到最大迭代次数。

对于 CNN 的无监督学习，实质上是"预训练 + 监督微调"的模式，预训练采用逐层训练的形式，就是利用输入输出对每一层单独训练。其训练样本集是无标签数据。预训练之后，再利用标签数据对权值参数进行微调。相对于获取有标签数据的昂贵代价，很容易得到大量的无标签数据。自学习方法能够通过使用大量的无标签数据来学习得到所有层的最佳初始权重，即得到更好的模型。相比于有监督学习，自学习方法利用大量数据学习和发现数据中存在的模式，通常该方法能够提高分类器的性能。

6. 卷积神经网络的优点

CNN 拥有局部权值共享的特点，且布局更接近于实际生物神经网络结构，使得其在图像处理和语音识别方面有着独特的优越性。权值共享降低了网络复杂性，并且多维图像可直接作为网络输入，降低了特征提取和分类过程中数据重建的复杂度。由于

CNN 的特征检测层是通过训练数据进行学习的,所以 CNN 就避免了显式的特征抽取,而隐式地从训练数据中进行学习,这使得 CNN 明显有别于其他基于神经网络的分类器;另外,由于权值共享同一特征映射面上神经元权值相同,所以网络可进行并行学习,这也是 CNN 相对于其他神经网络的一大优势。CNN 通过结构重组及减少权值来将特征提取融进了多层感知器。它可以直接处理图片以及基于图像的分类。CNN 不仅在自动提取图像显著特征方面表现优异,且它的这种层间联系和空间信息的紧密联系,尤为适合图像处理和理解。目前 CNN 已被成功应用到许多机器学习问题中,包括人脸识别、文档分析和语言检测等。

综上所述,在图像处理方面,CNN 有以下几个优势:①网络的拓扑式结构适合于对图像进行处理;②特征提取和模式分类可以同时进行,且同时在训练中产生;③权值共享可大大减少训练参数,令神经网络结构更简单,适应性更强;④在输入多维图像时表现更为明显,图像可以直接作为网络的输入,避免了用其他深度神经网络运算时输入向量维数过大的问题。因此 CNN 的典型应用就是图像处理,如图像分类、目标跟踪、目标检测与识别。

2.3.3　VGG 卷积神经网络

深度学习卷积神经网络的一个典型网络是 VGGNet,它是由牛津大学计算机视觉组(Visual Geometry Group)和 Google DeepMind 公司一起研发的。VGGNet 探索了卷积神经网络的深度与其性能之间的关系,通过反复堆叠 3×3(极少数 1×1)的小型卷积核和 2×2 的最大池化层,不断加深网络结构来提升性能。VGG 中根据卷积核大小和卷积层数目的不同,可分为 A,A-LRN,B,C,D,E 共 6 个不同的网络配置(见表 2-2),其中以配置 D,E 较为常用,分别称为 VGG16 和 VGG19。卷积层参数表示为 conv(感受野大小)-通道数,如 conv3-64。

表 2-2　卷积网络的配置

ConvNet Configuration					
A	A-LRN	B	C	D	E
11 weight layers	11 weight layers	13 weight layers	16 weight layers	16 weight layers	19 weight layers
input(224×224 RGB image)					
conv3-64	conv3-64 LRN	conv3-64 conv3-64	conv3-64 conv3-64	conv3-64 conv3-64	conv3-64 conv3-64
maxpool					
conv3-128	conv3-128	conv3-128 conv3-128	conv3-128 conv3-128	conv3-128 conv3-128	conv3-128 conv3-128
maxpool					
conv3-256 conv3-256	conv3-256 conv3-256	conv3-256 conv3-256	conv3-256 conv3-256 conv1-256	conv3-256 conv3-256 conv3-256	conv3-256 conv3-256 conv3-256 conv3-256
maxpool					
conv3-512 conv3-512	conv3-512 conv3-512	conv3-512 conv3-512	conv3-512 conv3-512 conv1-512	conv3-512 conv3-512 conv3-512	conv3-512 conv3-512 conv3-512 conv3-512

续表

ConvNet Configuration					
A	A-LRN	B	C	D	E
11 weight layers	11 weight layers	13 weight layers	16 weight layers	16 weight layers	19 weight layers
maxpool					
conv3 – 512 conv3 – 512	conv3 – 512 conv3 – 512	conv3 – 512 conv3 – 512	conv3 – 512 conv3 – 512 conv1 – 512	conv3 – 512 conv3 – 512 conv3 – 512	conv3 – 512 conv3 – 512 conv3 – 512 conv3 – 512
maxpool					
FC-4096					
FC-4096					
FC-1000					
soft-max					

在 2014 年的 ImageNet 比赛中,深度最深的 16 层(表 2 – 2 中网络 D)和 19 层(网络 E)VGGNet 网络模型在定位和分类任务上分别获得第一和第二。

以 VGG-16 为例,其网络结构如图 2 – 25 所示。

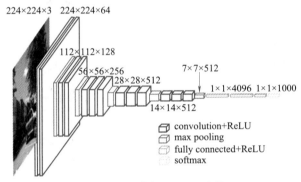

图 2 – 25 VGG-16 网络结构

VGG-16 网络包含 16 层,其中 13 个卷积层,3 个全连接层,共包含参数约 1.38 亿个。VGG-16 网络结构很规整,没有那么多的超参数,专注于构建简单的网络,都是几个卷积层后面跟一个可以压缩图像大小的池化层。随着网络加深,图像的宽度和高度都在以一定的规律不断减小,每次池化后刚好缩小一半。

预处理:图片的预处理就是每一个像素减去均值,是比较简单的处理。

卷积核:整体使用的卷积核都比较小,3×3 是可以表示"左右"、"上下"、"中心"这些模式的最小单元。还有比较特殊的 1×1 的卷积核,可看做是空间的线性映射。

前面几层是卷积层的堆叠,依序为 2 个卷积层、1 个池化层、2 个卷积层、1 个池化层、3 个卷积层、1 个池化层、3 个卷积层、1 个池化层、3 个卷积层、1 个池化层,后面是 3 个全连接层,最后是 softmax 层。所有隐层的激活单元都是 ReLU。

使用多个较小卷积核的卷积层代替一个卷积核较大的卷积层,一方面可以减少参数,另一方面相当于进行了更多的非线性映射,可以增加网络的拟合/表达能力。

第3章

智能图像分割

图像分割是图像高层分析的基础，本章介绍智能图像分割技术及其应用，首先介绍图像分割的基本概念，概括介绍传统图像分割方法；之后阐述智能图像分割方法，包括基于模糊聚类的分割方法，基于群智能的分割方法，基于卷积神经网络的图像分割方法；最后给出多领域实际图像分割效果。

●●●●●● 3.1　图像分割基本概念　●●●●●●

3.1.1　图像分割概念

图像分割（Image Segmentation）是将数字图像细分为多个图像子区域（像素的集合，也称超像素）的过程。图像分割的目的是简化或改变图像的表示形式，使得图像更容易被理解和分析。图像分割通常用于定位图像中的物体和边界（线、曲线等）。更精确地说，图像分割是对图像中的每个像素加标签的过程，这一过程使得具有相同标签的像素具有某种共同的视觉特性。

图像分割根据一定的准则将图像分成若干个特定的、具有独特性质的区域并提取出感兴趣的目标，通常根据灰度、色彩、空间纹理、几何形状等特征把图像划分成若干个互不相交的区域，且使得这些特征在同一区域内表现出一致性或相似性，而在不同区域间表现出明显的不同。

图像分割是图像处理中的经典问题，是图像识别与特征提取等领域的基础，也是图像分析和图像理解相关技术中的基础和关键步骤。图像分割的重要性表现在两个方面：一方面图像分割的有效性是目标表达的基础；另一方面，通过图像分割得到分离的目标图像，从而将图像转化为更加抽象更加紧凑的形式，使得特征提取和目标检测等更高层的图像分析和图像理解成为可能。

对于图像的研究，人们感兴趣的大多是图像中的某些部分，可能是单一区域，也可能是多个区域，这些区域统称为目标区域，而其他部分则称为背景区域。通过图像分割可以隔离目标和背景区域并提取目标，以便进一步对目标进行研究。图像分割可以视为图像的标记问题。设一幅大小为 $M \times N$ 的图像的像素集为 $S = \{s = (i,j), 1 \leqslant i$

$\leqslant M, 1 \leqslant j \leqslant N$，分割后图像的类别标记为 $X = \{x_s; s \in S, x_s \in \{1, 2, \cdots, p\}\}$，$p$ 为类别数，例如假设目标区、背景区和阴影区各用一个类来标记，则可将分割后的图像类别标记为：

$$x_s = \begin{cases} 3, \text{像素 } s \text{ 是目标} \\ 2, \text{像素 } s \text{ 是背景杂波} \\ 1, \text{像素 } s \text{ 是阴影} \end{cases}$$

图像分割方法根据其方式可分为三类：

(1) 自动分割。完全由算法本身独立完成整个分割过程，无外界因素进行干扰。因此具有高效快捷，省时省力的特点。但是，存在对硬件系统要求较高，特异性较差的问题，不具备泛化性。

(2) 手动分割。整个分割流程完全以人为主体，所以其准确性完全由主体决定，完全符合主体自身需求，分割结果满意度较高。同时存在对主体经验和个人认知要求较高等问题，如分割需求量较大，需要面对工时巨大的困难，并且分割流程无法复制。

(3) 交互式分割。顾名思义，交互式分割流程需要外界主体的干预，也就是存在人机交互。在工作过程中，操作人员对图像进行目标标记，给分割流程提供一个有效的参考。这种算法结合了手动分割以及自动分割的优点，可以在一定的程度上提高分割精度，并且解决了手动分割中不可复制的难题。但是，分割流程需要人的参与，且操作人员提供的监督信息对分割结果的影响较大，并没有完全解决手动分割中所需时间长的问题。

图像分割可分成语义分割(Semantic Segmentation)和实例分割(Instance Segmentation)，语义分割将目标按照其分类进行像素级的区分，比如区分图 3-1 中的摩托车和骑手，这就是语义分割，语义分割赋予了场景理解更进一步的手段。

图 3-1 语义分割

实例分割与语义分割的区别是要区分出每个目标(不仅仅是像素)，相当于检测 + 分割，通过图 3-2 来直观理解一下。图 3-2(a) 为原始图像，画面中有人、羊和狗；图 3-2(b) 为语义分割结果，分成人、羊和狗三类；图 3-2(c) 为实例分割结果，将所有的物体分割出来，每只羊也各自分割出来。

图像分割这一古老问题同时也是经典难题，虽被广泛研究，但到目前为止既不存在一种通用的图像分割方法，也不存在一种通用的判断是否分割成功的客观标准。图像分割的目的是将人们关注的区域从图像中分离出来，一般是基于目标与背景之间的不连续性进行的，或者是利用某一个区域内的相似性所得。

（a）原始图像　　　　　　　（b）语义分割　　　　　　　（c）实例分割

图 3-2　实例分割与语义分割

3.1.2　传统图像分割方法

传统的图像分割方法主要分为三类：基于阈值的分割方法、基于边缘的分割方法、基于区域的分割方法。

1. 基于阈值的分割方法

阈值分割法是应用最为广泛的一种分割方法。阈值法的基本思想是首先基于图像的灰度特征按照某个准则求出最佳阈值，并将图像中每个像素的灰度值与阈值相比较，最后根据比较结果将每个像素划分到合适的类别中。

阈值分割可以利用一个或者多个最优阈值集合，把图像分割为若干个目标和背景区域，如果只有单个最优阈值，则为图像单阈值分割，也称图像的二值化，而寻找多个阈值进行图像分割的方法称为图像多阈值分割。阈值分割的目的就是要按照图像的信息（如图像各像素的灰度值、邻域像素灰度值分布特性等），对像素集合进行一个划分，以使得到的每个子集形成一个与现实景物相对应的区域，或者各个区域内部表现出同质特性。

设 $I(i,j)$ 表示图像 I 的第 i 行第 j 列的像素值，其中若 I 为灰度图像，则 $I(i,j)$ 为标量；若 I 为彩色图像，则 $I(i,j)$ 为向量。以灰度图像为例，假定图像灰度级为 L。图像单阈值分割就是把图像 I 中像素值小于阈值 t 的像素划分为一类 C_1；大于阈值 t 的划分为另一类 C_2。其分割结果可用下式表示：

$$C_1 = \{ I(i,j) \in I \mid 0 \leqslant I(i,j) \leqslant t-1 \}$$
$$C_2 = \{ I(i,j) \in I \mid t \leqslant I(i,j) \leqslant L-1 \}$$

在图像多阈值分割中，d 个阈值将图像分成 $d+1$ 类。其分割结果可用下式表示：

$$C_{k+1} = \{ I(i,j) \in I \mid t_k \leqslant I(i,j) \leqslant t_{k+1}-1 \}$$

式中，t_k 表示第 k 个阈值，$k = 0,1,\cdots,d$，$t_0 = 0$，$t_{d+1} = L$，$t_k < t_{k+1}$。

这种方法算法简单、运算量小、实用性强，但是当图像灰度差异不大，物体纹理特征太多时，分割的结果不准确，会产生过分割的现象。图像处理系统中的实时性、健壮性等问题也严重影响着阈值分割方法在实际工程应用中的可行性。

由于自然界图像及应用场合的复杂性，如何对不同种类不同应用场合的图像进行最优阈值的选取一直是图像阈值分割研究中的一个难题。现有的阈值选取方法种类繁多，其分类方式也有很多种。例如，根据所选阈值的作用范围可以将其分为全局阈值法和局部阈值法。根据阈值选取准则的类型可将其分为：最大类间方差法（Otsu 算法）、最小误差法、最大熵法、交叉熵法、模糊熵法等。按照阈值数目的多少可将其分为单阈值法和多阈值法。根据直方图维数分为一维直方图法、二维直方图法以及三维直方图法。根据熵的种类将其分为 Shannon 熵法、Kapur 熵法、Tsallis 熵法、指数熵法、倒数熵法、Arimoto 熵法等。

其中 Otsu 算法是阈值分割中的最佳算法,它的基本思想是最佳分割阈值应该使分割后的各个区域间的方差达到最大,或者使分割后的各个区域内部具有最小类内方差。物理意义明确,计算简单,而且不受图像的强度和对比度等的影响,在大量图像处理任务中取得巨大成功,成为最流行的非参数化阈值分割方法之一。使用 Otsu 算法对国际标准测试图像中的 flowers 图像进行处理,结果如图 3 – 3 所示。

图 3 – 3 Otsu 算法效果图

无论采用上述哪一种阈值选取方法,都可归结为求解一个或一组最优参数来确定最优阈值,而最优参数的计算复杂度通常会随着分割所需阈值数目的增加而呈非线性增加,因此往往难以满足实时性应用要求。为此,研究人员做了大量的研究和实验工作,或针对具体阈值选取方法给出相应的简化算法,或引入智能优化算法实现最优阈值的选取,以求在不同程度上降低算法的复杂度。前者主要是采用递推、迭代和降维来减少算法运行时间。针对直方图维数提高带来的复杂度增加问题,一些学者提出了相应的分解算法,后者主要是将求解优化问题上具有快速性、稳定性的智能优化算法应用到图像多阈值选取领域中。例如,人工免疫算法、细菌觅食算法、遗传算法、蚁群算法、粒子群优化算法、人工蜂群算法、混合蛙跳算法、萤火虫算法、布谷鸟算法等。

2. 基于边缘检测的分割方法

神经学和心理学研究表明,图像中突变的位置对图像感知很重要。在图像中一个区域与另一个区域交接的地方称为边缘,是图像中两个相邻区域属性发生突变的地方。所谓边缘,是指图像中两个不同区域的边界线上连续的像素点的集合,也是其周围像素灰度急剧变化的那些像素的集合,它是图像局部特征不连续性的反映,体现了灰度、颜色、纹理等图像特性的突变。

图像边缘在图像中是一个非常重要的特征,是图像预处理的关键。一方面,边缘信息存在于目标、背景和区域之间,是图像中一个区域与另一个区域信息突变最为显著的特征,提取出边缘信息就能将目标和背景区分开来,所以它是图像分割的重要依据。另一方面,在某种程度上,边缘是不随光照和视角的变化而发生改变的,因此,边缘也是图像匹配的重要的特征。

边缘大致可分为两种,一种是阶跃状边缘,边缘两边像素的灰度值明显不同;另一种为屋顶状边缘,边缘处于灰度值由小到大再到小的变化转折点处。这两种情况表现为灰度值的不连续,而这种不连续可以利用求一阶或者二阶导数检测到。正是基于这一特性,可以使用微分算子进行边缘检测,即使用一阶导数的极值与二阶导数的过零点来确定边缘信息,具体实现时可使用图像与模板进行卷积来完成。

该方法是直接利用边缘检测算子提取边缘,运算速度快,边缘定位准确;但是边缘的连续性和封闭性不足,图像复杂时会出现边缘模糊、丢失等结果,且依赖于边缘检测算子,对于噪声的影响十分敏感,当噪声较大时,通常需要先对图像进行一定的平滑以抑制噪声,然后再求导数。图3-4所示为边缘检测效果图。

图3-4 边缘检测算法效果图

传统的图像边缘检测方法大多从图像的高频分量中提取边缘信息,有代表性的边缘检测算子有差分边缘检测算子、Roberts 算子、Sobel 算子、Prewitt 算子、Robinson 算子、Kirsch 算子、Canny 算子和 Laplacian 算子等。

3. 基于区域的分割方法

通过边缘检测可以计算图像灰度值的局部变化强度,而检测特性的相似性和均匀性可通过区域分割方法来进行。常用的区域分割法有种子区域生长法、区域分裂合并法、分水岭分割法。这些方法是根据图像的灰度、颜色、纹理等信息特征,将图像按照相似性准则分成不同的区域。

种子区域生长法根据区域属性特征一致的原则,从一组代表不同生长区域的种子像素开始,将特征属性相近的像素连通聚集成区域,从而得到所需要分割的结果。首先在图像的分割目标中选定一个种子区域,再不断将种子像素邻域内符合条件的像素点按照相似准则加入到种子区域中,并将新添加的像素作为新的种子像素继续合并过程,直到找不到符合条件的新像素为止。最终达到将目标物体的全部像素点结合成一个区域的目标。生长种子和生长准则是区域生长的关键,生长准则一般分为基于区域内灰度分布统计性质准则、基于区域灰度差准则和基于区域形状准则。

区域分裂合并法与区域生长法相反,分裂合并法从图像的整体开始,首先将图像任意分成若干互不相交的区域,然后将具有相似性准则的相邻区域合并,从而完成图像分割。该方法既适用于灰度图像分割也适用于纹理图像分割。分裂合并法的优点是不再选择生长种子,缺点是希望得到较高的分割精度就需要深入分裂到像素级,这样会大大增加计算量和时间复杂度。

分水岭分割法是一种基于拓扑理论的数学形态学的分割方法。基本思想是把图像看作是测地学上的拓扑地貌，图像中每一点像素的灰度值表示该点的海拔高度，每一个局部极小值及其影响区域称为集水盆，而集水盆的边界则形成分水岭。该算法的实现可以模拟成洪水淹没的过程，图像的最低点首先被淹没，然后水逐渐淹没整个山谷。当水位到达一定高度时将会溢出，这时在水溢出的地方修建堤坝，重复这个过程直到整个图像上的点全部被淹没，这时所建立的一系列堤坝就成为分开各个盆地的分水岭。分水岭分割算法对微弱的边缘有着良好的响应，但图像中的噪声会使分水岭算法产生过分割的现象。

3.2 智能图像分割方法

随着人工智能技术的发展，人们逐渐将人工智能算法应用于图像分割以改善图像分割效果。

3.2.1 基于模糊聚类的分割方法

模糊集合理论能较好地描述人类视觉中的模糊性和随机性。在模式识别的各个层次都可使用模糊集合理论，如在特征层，可将输入模式表达成隶属度值（代表某些性质的拥有程度）的矩阵；在分类层，可表达模糊模式的多类隶属度值并提供损失信息的估计。模糊集合理论主要可解决在模式识别的不同层次由于信息不全面、不准确、含糊、矛盾等造成的不确定性问题。聚类分析是多元统计分析的方法之一，也是模式识别中非监督模式识别的一个重要分支。根据数据集合的内部结构将其分成不同的类别，使得同一类内样本的特征尽可能相似，而属于不同类别的样本点的差异尽可能大。聚类分析技术可分为硬聚类和模糊聚类方法。

硬聚类方法中，样本点归属于不同类别的隶属度函数取值为 0 或 1，即每个样本只可能属于某一特定的类别。模糊聚类方法是一种基于目标函数迭代优化的无监督聚类方法，样本点的隶属度函数取值为[0,1]区间，同时每个样本点对各类的隶属度之和为 1，即认为样本点对每个聚类均有一个隶属度关系，允许样本点以不同的模糊隶属度函数同时归属于所有聚类。

模糊聚类方法的软性划分真实地反映了图像的模糊性和不确定性，因此其性能优于传统的硬分割方法。模糊聚类方法已经广泛应用于图像处理特别是医学图像处理中，其中最常用的是模糊 C-均值聚类（Fuzzy C-Means，FCM）分割方法。

模糊 C-均值聚类是用隶属度确定每个数据点属于某个聚类中心的可能程度的一种聚类算法。它把 n 个向量 $x_i(i=1,2,\cdots,n)$ 分为 c 个模糊组，求每组的聚类中心，使得非相似性指标的价值函数达到最小。FCM 用模糊划分，使得每个给定数据点用取值在[0,1]间的隶属度来确定其属于各个组的程度。由此得到隶属度矩阵 U，其中的元

素 u_{ij} 需满足同一类中归一化的条件,即 $\sum_{i=1}^{c} u_{ij} = 1, \forall j = 1,2,\cdots,n$ 。

基于 FCM 聚类的图像分割方法的基本思想是使得被划分到同一类的样本之间的相似度最大,不同类间的样本相似度最小。FCM 通过优化目标函数得到每个样本点对所有类中心的隶属度,从而决定样本点的类属,以达到自动对样本数据进行分类的目的。

基于 FCM 的图像分割算法通过最小化目标函数,使得图像被分割成几个区域。该目标函数是一个关于隶属度矩阵 U 和聚类中心集合 V 的目标函数,其表达公式如下:

$$J_{FCM}(U,V) = \sum_{i=1}^{c} J_i = \sum_{i=1}^{c} \sum_{j=1}^{n} u_{ij}^{m} d_{ij}^{2}$$

式中, $V = \{v_1, v_2, \cdots, v_c\}$ 为聚类集合; c 为聚类中心的个数; $U = \{u_{ij}\}(u_{ij} \in [0,1])$ 为隶属度矩阵, $d(i,j)$ 是第 i 个聚类中心与第 j 个样本之间的距离, m 是一个加权指数,当 $m = 1$ 时,FCM 退化成经典的 C 均值聚类(Hard C-Means,HCM)。FCM 通过不断地迭代更新隶属度矩阵 U 和聚类中心集合 V,直到满足一定结束条件时,算法结束,得到最终的隶属度矩阵及聚类中心集合。

使用模糊 C-均值聚类算法进行图像分割时,可以使用 RGB 颜色空间或者 CIELab 颜色空间,一个像素点作为一个样本,样本之间的距离使用欧式距离作为相似度测量。通过不断迭代,当目标函数值前后两次变化不超过一定的阈值时,或者迭代次数超过规定的次数时,算法运行结束。基本步骤如下:

(1)输入图像,设置聚类中心的个数 $c(2 \le c \le n)$、加权指数 $m(1.5 < m < 2.5,$ 一般取 2 时效果较好)、迭代停止阈值 ε 以及迭代次数上限 N。初始化聚类中心集合 V。

(2)计算隶属度矩阵 U,计算公式如下:

$$u_{ij} = \frac{1}{\sum_{k=1}^{c} \left(\dfrac{d_{ij}}{d_{kj}} \right)^{2/(m-1)}}$$

(3)更新聚类中心 v_i,计算公式如下:

$$v_i = \frac{\sum_{j=1}^{n} (u_{ij}{}^{m} X_j)}{\sum_{j=1}^{n} (u_{ij}{}^{m})}, i = 1,2,\cdots,c$$

(4)更新之后与更新前的聚类中心集合之间的差值小于迭代停止阈值,或者迭代次数到达上限时,算法停止迭代,得到隶属度矩阵 U 和聚类中心集合 V;否则迭代次数加 1,转到第(2)步。

(5)根据所得的隶属度矩阵 U 和聚类中心集合 V 进行图像分割。

FCM 算法应用于图像分割,最大的优点在于 FCM 算法是一种无监督的自动聚类算法,不需要人的参与。但直接将 FCM 应用于图像分割存在一些不足,具体表现为:聚类样本类数以及加权指数等的设定没有理论基础可以确定;图像像素的数目巨大,运算时间很长;没有考虑到局部的像素信息和空间信息,使得算法对噪声十分敏感等。

使用基于 FCM 的图像分割算法对国际标准测试图像中的 Fruits 图像进行处理,结果如图 3 – 5 所示。

图 3 –5 基于 FCM 的分割算法效果图

3.2.2 基于群智能的图像分割方法

图像阈值分割方法有两个重要步骤:①确定图像分割中的最佳阈值;②在像素值的范围内与所获得的阈值相比来划分像素的区域。如图 3 – 6 所示为图像阈值分割的步骤,这里的关键是阈值的确定。如果是单一的图像目标,并假定图像的目标和背景区域像素灰度对比度较大,则像素灰度内部倾向于一致和均匀,确定一个合适的阈值就可以进行很好的图像分割,若像素灰度值大于或等于阈值被确定为目标(或背景);小于阈值则属于背景(或目标)。

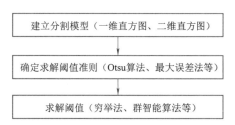

图 3 –6 图像阈值分割的步骤

而在一些具有复杂场景的图像中,往往需要将图像的多个目标和背景进行分割,此时阈值分割对应为多阈值分割,若采用传统的最优阈值选取方法,往往不能达到应用的实时性要求。因此,将寻优能力强的群体智能(Swarm Intelligence)算法与图像分割最优阈值选取进行结合受到广泛关注。

群体智能算法是受自然界生物群体所表现出的智能现象的启发而提出的一种人工智能模式,它模拟自然界生物在无集中控制的前提下完成复杂任务的过程。这些自然界生物群体每个个体的行为都很简单,但当它们一起协同工作时,却能够突显出非常复杂的行为特征,如鸟类聚集飞行、蚂蚁觅食、鱼群行为。对于一个由众多简单个体组成的群体,若其个体具有能通过彼此间的简单合作来完成一个整体任务的能力,则称该群体具有"群体智能"。

在过去的几十年间,众多模仿生物行为的群体智能优化算法相继被提出。与传统的优化方法相比,群体智能算法具有并行式搜索、黑箱式结构、通用性强等优点。当阈值分割数目增加时,搜索最优阈值的传统方法的计算复杂度将呈指数级增加,难以满足应用的实时性要求,因此提出了利用具有快速性、稳定性的群体智能优化算法来求取图像阈值。

　　基于群体智能的图像处理方法的基本思想是以数字图像作为生命所栖息的环境，把具有生命特征的个体随机分布在图像环境中，个体按照某种系统规则移动、繁殖或者进化。随着这个仿生学进程的不断持续，分布在图像环境中的种群特征也在不断发生变化，数字图像本身所具有的一些特点也逐渐涌现出来。数字图像处理是群体智能理论应用最广泛的领域之一。

1. 基于人工鱼群算法的图像分割

　　这里将人工鱼群算法用于二维 Otsu 算法中搜索最优阈值，并引入竞争机制，防止陷入局部最大值。人工鱼群算法是模仿鱼类行为方式提出的一种基于动物自治体的优化方法，能够很好地解决非线性函数优化等问题。算法主要模仿了鱼群的觅食行为、聚群行为、追尾行为和随机行为。鱼群通过聚群行为能够很好地跳出局部极值，并尽可能地搜索到其他的极值，最终搜索到全局极值；追尾行为则有助于快速地向某个极值方向前进，加快寻优的速度，并防止在局部震荡而停滞不前。鱼群算法在对以上行为进行评价后，自动选择合适的行为，从而形成一种高效快速的寻优策略。

　　1）鱼群的初始化

　　针对图像二维阈值应用背景，设人工鱼个体的状态表示为 $(x(\cdot),y(\cdot))$，其中 $(x(i),y(i)),i = 1,2,\cdots,n$ 为要寻优的变量，n 为人工鱼的数目（即种群数），n 越大，跳出局部极值的能力越强，收敛速度也越快，但计算量也越大。

　　人工鱼当前所在位置的食物浓度表示为 $Y = f(x,y)$，其中 Y 为目标函数值。

　　人工鱼个体之间的距离表示为 $d_{ij} = \sqrt{(x(j) - x(i))^2 + (y(j) - y(i))^2}$。

　　Visual 表示人工鱼的感知距离，即视野，视野越大，人工鱼越容易发现全局极值并收敛，如 50。

　　Step 表示人工鱼移动的最大步长，随着步长的增加，收敛速度得到一定的加速，但过大时，会出现振荡现象而大大影响收敛速度，如步长 3。

　　δ 为拥挤度因子，δ 越大，人工鱼摆脱局部极值的能力越强，但收敛速度会有所减缓，如 0.5。

　　try_number 为试探次数，值越大，人工鱼摆脱局部极值的能力越弱，而对局部极值不是很突出的优化问题，增加试探次数可以减少人工鱼的随机移动而提高收敛的效率，如 5。人工鱼的初始位置在 0～255 之间随机生成。

　　2）行为选择

　　根据具体图像，对人工鱼当前所处的环境进行评价，从而选择一种行为。例如应用二维 Otsu 算法来选择阈值，即使适应度函数（类间离散度矩阵的迹）最大，就是模拟执行聚群、追尾、觅食等行为，然后评价行动后的值，选择其中的最大者来实际执行。随机行为其实是觅食行为的一个默认行为。

　　（1）觅食行为。设人工鱼当前状态为 $(x(i),y(i))$，在其感知范围内随机选择一个状态 $(x(j),y(j))$，如果 $(x(i),y(i))$ 优于 $(x(j),y(j))$ 则向该方向前进一步；反之，再重新随机选择状态 $(x(j),y(j))$，判断是否满足前进条件；这样反复尝试 try_ number 次后,如果仍不满足前进条件,则随机移动一步。

(2)聚群行为。设人工鱼当前状态为 $(x(i),y(i))$,探索其邻域内(即 $d_{ij} < visual$)的伙伴数目 n_f 及中心位置 (x_c,y_c) 。如果 $Y_c/n_f > \delta Y_i$ (Y_c 为中心位置的食物浓度,即 (x_c,y_c) 的适应度函数值; Y_i 为 $(x(i),y(i))$ 的适应度函数值),表明伙伴中心有较多食物,且不太拥挤,则朝伙伴的中心位置方向前进一步;否则执行觅食行为。

(3)追尾行为。设某人工鱼当前状态为 $(x(i),y(i))$,探索其邻域内 Y_i 最大的 $(x(j),y(j))$,若: $Y_j/n_j > \delta Y_i$ (Y_j 为 $(x(j),y(j))$ 的适应度函数值, n_j 为 $(x(j),y(j))$ 周围的邻居数),则向其移动,否则进行其他行为。

(4)随机行为。在视野中随机选择一个方向移动。

3)优化准则

开始时,在参数空间随机分配 $(x(i),y(i))$,进行行为选择,计算最高适应度值及其对应的阈值,当算法迭代步数超过 30 步时,则结束迭代(终止条件);或经过 10 次迭代,群体中的最高适应度仍未发生变化,具有最高适应度值的个体即为分割阈值 (s^*,t^*) 。

4)生存机制和竞争机制

选取图像的二维阈值时,搜索的空间较大,且适应度值变化不大,一部分人工鱼将处于无目的的随机移动中,这影响了寻优的效率,因此引进生存机制和竞争机制加以改善。

(1)生存机制。随着人工鱼所处环境的变化,赋予人工鱼一定的生存能力,使得人工鱼在全局极值附近拥有最强的生命力,从而具有最长的生命周期;位于局部极值的人工鱼将会随着生命的消亡而重生,即随机产生该人工鱼的下一个位置,从而展开更广的搜索,提高了寻优能力和效率。

(2)竞争机制。竞争机制就是实时调整人工鱼的生存周期,使人工鱼的生存周期随着寻优的逐步进展而被其中最强的竞争者所提升,从而使得那些处于非全局极值点附近的人工鱼能有机会展开更广范围的搜索。

2.基于蚁群算法的图像分割

蚁群算法(Ant Colony,AC)是 Dorigo 于 1992 年提出的,是一种在图中寻找最优路径的概率型算法,其灵感来源于蚂蚁觅食。生物学家通过长期观察发现,蚁群行为有一个令人感兴趣的特性,即蚁群在觅食时总是可以找到从蚁穴通向食物的最短路径。事实上,当蚂蚁寻觅食物时,会在其所经路径上释放一种挥发性的化学物质,称作信息素(Pheromone)。信息素沉积在路径上,并随着时间流逝而逐步挥发。当蚂蚁在选择路径时,它们倾向于沿着信息素气味较浓的路径前进。一旦找到食物,蚂蚁在返回蚁穴的途中进一步释放信息素。因此,信息素可以引导后继蚂蚁快捷有效地找到食物。这种沿着信息素寻路的特性使得蚁群能够找到蚁穴通向食物的最短路径。

蚁群算法不需要任何先验知识,最初只是随机地选择搜索路径,随着对解空间的“了解”,搜索变得有规律,并逐渐逼近直至最终达到全局最优解。蚁群算法对搜索空间的“了解”机制主要包括三个方面:

(1)蚂蚁的记忆。一只蚂蚁搜索过的路径在下次搜索时就不会再被选择,由此在蚁群算法中建立禁忌列表来进行模拟。

（2）蚂蚁利用信息素进行相互通信。蚂蚁在所选择的路径上会释放一种称为信息素的物质，当同伴进行路径选择时，会根据路径上的信息素进行选择，这样信息素就成为蚂蚁之间进行通信的媒介。

（3）蚂蚁的集群活动。通过一只蚂蚁的运动很难到达食物源，但整个蚁群进行搜索就完全不同。当某些路径上通过的蚂蚁越来越多时，在路径上留下的信息素数量也越来越多，导致信息素强度增大，蚂蚁选择该路径的概率随之增加。模拟这种现象即可利用群体智能建立路径选择机制，使蚁群算法的搜索向最优解推进。蚁群算法所利用的搜索机制呈现出一种正反馈的特征，因此，可将蚁群算法模型理解成增强型学习系统。

Ramos 和 Almeida 提出了一种基于蚁群模型的图像分割方法。以图像作为蚁群栖息的环境，通过制定蚂蚁的运动规则，发现经过一段时间，蚁群能渐进地改变原数字图像，将图像转换为新的蚁群栖息地，从而实现了图像的分割。他们把图像分割视为一个聚类和组合问题。每个蚂蚁的状态由两个参数表示：位置和方向。蚂蚁的移动方向由转移概率决定。在初始时刻，蚂蚁的位置是随机的。为了使群体的行为尽可能一致，对空间和时间进行了离散化的处理。每个蚂蚁在每个时间步行进一步，同时其输入也要受到 8 个邻居单元的信息素浓度影响，蚂蚁也会在每个时间步在其所驻留的位置留下一定量的信息素。图 3-7 所示是应用该算法的图像分割结果。

（a）原图像　　　　　　　　　　　　（b）分割后的图像

图 3-7　基于蚁群模型的图像分割结果

3.2.3　基于 CNN 的图像分割方法

Facebook 开源了三款人工智能图像分割软件，分别是 DeepMask、SharpMask 和 MultiPathNet，三款工具相互配合完成一个完整的图像识别分割处理流程，DeepMask 生成初始对象 mask，SharpMask 优化这些 mask，最后由 MultiPathNet 来识别这些 mask 框定的物体。Facebook 的人工智能研究实验室（FAIR）此前曾在多篇学术论文中讨论过以上开源的图像分割技术。图像分割技术不仅能够识别图片和视频中的人物、地点、物体，甚至能够判断它们在图像中的具体位置（精确到像素级别），为了做到这一点，Facebook 使用了机器学习，也就是用大量的数据来训练人工神经网络，不断提高对新数据处理的准确性。

卷积神经网络（CNN）自 2012 年以来，在图像分类和图像检测等方面取得了巨大的成就和广泛的应用。CNN 的强大之处在于它的多层结构能自动学习特征，并且可以学习到多个层次的特征：较浅的卷积层感知域较小，学习到一些局部区域的特征；较深的卷积层具有较大的感知域,能够学习到更加抽象一些的特征。这些抽象特征对物体的大小、位置和方向等敏感性更低,从而有助于识别性能的提高。

这些抽象的特征对分类很有帮助,可以很好地判断出一幅图像中包含什么类别的物体,但是因为丢失了一些物体的细节,不能很好地给出物体的具体轮廓、指出每个像素具体属于哪个物体,因此做到精确的分割就很有难度。

传统的基于 CNN 的分割方法的做法通常是:为了对一个像素分类,使用该像素周围的一个图像块作为 CNN 的输入用于训练和预测。这种方法有几个缺点:一是存储开销很大。例如对每个像素使用的图像块的大小为 15×15,则所需的存储空间为原来图像的 225 倍;二是计算效率低下。相邻的像素块基本上是重复的,针对每个像素块逐个计算卷积,这种计算也有很大程度上的重复;三是像素块的大小限制了感知区域的大小。通常像素块的大小比整幅图像的大小小很多,只能提取一些局部的特征,从而导致分类的性能受到限制。

1. 全卷积网络图像分割方法

针对这个问题,UC Berkeley 的 Jonathan Long 等人于 2015 年 3 月在 arxiv 和 6 月在 CVPR 会议上提出了全卷积网络(Fully Convolutional Networks,FCN)用于图像的分割。该网络试图从抽象的特征中恢复出每个像素所属的类别。即从图像级别的分类进一步延伸到像素级别的分类。FCN 将传统 CNN 中的全连接层转化成一个个的卷积层。如图 3-8 所示,在传统的 CNN 结构中,前 5 层是卷积层,第 6 层和第 7 层分别是一个长度为 4 096 的一维向量,第 8 层是长度为 1 000 的一维向量,分别对应 1 000 个类别的概率。FCN 将这 3 层表示为卷积层,卷积核的大小(通道数,宽,高)分别为(4096,1,1),(4096,1,1),(1000,1,1)。所有的层都是卷积层,故称为全卷积网络。

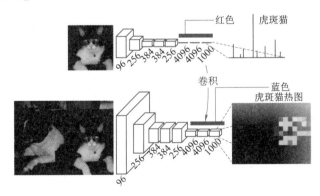

图 3-8 全卷积网络

图中上层红色部分对应 CNN 分类网络的最后三层,也就是 FC 全连接,通过 Softmax 得到一个 1 000 维的向量,表示 1 000 个不同的分类对应的概率,"虎斑猫"作为概率最高的结果。下层蓝色部分将分类网络对应的最后三层全连接替换成了卷积。整个网络全部通过卷积连接,所以称为全卷积。

可以发现,经过多次卷积和池化以后,得到的图像越来越小,分辨率越来越低(粗略的图像),那么 FCN 是如何得到图像中每一个像素的类别的呢?为了从这个分辨率低的粗略图像恢复到原图的分辨率,FCN 使用了上采样。例如经过 5 次卷积和池化以后,图像的分辨率依次缩小了 2、4、8、16、32 倍。对于最后一层的输出图像,需要进行 32 倍的上采样,以得到原图一样的大小。

这个上采样是通过反卷积(Deconvolution)实现的。对第 5 层的输出(32 倍放大)反卷积到原图大小,得到的结果还是不够精确,一些细节无法恢复。于是 Jonathan 将第 4 层的输出和第 3 层的输出也依次反卷积,分别需要 16 倍和 8 倍上采样,结果就精细一些。图 3 - 9 所示直观地显示了反卷积的过程,其中开关变量捕获最高激活发生的位置,以指导上采样。

加上反卷积过程,整个网络可以描述成图 3 - 10 所示。

由于前面采样部分过大,有时会导致后面进行反卷积得到的结果分辨率比较低,导致一些细节丢失,解决的一个办法是将第 3、4、5 层反卷积结果叠加,上采样倍数越小,结果越好,叠加示意图(这种方式应该不陌生)如图 3 - 11 所示。

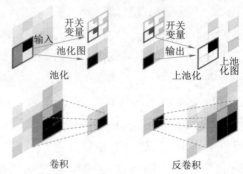

图 3 - 9 反卷积的过程

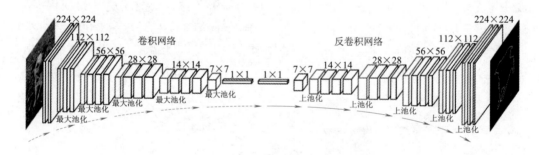

图 3 - 10 加上反卷积过程的网络

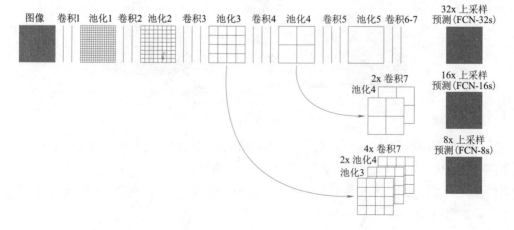

图 3 - 11 反卷积结果叠加示意图

图 3-12 所示是 32 倍、16 倍和 8 倍上采样得到的结果对比,可以看出它们得到的结果越来越精确。

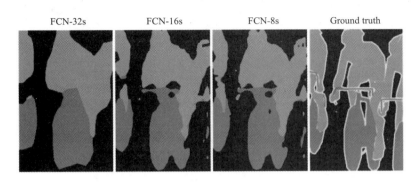

图 3-12　32 倍、16 倍和 8 倍上采样得到的结果对比

2. FCN 的优点和不足

与传统用 CNN 进行图像分割的方法相比,FCN 有两大明显的优点:一是可以接受任意大小的输入图像,而不用要求所有的训练图像和测试图像具有同样的尺寸;二是更加高效,因为避免了由于使用像素块而带来的重复存储和计算卷积的问题。

虽然全卷积网络引领了 CNN 基于语义分割的方向,但仍有很多地方需要改进:一是上采样导致的像素分割不精细,得到的结果还是不够精细。进行 8 倍上采样虽然比 32 倍的效果好了很多,但是上采样的结果还是比较模糊和平滑,对图像中的细节不敏感;二是对各个像素进行分类,没有充分考虑像素与像素之间的关系,忽略了在通常的基于像素分类的分割方法中使用的空间规整(Spatial Regularization)步骤,缺乏空间一致性,效率也不够快等。

虽然 FCN 不够完美,但是其全新的思路开辟了一个新的图像分割方向,对这个领域的影响是十分巨大的。在 FCN 的基础上,一些学者提出了一些改进方法用于提高效率和精度。

第一个改进是 FCN 与 CRF 相结合。UCLA DeepLab 的 Liang-Chieh Chen 等人在得到像素分类结果后叠加了一个全连接的条件随机场(Fully Connected Conditional Random Fields),考虑图像中的空间信息,得到更加精细并且具有空间一致性的结果。一堆随机的样本就可以理解为随机场,假设这些样本之间有关联关系,就成立条件随机场。Fully Connected CRF 在前面 FCN 输出的基础上,以全连接的形式,实现了后处理过程,使得像素分割更加细致,如图 3-13 所示。

第二个改进是将递归神经网络(RNN)与 CRF 相结合。Shuai Zheng 等人将全连接 CRF 表示成递归神经网络的结构,将 CNN 与这个 RNN 放到一个统一的框架中,可以一步到位地对两者同时进行训练。将图像分割中的三个步骤:特征提取、分类器预测和空间规整全部自动化处理,通过学习获得,得到的结果比 FCN-8s 和 DeepLab 的效果好了许多,图 3-14 是对比效果。

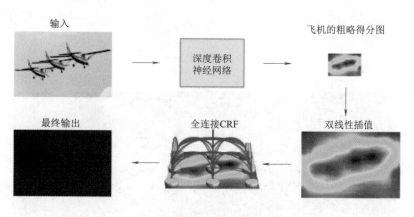

图 3-13 FCN 与 CRF 相结合

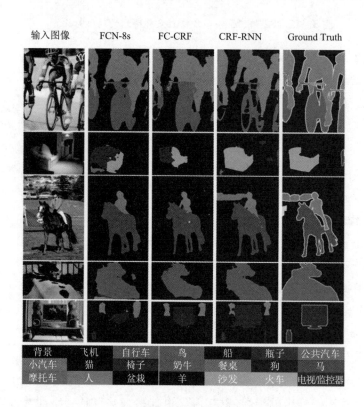

图 3-14 对比效果

●●●●●● **3.3 图像分割的应用效果** ●●●●●●

图像分割被广泛应用于机器视觉、人脸识别、交通控制系统以及医学影像等领域。

3.3.1 医学图像分割

图像分割是为了获得目标影像中特定的组织区域,并将感兴趣区域(Region of

Interest,ROI)从目标影像中分离出来的过程。图像分割是医学影像分析中重要的基础步骤。

1. 医学图像分割的特点

图像分割是图像解析和识别过程中最重要的环节,并且由于分割目标的不同,需要选择适当的方法去适应不同图像的特点,例如 RGB 图像直观表现的颜色、细节丰富的纹理、医学图像主要表现的灰度等。随着人工智能技术的发展,医学图像分割已经成为医学影像下的一个重要分支。同时,也是后续病灶影像提取、表示、诊断等流程的基石。但是,由于人体是一个复杂的有机整体,具有不同的组织器官,且不同的人体又具有易变性,因此与普通图像相比较,医学图像具有以下特点:

(1)多样性。因医学图像特殊的采集性质以及采集方式的多样性(如 CT 图像、MRI 图像、超声波图像等),图像的品质也存在很大的差异,如 CT 图像针对同一组织器官,其呈现的灰度值具有模糊性,并且容易引起边缘和组织器官形状的模糊和扭曲;超声波图像的信噪比比较低;MRI 的图像则存在场效应的偏移现象。

(2)组织结构的复杂性。人是生物界中最为复杂的生物,针对人体组织的解剖也证明了这个观点。此外,不同的人之间也存在很大的差异,甚至同一人的不同时间采集的图像受外界环境影响也存在很大的不同。

(3)模糊性。由于医学图像特殊的成像原理,造成医学图像各器官组织的对比度大多比较低。人体组织以及病变区域的边界也有很大的模糊性。在采集图像时不同的放射物剂量会产生很大的噪声,这些噪声信号会对高频信息产生模糊作用,影响成像质量。人是具有生命的生物体,各个组织无时无刻不在进行着运动,运动就不可避免地产生运动模糊等现象,造成成像模糊。

(4)组织的不均匀性。同一组织的不同区域会产生很大的不均匀性,如骨头的不同部位骨质密度会有很大的差别。所以在进行扫描成像的过程中,同一器官的灰度图像会产生很大的不均匀性。

(5)局部体效应。由于医学图像成像手段的特殊性使得医学图像分辨率大都很低,并且每个组织的成像特征又不具备单一性,会包含纹理、灰度等。并且很多特殊器官存在其特有的表征,如肺结节产生的钙化反应等。所以,仅对医学图像进行部分方向的分析和处理,是很难获得图像准确结果的。

(6)病变影响。疾病的临床症状不具备一致性,这是因为各种外界因素存在很大的差异性,而且受患者本身体质等因素的影响。这就使得病变在不同宿主体内产生的特征并不相同,即使是同一位病人的同一器官上的不同病变组织都有很大的差异。

(7)数据量巨大。医学图像的成像原理大多是利用切片生成序列图像,并且随着技术的不断成熟,切片的厚度越来越低,分辨率越来越高,使得最终获得的数据量越来越大。

综合上述特点说明,医学图像识别分析急需机器的加盟,或者对现有的技术进行升级改进来降低人的工作量及工作中不可避免的工作失误。对病例影像的病变区域做分割提取操作,获得一个高度准确的医学影像分割具有不可忽视的意义。但是,因为医学影像学是利用各种放射性材料进行透视成像,并且不同的病变组织在不同的成像方法下表现不一,因此,影像容易受到噪声、病灶组织密度、病人身体角度、场偏移效应等因素的影响。与现有生活中的图像相比,医学影像无可避免地存在模糊、密度不均等现象。另外,不同民族、不同人种、不同饮食文化都会造成人体组织和密度不同,使医学影像存在很大的差异。因此,医学图像分割问题成为一个具有极大挑战性的课题。

2. 肺部医学图像分割

在肺癌的诊断和治疗过程中,计算机断层扫描技术已成为肺部结节检测的最有效最直接的技术,利用肺部 CT 影像可以直观地为医生提供关于病变位置、形态等的特征信息,为医生的临床诊断和临床手术的方案制定提供准确有效的辅助。

肺泡和气管中存在大量空气,不同的空气密度在 CT 造影中产生不同的灰度影像。但是肺实质组织整体显示效果为密度较高,所以显示灰度值较高。因而,研究者推出很多能够将肺实质区域提取出来的办法,基于 FCM 算法的肺部 CT 影像分割方法可以进行无监督的快速分割,解决大量医学图像的分割问题。

LIDC(The Lung Image Database Consortium)数据集是由美国国家癌症研究所(National Cancer Institute)发起收集的,目的是为了研究高危人群的早期癌症检测,该数据集由胸部医学图像文件(如 CT、X 光片)和对应的诊断结果病变标注组成。在 LIDC 数据库中选择 30 幅低剂量的肺部 CT 图像,对其进行分割的效果如图 3 - 15 所示。其中,图 3 - 15(a)是所有实验样本中含有噪声并且清晰度不高的特例,图 3 - 15(b)~(g)是采用不同方法针对该幅肺部图像进行的肺结节分割结果,FCM、FCM_S、EnFCM 在分割时边缘存在明显的锯齿现象,并且对一些细小的纹理没有做出有效的分割。通过分析图 3 - 15(e)~(g)框起来的区域标记的范围可以发现,FLICM 虽对噪声表现出了较好的处理结果,但是过分割的情况比较严重,使得目标区域轮廓有明显的放大。FCM + 字典学习算法分割结果如图 3 - 15(g)所示,对图像做出了准确的分割,特别是细小纹理的保留和对噪声敏感性的降低,分割结果更接近专家所给标记的结节边界。

图 3 - 16 给出了一个毛玻璃型结节的病例分割结果。数据仍然来自 LIDC 数据库的 50 幅含有肺结节的肺部 CT 图像。相关参数为:分辨率为 $546 \times 546 \times 24$,放射剂量为 29%,厚度为 2 mm。图 3 - 16 中,FLICM 和 FCM_S 算法的肺结节区域较为准确,但是 FLICM 存在过分割现象,将肺实质上的血管等组织都误划分到病变结节区域使得真实区域范围扩大;而 FCM_S 虽然过滤掉了大部分的血管等组织,但仍有存留。rFCM 算法的分割结果已经非常接近准确的肺结节分割结果,但是与专家标记结果仍然存在一定的差距。FCM + 字典学习算法的实验结果更接近专家划定,已经将大部分的血管等组织过滤掉,得到了较为准确的分割结果。

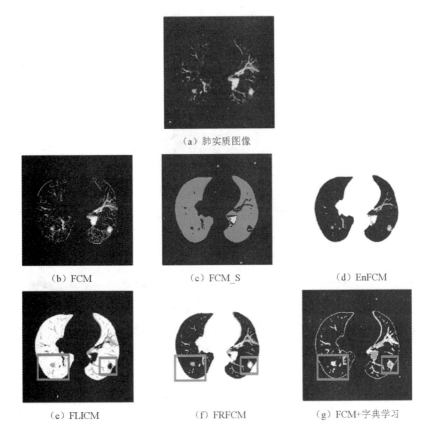

图 3 – 15 低剂量肺部 CT 图像分割结果对比

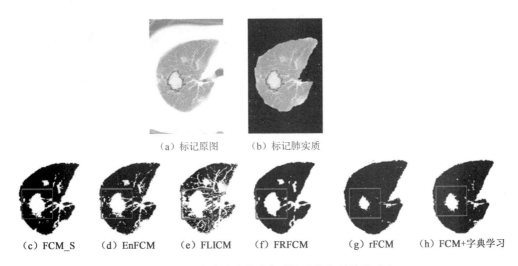

图 3 – 16 毛玻璃型结节肺部 CT 图像分割结果对比

图 3 – 17 是对血管粘连型肺结节的分割结果,FCM_S、EnFCM、FLICM、FRFCM 四种算法都没有将血管组织很好地与肺结节分割开。图 3 – 17(e)和图 3 – 17(f)都很好地将大部分细微血管与肺结节分割开来,但是在图 3 – 17(e)中其大部分肺实质都存在大

量的干扰信息,仍然存在过分割现象,将一些细小血管和组织错误地划分为结节区域,而图 3 - 17(f)之后的三种算法中这些干扰因素都获得了较好的抑制。从图 3 - 17(g)的分割结果来看,结节附近仍然存在少量微毛细血管组织的影响,而图 3 - 17(h)针对这个问题的处理则较为理想,已经将粘连在肺结节上的血管完全分割开,分割效果与专家手动标记的区域相比较结果更为准确。

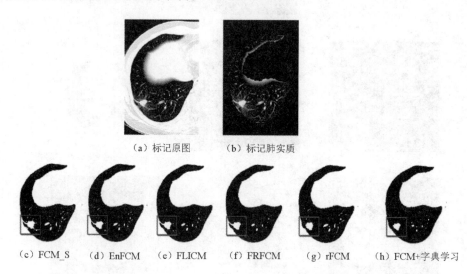

（a）标记原图　　　　（b）标记肺实质

（c）FCM_S　（d）EnFCM　（e）FLICM　（f）FRFCM　（g）rFCM　（h）FCM+字典学习

图 3 - 17　血管粘连型肺结节肺部 CT 图像分割结果对比

3. 视网膜图像分割

糖尿病、高血压、脑血管疾病均可导致视网膜血管的病变,对眼部血管的检测和分析在临床医学上具有重要的指导意义。由于视网膜图像血管分布无规律,血管对比度低,病变区交叉等影响,对眼底图像血管的分割困难重重。传统的视网膜血管分割方法是应用特定的图像特征和分类器对视网膜血管进行识别,该类方法将分割问题转化为像素点血管/非血管的分类问题,其一般包括特征抽取和分类器选择两个部分。很显然,该类方法最大的弊端是需要人工提取图像特征和人工选取分类器,并不是真正意义上的自动学习。尽管已经有大量的研究人员投入了相当多的研究工作,视网膜血管分割在分割精度和算法效率方面仍存在很大的提升空间。

基于深度学习的方法对视网膜图像进行血管分割,只需要对原始视网膜图像做少量的图像预处理,预处理过后得到的图像具备了作为训练样本的资格,根据输入样本的特点及问题的需求,设计 RetinalSegModel 网络结构自动训练,将训练好的模型用于图像自动分割。与传统的视网膜分割算法相比,基于深度学习的分割方法只需要对原始数据做简单的数据批量预处理,不依赖先验信息和人工经验就可达到不错的准确率,极大地减少了人工的干预,实现了真正意义上的自动学习。

视网膜图像分割算法流程:由于视网膜血管图像标记过程耗时复杂,需要耗费大量的人力物力,而且带有严重的主观因素;而深度学习能够达到理想的效果的前提就是要有大量的数据,属于数据驱动的算法。这使视网膜血管分割标签数据的获取困难与深度学习的大数据需求相互矛盾,因此,该算法能够顺利进行的首要条件就是要解决数据问题。实验所获取到的数据集不能够直接作为训练样本,需要做图像预处理,解决数据量不足的问题,然后需要针对样本特点设计网络结构,随之将样本数据输入到神经网络中训练模型,在经过复杂的调参过程之后,模型训练完毕。但是训练完成的模型并不能直接用于视网膜血管图像的分割,在样本数据经过网络之后得到与训练样本相对应的样本标签图像,需要对网络模型输出的图像进行后处理,将若干个样本数据的输出结果合并,从而得到血管分割后的图像。

图 3 – 18 所示为算法的主要流程,其整个流程大致分为两部分:离线图像训练部分和在线图像分割部分。离线图像训练又包括两个子任务:图像预处理和训练分割模型。在线图像分割部分使用与训练部分同样的预处理和分割模型,分为两部分:图像分割及图像后处理。

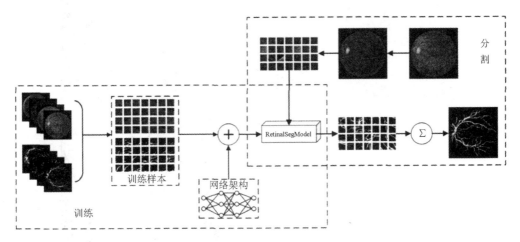

图 3 – 18　视网膜图像分割流程

基于深度学习的视网膜图像血管分割系统包括下列四个步骤。

(1)将每张视网膜图像的绿色通道灰度图代替原始数据作为输入,然后采用重叠采样的图像块分割策略,将图像分割成 N 个图像块作为训练样本。也就是说作为训练样本的图像并不是由行列像素点组成的图像,而是由一系列图像块所表征。

(2)将做好的训练样本和设计好的网络架构作为模型输入,若需要进行微调,还需要提前准备好已经预训练完全的模型同时作为输入,采用信息前向传递、误差后向传播的方式迭代训练模型,直到分割精度达到要求或者达到最高迭代次数为止。

(3)训练得到的 RetinalSegModel 作为模型输入,将待分割图像进行同样的图像预处理,然后经过 RetinalSegModel 模型前向传播,得到对应的分割图像。

(4)第(3)步得到的分割图像是样本块大小的分割图像,并不是完整的血管图像,需要将得到的所有分割结果通过一定的合并算法合并成为完整的血管图像,至此视网膜血管分割整体流程完毕。

图 3 – 19 列出了一幅图像的 6 种尺寸结果图,图 3 – 19(a)是视网膜原图像,图 3 – 19(b)是提取的视网膜图像的绿色通道图像,图 3 – 19(c)是人工标注图像,图 3 – 19(d) ~

图3-19(i)分别是图像块尺寸按顺序分别为50、100、150、200、250、300的血管二值图。

由实验结果图可看出,随着图像块尺寸的递增,实验结果越来越粗糙,误判率随之增加,但是分割血管的连续性越来越好。小图像块分割结果图对应的微血管部分不连续,有些地方甚至没有检测出来,而对于大图像块血管的主要部分基本上都能够检测出来,细血管部分也会有一定的效果,但是图像中的噪声点容易产生误判。出现这种情况的原因是由于小样本块的整体亮度相似,血管与背景的对比较为明显,模型比较容易识别出血管;而对于尺寸较大的训练样本,图像整体亮度差别较大,不同区域的亮度基准不一样,这将导致在同一个样本块范围内,将像素对比度相差较大的噪声点识别为血管的错误,结果图中的视盘区很明显地体现了这个问题。

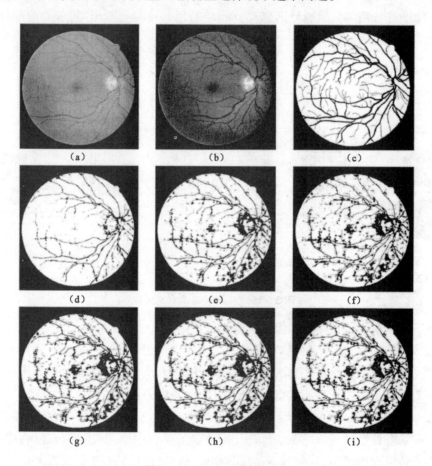

图3-19 实验结果对比图

这里采用的训练样本数据集是由视网膜图像的图像块组成,与整体视网膜图无关,因此该分割模型适用于所有的视网膜图像,与传统的视网膜血管分割方法相比具有更强的泛化性。这里给出的分割方法在 Kaggle 数据集上的分割结果如图3-20所示。该用于视网膜分类的数据集特点是分辨率非常大,并且图像尺寸不一,图像明暗不一,色调不同,噪声点多,有的图像用肉眼都难分辨其血管纹理。

但是由图3-20的分割结果可知,RetinalSegModel 网络模型可以在这种数据集上达到很好的分割效果,图示中,第一行和第四行为视网膜原图像,十幅原始图像的分辨率都不一样,第二行和第四行是视网膜分割概率图,第三行与最后一行是血管分割二值图,不管是概率图还是血管二值图,该结果都能达到好的分割效果,表明该图像分割算法具有非常强的泛化能力。

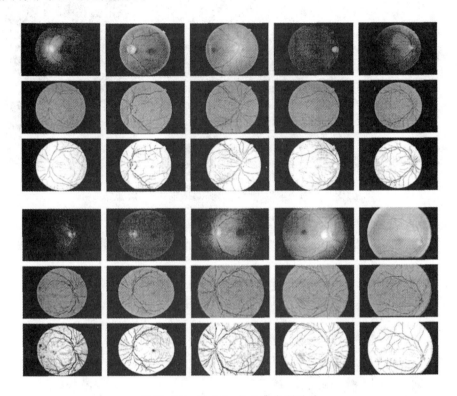

图 3 – 20 Kaggle 数据集分割结果

3.3.2 交通图像分割

将 3.2.2 节介绍的基于人工鱼群算法的图像阈值分割方法应用于三类智能交通图像,分别为车牌图像、车辆图像及道路图像,结果表明分割结果准确、稳定且具有较快的收敛速度。

图 3 – 21 所示为车牌图像的人工鱼群算法分割结果,算法中人工鱼的数目 $n = 10$。图中从左往右依次为无噪车牌(108×18)、有噪车牌(108×18)、无噪车牌(106×29)和有噪车牌(106×29);上图为原图、下图为人工鱼群算法分割后的二值图像。

图 3 – 21 车牌图像的人工鱼群算法分割结果

图3-22所示为车辆图像的人工鱼群算法分割结果,从左往右依次为无噪车辆（404×308）、有噪车辆（404×308）、无噪车辆（404×308）和有噪车辆（404×308）;上半部分为原图,下半部分图为人工鱼群算法分割后的二值图像。

图3-22　车辆图像的人工鱼群算法分割结果

图3-23所示为道路图像的人工鱼群算法分割结果,左为无噪道路图（544×408）;右为有噪道路图（300×225）;上半部分为原图、下半部分为人工鱼群算法分割后的二值图像。

图3-23　道路图像的人工鱼群算法分割结果

3.3.3　身体部位分割

谷歌与爱丁堡大学合作提出一种基于运动的图像分割方法,能够从多个视频中发现有关节对象（如老虎、马）的身体部位,这里的身体部位是指能独立运动的部位,如一个动物的头、躯干和腿。这与传统方法不同,传统的运动分割方法或运动中的非刚性结构是将画面中活动的物体当作一个整体,一次处理一个视频,除非在那个特定的视频中一个部位表现出了独立的运动模式,否则它们就无法发现这个部位。

图3-24所示就是一个案例,其中视频帧被分割成了对应不同身体部位(头、躯干、左右前腿和后腿)的区域。通过这种图像分割方法,就能使图像识别系统找出每一帧画面里老虎的四条腿是如何运动的,并分别跟踪老虎的四条腿,预测接下来每条腿的运动轨迹,即预测接下来它将如何迈步。

图3-24 老虎身体部位分割

这种方法的主要新颖之处在于通过类别层面的推理同时从多个视频中发现身体部位。该方法能够从多个视频中发现相对于对象的其他部位而连续独立运动的部分,有两个优点:第一,可以在不同的视频之间共享对象的信息,例如,可以从老虎行走的视频中发现老虎的腿,然后这些信息迁移到老虎只在摇头的视频中,反之亦然;第二,可以在多个视频中建立对应关系,例如可以判断图3-24中的两个视频的棕色部分对应着同一身体部位(老虎的头)。

该方法与传统的来自运动的非刚性结构方法的区别,一是使用多个视频而不是单个视频;二是在运动分割方法方面也不一样,传统是将一个有关节的对象分解成一些刚性的部分,将单个视频分割成具有一致运动的不同区域(可能对应着不同的身体部位)。这两类方法有一个主要的限制:当一个身体部位没有相对于其他部位独立运动时,就不能发现这个部位,比如在老虎只是头在动的视频中不能发现老虎的腿。该方法在类别层面上进行推理就可以克服这种限制,可以从某个部位移动的视频中发现这个部位,然后将它们迁移到该部位不移动的视频中。

这种方法是弱监督式的。每个视频需要两个标签:对象所属的分类(如老虎)和其主视角(如面对左方)。为了处理真实的视频,对这些要求并不严格。在实验的视频中,目标常常被遮挡,它会进入和走出屏幕,并出现视角上的变化。只需要注释器标记出视频中最常见的视角。

该方法将部位发现看作是一个超像素标记问题,其中每一个像素都对应于对象的一个不同的身体部位,再加上一个用于背景的标签。其中的关键是从多个视频中,找到一个对象中相对于其他部位区域表现出一致运动的区域。然后学习构建这些部位的位置模型,并在单个视频中使用能量函数对它们进行准确地分割,能量函数也能达到在部位运动中时间和空间的一致性。将这个问题阐述为能量最小化问题,其中的能量由部位的位置模型驱动,利用同样视角下的不同视频,通过自底向上的学习方式得到这个模型。

　　尽管使用语义标签(头、躯干等)指代被发现的部位,但这只是为了方便。事实上,在视频中发现的是对象上相对于其他区域独立运动的区域,并不需要任何对该对象的语义理解或骨骼模型,也不特定于某一目标类别。

　　在一个包含32段老虎和马的视频的新数据集上对该方法进行了评估,其中手动标注了它们的身体部位,结果证实了它的优势,图3-25所示为基于运动的身体部位分割结果,研究人员将其公布在了他们的网站上(http://calvin.inf.ed.ac.uk/publications/partdecomposition)。

图3-25　基于运动的身体部位分割结果

第 4 章

智能图像特征提取

图像特征提取是图像识别、跟踪、分析等一系列后续处理的基础。本章介绍图像特征提取的基本概念及其应用,首先介绍图像特征的基本概念,以及图像的形状、纹理、颜色、统计等底层特征和相应的特征提取方法;重点阐述图像的深层特征和深度学习特征提取方法;最后举例说明实际问题的图像特征。

●●●●● 4.1 图像特征概述 ●●●●●

图像信息十分丰富,当人类观察一幅图像时,人眼便接收到了非常丰富的信号,这些信号给予视觉系统多样化的刺激。为了更好地分析各种刺激,人类的视觉系统采取各种方式对信息进行过滤和分解,即从丰富的图像信息中提取各种特征,这些特征对人眼具有显著性,引起视觉的重点关注。同理,图像特征提取也是计算机视觉实现图像目标检测、识别、跟踪、分析等一系列后续处理的基础。

图像虽然给人们提供了十分丰富的信息,但是这些图像信息通常具有很高的维数。以一幅尺寸大小为 400×300 的黑白图像为例,它可以得到 120 000 个点数据,每个点数据有两种变化的可能性,即该点为白色还是黑色。对于彩色图像和分辨率更高的图像而言,数据量更是惊人。这对于实时系统来说,将会是一场灾难,因为测量空间的维数过高,不适合进行分类器和识别方法的实现。因此,需要将测量空间的原始数据通过特征提取过程获得在特征空间最能反映分类本质的特征。

4.1.1 图像特征的基本概念

为了更加高效地分析和研究图像,通常需要对给定的图像使用简单明确的数值、符号或图形来表征,它们能够反映该图像中最基本和最重要的信息,能够反映出目标的本质,称其为图像的特征。例如,在图像处理和模式识别领域中,对处理的图像提取合适的描述属性即图像特征,是非常核心和关键的一步。在根据内容对图像进行分类中,首先必须对图像内容进行准确描述,从图像中提取有用的信息作为图像特征提供给计算机进行识别进而进行分类。

图像特征是一幅图像区别于另一幅图像最基本的特征,是其可以作为标志性的属性。图像特征分为两大类:自然特征和人为特征,这是根据图像本身具有的自然属性和后期人们对图像的分析和处理而做出的划分。自然特征是指图像本身就具有的内在图像特征,如图像中的大小、颜色、轮廓、边缘和纹理等;人工特征是指为了便于对图像进行分析和处理,后期挖掘出来的人为认定的图像特征,需要人的参与,如图像频谱图和直方图等。

在图像处理与计算机视觉领域,图像特征提取是非常关键的技术。从原始图像中提取图像特征信息的过程称为图像特征提取,是指运用计算机技术对图像中的信息进行处理和分析,从图像中提取出关键有用、标示能力强的信息作为该图像的特征信息,并将提取到的图像特征用于对实际问题的处理。

一般把图像的空间称为原始空间,特征称为特征空间,原始空间到特征空间存在某种变换,这种变换就是特征提取。人类对于图像内容的理解,受个体差异的影响会产生不同的理解,而且对于同样一幅图像,分析的视角不同也会产生不同的理解。对于计算机来说,使用不同的特征提取方法,得到的图像内容也会千差万别。图像特征提取效果的好坏将直接决定后续图像处理如图像描述、识别、分类的效果。特征提取也是目标跟踪过程中最重要的环节之一,它的健壮性直接影响目标跟踪的性能。

图像特征提取过程如图 4 - 1 所示。

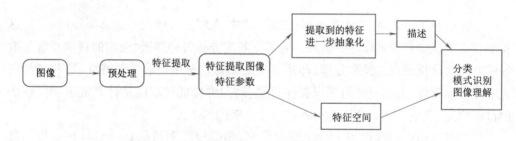

图 4 - 1　图像特征提取过程

在目标分类识别过程中,根据被研究对象产生出一组基本的特征用于计算,这就是原始的特征。对于特征提取来说,并不是提取越多的信息,分类效果越好。有些特征之间存在相互关联和相互独立的部分,这就需要抽取和选择有利于实现分类的特征量。

图像特征提取是一个涉及面非常广泛的技术,根据用户需求和待解决问题的实际要求提取出对应的图像特征。理想的图像特征应该具备以下特点:

(1)图像特征向量应该具有较强的表征能力,能够正确地突出图像中物体的本质或者某些重要属性,从而能够有效地区分出不同的物体,能够降低后续分类算法设计的难度。也就是说,提取出的图像特征应该具有很好的区分性,相同样本间的特征差越小越好,不同样本间的特征差则越大越好。具有相同模式类别的对象其特征值应该类似,比如不同成熟程度的苹果,其苹果皮颜色往往会不一样,青苹果和红苹果都是苹果,但是它们的成熟度不一样,颜色差别也很大,所以选用颜色作为特征不是一个好的选择;不同对象模型类别的特征值应该具有显著的差异,如网球和篮球,能很好地区分它们的特征——就是它们之间的直径,直径大小表现出明显的差异。

(2)图像特征向量的维数应保持适中,维数的增加会导致图像识别系统的复杂度大大增加,用作训练分类器和测试结果的样本数量也会呈指数关系增长。信息量过大的特征向量会使后续的图像特征匹配运算的复杂度陡然升高,所以特征向量过于密集未必会对特征提取带来好的影响。

(3)图像的特征向量应该是基于图像整体的,特征向量的分布必须是均匀的,而不是只集中在图像的某一局部区域。

(4)特征向量应具备抗模式畸变能力,例如具有图像缩放、平移、旋转、仿射不变性,在同一幅图像经过旋转、缩放等一系列处理之后,从中提取的特征向量仍然能够实现精确的匹配。

(5)图像特征要能够排除图像中冗余的信息,各个特征之间应该相互独立,彼此不相关联。若两个特征值所表征的基本上是某一对象的同一属性,则不应该同时使用这两个特征值,以免造成数据冗余,使计算复杂度大大增加。例如,水果的直径和重量是相关性较强的两个特征量,水果的体积和重量可以通过公式计算得出,水果的直径和重量呈三次方的正比关系。在某些情形下关联性很强的特征可以综合使用,以增强适应性,但它们通常不会作为单独的一个特征来使用。

总之,图像特征应能够很好地描述被提取的对象,能够满足对特征的特殊性要求和一般性要求,并且能够满足分类要求的指标。图像特征提取应能够实现对多种类型图像特征的提取,并且具有适应性强等优点。同时,图像特征提取算法所耗费的时间应该尽量小,以便于快速识别。

图像特征分为很多类型,分类方法也有很多,根据其类型和用途不同,分类标准也不同:

(1)根据特征所表达的语义级别的不同,图像特征可分为底层特征和高层语义特征。底层特征主要包含颜色、纹理、形状和空间关系等全局特征;高层语义特征主要指具有局部不变性的特征,其通常具有一定层次的语义信息,是对图像内容的抽象表示,如经典的 SIFT 尺度旋转不变特征,通过构建出尺度和方向的描述子得到隐藏层次的特征,常用于图像的分类和匹配任务中。由其引出的 PCA-SIFT、C-SIFT、SURF 等系列特征都是经典和主流的特征描述子。

(2)按照图像的视觉特征可分为图像的点线面特征、纹理特征、颜色特征等;根据变换后的系数作为图像的特征可分为傅里叶变换、小波变化、离散余弦变换等;根据图像的统计特征可分为灰度直方图、均值、方差、矩特征、熵特征等。用来描述目标的图像特征主要有光谱特征、纹理特征、结构特征、形状特征等,其中光谱、纹理、形状应用得尤为普遍。

(3)根据特征所表达的范围不同而分为局部特征和全局特征。图像的全局特征主要是针对整幅图像区域来说的,反映图像整体特征信息。图像全局特征种类比较多,大多是从颜色特征、纹理特征和形状特征演变而来的,而且多采用其直方图的形式进行描述,如 LBP 全局视觉特征;图像的局部特征主要对图像关键点特定范围区域进行提取,代表主要目标区域的局部信息。相对于全局特征来说,局部特征更具有针对性和显著性,因此在图像的识别和分类中具有显著的判别能力,也是特征提取研究的重点方向。

　　基于图像局部特征的图像分类方法相对于基于图像全局特征的图像分类方法具有一定的局限性。因为一般情况下,为了描述图像局部特征,需要的局部描述子数量比较多,这非常不利于图像分类的实现。所以在对复杂的自然图像进行分类时一般使用图像的底层全局特征,近年来发展起来的深度学习图像识别技术采用的就是图像的底层全局特征。基于图像局部特征的图像分类方法在特定的场合也能取得较好的效果,如对一些固定场景的分类。

4.1.2　图像的底层特征

1. 图像的形状特征

　　形状特征描述图像中所包含物体的形状信息,但由于现实世界中的物体形状并不规则,对于物体形状特征的描述相应比较复杂。就目前阶段来说,图像的形状特征发展并不成熟,形状特征只能应用于一些特定的场合,需要图像中的物体形状有一定的规律性。图像的边缘特征是应用最多的形状特征,主要适用于那些物体边缘较清晰且可以获取的图像。

1) 点特征

　　点特征是最简单的图像特征,特征点的变化会对图像的内容产生重大的影响,我们称这些特征点为兴趣点、显著点、关键点等。通过图像的局部特征去描述图像的内容时,就是要寻找图像中的兴趣点(如灰度信号在二维方向上明显变化的点)。如果图像中的某一像素点在任意方向发生细微的变动,就会造成图像灰度发生很大的变化,则称该点为角点。

　　Harris 角点是最简单的图像局部特征,如果一个像素的周围显示存在不同方向的边,则称这个像素点为 Harris 角点。Harris 角点的计算是对灰度图像进行一阶差分,对差分后的图像进行滤波。缺点是该角点对图像的尺度非常敏感,不具有尺度不变性。常用的点特征提取方法有 Forstner 算子、SUSAN 算子和 SIFT 算子等。其中 Forstner 算子精度最高,SIFT 算子精度最低;特征点提取速度最快的是 SIFT 算子,最慢的是 SUSAN 算子;从整体适应性来看,SIFT、Forstner 算子比 SUSAN 算子更加优越。

　　尺度不变特征变换(Scale Invariant Feature Transform, SIFT)是图像分类领域应用最为广泛的图像局部特征描述子。该算法特征提取的精度相对不是很高,但是从整体适应性上来看它的表现很优越。SIFT 特征具有如下优点:它是一种局部不变性特征,对图像的旋转、尺度缩放、亮度变化、仿射变换和噪声都具有一定的健壮性;具有较好的独特性,包含丰富的信息,适合于进行图像特征提取和分类识别工作;可扩展性好,能够方便地与其他特征向量进行融合;是一种非常显著的特征,非常容易获取;经过扩展的 SIFT 特征在提取速度方面有很大提升,能够应用于对速度要求比较严格的场景中。

SIFT 特征提取过程相对复杂,主要通过以下步骤来完成:

(1)DOG 尺度空间构建。通过尺度变换和高斯滤波构建高斯金字塔,保证关键点具有尺度不变性。将原始图像经过各种尺度变换而形成的序列图像称为尺度空间,主要用来模拟人由近及远观察对象的过程。在尺度空间构建过程中,关键的一步是利用高斯卷积模板进行模糊处理操作。由于多尺度空间可以通过高斯核函数产生,因此利用原始图像 $I(x,y)$ 与多尺度二维高斯函数 $G(x,y,\sigma)$ 进行卷积运算生成新的尺度空间 $L(x,y,\sigma)$,其中 (x,y) 代表像素点位置,σ 是尺度参数。

为了表示不同尺寸图像之间的高斯差分空间,选用高斯金字塔来表示。高斯金字塔主要通过高斯平滑滤波器来实现,每一层是通过高斯函数进行卷积得到的图像,下一层是在上层的基础上经过尺度变换得到的。其创建过程主要分为两个步骤:对图像做高斯平滑,对图像做降采样。最终的高斯金字塔由多层不同尺度的图像构成。

(2)关键点定位。通过判断每一个像素点是否是极值点,寻找具有尺度和方向稳定特性的关键点。极值点的判定主要通过和邻域像素点比较得到。通过和同一尺度的相邻层次和本层的所有相邻像素点比较,如果是最大值或最小值,则认为该像素点是一个极值点。

(3)关键点方向分配。将每一个关键点在图像局部梯度方向赋予方向信息。通过 DOG 尺度空间的构造,检测出的关键点具有尺度不变性。图像由于各种原因发生旋转,导致方向发生变化,因此需要获取关键点的方向信息,使其具有旋转不变性。每个关键点的方向信息可以通过周围固定邻域内的像素点梯度组成。

(4)关键点描述子生成。图像关键点已经满足了尺度和方向不变性,但在图像识别的过程中,为了更好地提取关键点周围的局部信息,需要将其周围一定区域的像素点集成起来,表示成特征向量描述子的形式。

2)线特征

线特征是图像中非常重要的一维图像特征,在数字图像处理、计算机视觉、模式识别等领域有着重要的研究价值和广泛的应用。图像中的线是指一对相邻边界中间的一个十分狭窄的区域,且在该区域中的灰度具有相似的振幅特征,是图像局部区域中其特征不相同的区域间的分界线。线特征主要指图像中的直线以及各个直线之间的相互关系,包括平行、相交、垂直和共线等关系。生活中的线状特征较多,如房屋、道路的边缘等。边缘区域一般是图像中灰度变化最为激烈的区域。

常用的线特征提取算子有梯度算子、差分算子、Roberts 算子、Sobel 算子以及 Prewitt 算子,各个算子的计算方式如下:

(1)梯度算子。梯度(Gradient)在数学概念中对应着一阶导数,梯度算子是一阶导数算子。对于连续函数 $f(x,y)$,位置 (x,y) 的梯度可以用一个向量来表示(两个分量分别是沿 x 和 y 方向的一阶导数),梯度计算公式如下:

$$G(f(x,y)) = \left[\frac{\partial f}{\partial x} \quad \frac{\partial f}{\partial y} \right]^{\mathrm{T}}$$

（2）差分算子。对于一幅图像 $f(x,y)$，通过如下公式可以计算得到其差分算子：

$$f_i(i,j) = \frac{f(i+1,j) - f(i-1,j)}{2}$$

$$f_j(i,j) = \frac{f(i,j+1) - f(i,j-1)}{2}$$

（3）Roberts 算子。计算量小，对于边界陡峭的图像能够得到较好的特征。

$$f_{\frac{\pi}{2}}(i,j) = \frac{f(i+1,j+1) - f(i,j)}{\sqrt{2}}$$

$$f_{\frac{3\pi}{2}}(i,j) = \frac{f(i,j+1) - f(i+1,j)}{\sqrt{2}}$$

（4）Prewitt 算子。计算像素 (i,j) 的邻域上灰度平均值的差，用差来代替像素间等的灰度差。微分或差分计算会增强图像的高频成分，而高频成分包含图像中的噪声和图像的边缘，因此微分或差分计算会同时增强图像的噪声和边缘。Prewitt 算子可以改善这种情况，对图像起到平滑的作用，以抑制图像中的噪声。

（5）Sobel 算子。Sobel 算子在计算图像像素 (i,j) 邻域上的灰度平均值时与 Prewitt 算子不同，它给像素 (i,j) 上下左右的像素赋予了更大的权重。

3）面特征

图像的面特征是图像的重要特征之一，它把图像中较明显的局部区域信息视为特征。区域性的特征是对比度较高的闭合区域的投影（如河流、丛林、城市和雪原等）。闭合区域是广泛存在的。在提取图像面特征中通常是先提取较为显著的区域特征，同时由于重心具有伸缩和旋转不变性的特征，所以一般把区域的重心作为特征。在实际的图像区域特征提取中通常采用图像分割算法提取图像面特征，分割算法的好坏将会对匹配产生很大的影响。图像分割算法可以通过使用迭代法来对特征进行大体的对应并调整分割参数，以达到精确提取特征的目的。

2. 图像的纹理特征

在我们的生活中，纹理无处不在，从卫星遥感图像到细胞组织结构图像，分布广泛，其内容也十分复杂。纹理特征通过描述图像的灰度统计信息，反映图像像素间的灰度变化。纹理特征可以很好地描述图像中物体表面的不同颜色和灰度的分布情况。对于人类的视觉来说，物体表面的颜色与灰度变化引起人类的视觉感知，所以在现实世界中可根据不同的纹理特征而识别出不同的物体。对于包含若干不变性的视觉基元，将其称为纹理基元。图像的纹理信息是由图像区域内不同位置上重复出现、不同形式与不同方向的纹理基元组成的。

当前对纹理的定义较为宽泛和笼统，还没有确切的定义，通常认为纹理描述像素的邻域灰度空间分布规律，即在某一确定的影响邻域中，相邻像素的灰度或色调、颜色等服从某种统计排列规则而形成的一种空间分布。纹理就是由纹理基元按照某种确定性的规律或某种统计规律组成的一种图案。纹理可以用粗细度、对比度、方向性、规则性、凹凸性等来描述。由于纹理特征没有明确的定义，人们对纹理的视觉特征的认识也非常主观,因而目前的特征描述方法虽然很多,但还没有一种方法能对各种类别的图像都能达到较好的分类效果。

1)LBP 算法

局部二值模式(Local Binary Pattern,LBP)算法是图像分类领域中常用的一种纹理特征提取方法,是一种能够有效地描述图像局部纹理特征的算子。其核心思想是将一幅图像中的每个像素点的灰度值作为一个阈值,然后将其一定范围邻域中的像素点的灰度值与其比较,最终得到一幅用二进制码表示的新图像。新图像与原始图像相比较,反映出了原始图像的纹理信息。原始 LBP 思想比较简单,但在实际应用中有许多缺陷,比如没有旋转不变性,即对一幅图像与其旋转变化后的图像获取的 LBP 特征完全不同。针对原始的 LBP 的缺点,人们提出了几种 LBP 的改进或优化版本。

旋转不变 LBP 算法就是在求得中心像素点的邻域内各位置的标记值后,将这一组二进制数首尾相接构成一个圆形序列。将该圆形序列进行旋转,可得到若干个不同的二进制序列。将每个二进制序列转化为一个十进制值,取其中的最小十进制值,以该值代替原始的 LBP 值,即得到旋转不变的 LBP 值。经过统计,旋转不变 LBP 模式只有36 种,大大降低了 LBP 的维度。图 4-2 列举了一幅图像及其原始 LBP 图谱和旋转不变 LBP 图谱。

(a)原始图像　　　　　　　(b)原始LBP图谱　　　　　　　(c)旋转不变LBP图谱

图 4-2　图像及其 LBP 图谱

经过各种扩展后的 LBP 特征具有旋转不变性和灰度不变性等显著优点,因此在数字图像处理和模式识别领域的应用非常广泛。相对于其他全局纹理特征,LBP 算子具有以下主要特点:

(1)计算快速简洁,主要通过模板对整幅图像进行一次遍历比较而得。

(2)对光照和局部变换具有一定的健壮性。

(3)具有尺度不变性,根据改进的旋转不变性纹理特征思想,使得 LBP 特征不会随着图像角度的旋转而产生差异性。

(4)具有较低的特征维度,具有"等价模式"的 LBP 特征使得模式的种类减少,从而降低特征向量的维度。

2)Gabor 变换法

小波变换的多分辨率特性使其成为图像纹理分析的一个重要工具,近几十年来,伴随着小波变换技术的成熟,产生了结合 Gabor 函数的二维 Gabor 小波变换,简称

Gabor 变换。Gabor 变换在图像的多尺度分析领域比小波变换更加有效。Gabor 小波有效地克服了傅里叶变换的局限性,不仅可以有效地提取纹理特征,还能够很好地降低纹理特征的信息冗余度,在图像纹理特征提取领域获得广泛的应用。

Gabor 变换是一种窗函数为高斯函数的短时傅里叶变换,所谓的变换即是指对图像进行卷积计算。Gabor 变换是多尺度、多方向的,主要利用不同参数选取,在频域上提取不同的图像纹理特征。Gabor 函数是由高斯核函数调制的复正弦函数,可供 Gabor 变换选取的参数主要是频率参数以及其高斯函数参数。

Gabor 变换法对图像使用 Gabor 变换,获得若干个不同的滤波图像。在每幅滤波图像中都包含了特定尺度和特定方向上的图像信息。然后通过提取每幅滤波图像的纹理特征作为图像的纹理特征向量。提取图像纹理特征的过程如下:

(1)选取合适的尺度和方向构造不同的 Gabor 滤波器。

(2)原图像与 Gabor 滤波器进行卷积(见图 4-3)。

(3)分别计算滤波后图像的均值与标准差,并作为图像的纹理数据。

Gabor 小波变换在提取图像纹理特征时能同时提供图像的各尺度特征。

(a)原始图像

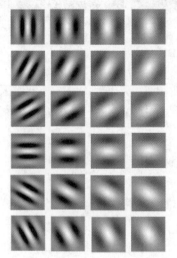

(b)4尺度6方向的Cabor滤波器核

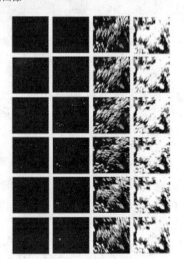

(c)对原始图像进行Cabor滤波器卷积

图4-3 Gabor 滤波器与图像卷积示意图

Gabor 小波与人类视觉系统中简单细胞的视觉刺激响应非常相似,无论从生物学的角度还是技术的角度,Gabor 特征都有很大的优越性。它在提取目标的局部空间和频率域信息方面具有良好的特性。Gabor 小波对于图像的边缘敏感,能够提供良好的方向选择和尺度选择特性,而且对于光照变化不敏感,能够对光照变化提供良好的适应性。

研究表明,在基本视觉皮层里的简单细胞的感受野局限在很小的空域范围内,并且高度结构化。Gabor 变换所采用的核(Kernels)与哺乳动物视觉皮层简单细胞 2D 感受野剖面(Profile)非常相似,具有优良的空间局部性和方向选择性,能够抓住图像局部区域内多个方向的空间频率(尺度)和局部性结构特征。这样,Gabor 分解可以看作一个对方向和尺度敏感的有方向性的显微镜。Gabor 滤波可以检测任意方向,而且图像中物体的边缘也可能在任意方向延伸,但实际计算时不需要对所有方向都进行滤波,一般使用 0°、45°、90°、135°四个角度进行 Gabor 滤波。如图 4 - 4 所示为一幅指纹图像的 Gabor 局部方向特征示意图。

Gabor 小波是一种非常优秀的纹理特征提取方法,它不仅可以高效地提取纹理特征,而且可以有效地消除冗余信息。但是采用 Gabor 小波提取得到的纹理特征向量却具有较高的维度,这导致后续的计算复杂度大大增加。

（a）指纹图像

（b）方向0°

（c）方向45°

（d）方向90°

（e）方向135°

图 4 - 4　Gabor 局部方向特征示意图

3. 图像的颜色特征

颜色特征是一种全局特征,图像中的全部像素点都被用来表示颜色特征。颜色特征相对其他特征是一种比较直观且容易理解的图像特征。从人类的视觉角度出发,人类在面对一幅图像时,首先感受到的就是图像中所包含的颜色信息,然后再根据自己的生活经验感知图像中所包含的内容。而且在计算机中存储与表示的图像文件都是由一个个像素点组成的。对于图像中的一个像素点来说,不仅代表其所在的位置信息,通常还包含图像中该位置的颜色信息。一幅图像的颜色信息就是由一个个像素点所承载的颜色信息共同组成的。所以,颜色特征在图像分类领域得到了非常多的应用。颜色特征主要通过描述图像中的某个颜色空间中的颜色构成与分布,为计算机提供一种理解图像内容的方式。颜色特征不仅非常直观,而且其提取比较方便,更重要的是颜色特征作为图像的全局特征还具有旋转不变、尺度不变、平移不变等特性。

以人们比较熟悉的 RGB 颜色空间为例,大部分的数字图像都是借助 RGB 颜色空间来描述其颜色的。R、G、B,即红、绿、蓝三种颜色,在色彩学中称它们为三原色。三原色是所有颜色的基础,通过它们之间的相互混合可组成所有的颜色。

图 4-5 所示是 RGB 颜色空间的分解示意图,RGB 三个通道代表了三种特征,这三种特征也是图像最基本的特征,很多其他特征都需要从这三个基本的特征中提取。但 RGB 色彩空间存在一定的局限性:首先,RGB 空间三种特征线性相关,独立性不足;其次,RGB 空间主要是用于进行显示输出,并不是设计用来接近人的视觉感受,且每个通道的数值和表示的刺激强度不成线性比例,分析时难以准确计算颜色的差异。

（a）RGB图像 　　　　（b）R通道 　　　　（c）G通道 　　　　（d）B通道

图 4-5　RGB 颜色空间的分解示意图

直接使用颜色空间来表示图像的颜色特征,所提取的颜色特征向量一般具有很大的维度,所以一般采用颜色直方图法来降低维度。颜色直方图是指图像颜色特征的统计直方图,即统计图像所有可能呈现的颜色特征占总特征个数的比例,直观反映了图像中各颜色特征的分布。其数学描述如下:

$$H(k) = \frac{n_k}{N}, k = 0,1,2,\cdots,L-1$$

式中,N 表示图像中像素的个数;k 表示图像颜色的第 k 种特征;n_k 为图像中属于第 k 种特征的像素数目;L 是图像颜色特征总的类别数目。

图 4-6 所示为一个使用 RGB 颜色空间来描述图像的例子。图 4-6(a)所示为原始的图像;图 4-6(b)~图 4-6(d)所示分别为使用 Python 的 matplotlib 包绘制的图像R、G、B 分量统计直方图。颜色分量直方图中,横坐标表示各颜色分量的取值(R、G、B分量的取值范围都为[0,255]),纵坐标表示各颜色分量的统计概率。

4.图像的统计特征

在长期的图像分析和处理实践中,研究人员应用统计方法对图像的自然特征总结出一系列统计特征,如灰度直方图、矩特征、标准方差、峰度及熵等。图像的统计特征方法发展到现今已有几十年的历史,其算法思想复杂度相对不高,且易于实现。图像中的统计特征主要包括图像的均值、方差、标准差和熵。

（a）原始图像　　　　　　　　　（b）R分量直方图

（c）G分量直方图　　　　　　　　（d）B分量直方图

图4-6　图像及其 RGB 空间分量颜色直方图

1）图像的均值

图像中像素值的平均值称为图像的均值。一幅大小为 $M \times N$ 的图像 $f(x,y)$，可用下式来计算灰度平均值 $\bar{f}$：

$$\bar{f} = \frac{1}{MN}\sum_{x=0}^{M-1}\sum_{y=0}^{N-1}f(x,y)$$

同时还可以用一幅图像的傅里叶变换系数 $F(x,y)$ 来表示其灰度平均值，如下式：

$$\bar{f} = \frac{1}{\sqrt{MN}}F(0,0)$$

2）图像的方差

在数理统计和概率论中，方差是将各个数据分别与其平均数作差，再取平方的平均数。方差可以用来表征各个随机变量与其数学期望之间的偏离程度或者集中趋势。在图像处理中，图像的方差描述了图像中像素灰度值的分布范围，图像灰度值方差越大，其灰度值分布范围就越广，图像包含的信息量越大，能量越大。若一幅大小为 $M \times N$ 的图像 $f(x,y)$，其方差的计算公式为：

$$\partial_f^2 = \frac{1}{MN}\sum_{x=0}^{M-1}\sum_{y=0}^{N-1}\left[f(x,y)-\bar{f}\right]^2$$

3）图像的标准差

标准差（也称均方差）是各数据偏离平均数的距离（离均差）的平均数，它是离均方差平方和平均后的方根。标准差能反映一个数据集的离散程度。图像的标准差反映了图像像素灰度相对于灰度均值的离散程度，也反映了图像对比度的强弱。标准差值越大，意味着图像的灰度级分布越分散，图像的对比度越大。

一幅大小为 $M \times N$ 的图像 $f(x,y)$ 标准差的计算公式为：

$$\partial_f = \sqrt{\frac{1}{MN}\sum_{x=0}^{M-1}\sum_{y=0}^{N-1}[f(x,y)-\bar{f}]^2}$$

4）图像的熵

图像中的熵表征一幅图像中平均信息量的大小。图像的熵可分为一维熵和二维熵两类。图像的一维熵能够很好地描述一幅图像中灰度分布聚集特征中信息量的大小。假设一幅图像中每个灰度级发生的概率为 $\{P_0,P_1,P_2,\cdots,P_{L-1}\}$，则一幅图像中一维信息熵可表示成：

$$H = -\sum_{i=0}^{L-1}P_i \cdot \log P_i$$

一维熵能够很好地反映图像中灰度分布的聚集特征，但它不能表示图像灰度分布的空间特征，因此在一维熵的基础上引入图像的二维熵，能够很好地描述图像灰度分布的空间特征。

如果用 i 表示图像像素的灰度值，用 j 表示图像邻域的灰度均值，能够反映图像灰度分布的空间特征，并且 i,j 的取值范围为 $[0,L-1]$。组成特征二元组 (i,j)，则某个像素的灰度值与其周围像素的灰度分布的特征可以用下面的公式表示：

$$P_{i,j} = N(i,j)/M^2$$

上式中的 $N(i,j)$ 表示特征二元组出现的次数，M 表示测量窗口中的像素数。由此图像的二维熵可定义为：

$$H = -\sum_{i=0}^{L-1}\sum_{i=0}^{L-1}P_{i,j}\log P_{i,j}$$

图像的二维熵不仅能够反映图像所包含的信息量，而且还能突出反映图像中像素点的灰度信息和该像素点邻域内灰度分布的综合特征。图像的熵表示的是一个整体量，而不是某个局部量。图像越清晰，并不代表熵越小或越大，例如，一幅含有噪声很大的图像，其熵往往也比较大。所以说图像的熵只是反映图像的信息量的大小，而反映图像画面的复杂程度与图像的清晰程度没有绝对的关系。

●●●●●● 4.2 智能图像特征提取方法 ●●●●●●

从自然图像中提取特征的方法很多，上述方法提取的是图像的底层特征，近年来一种普遍而有效的手段是将图像从原始像素逐渐转化为更抽象的表示，即逐渐提取出图像的深层特征，采用的方法主要是深度学习特征提取方法。

4.2.1 图像的深层特征

深层特征提取往往从图像中大量的边缘信息提取开始，接着检测较为复杂的由边缘特征组合而成的局部形状，再根据类别关系对图像中低频的部件或是子部件进行识别，最后将获得的信息融合在一起理解图像中所出现的场景，这个过程如图4-7所示。

从图4-7可以看到,原始图像展现的是这样一幅画面:一个男人坐着在思考。特征提取过程首先将图像向量化,即将图像所有像素按顺序平铺之后作为一个表示图像的向量 X,这就是图像最底层的表示。在最底层表示的基础上,根据预先设定好的算法,对这个向量进行一系列的计算,从而得到多个高层次的表示。随着层数的增加,得到的表达越来越抽象化。最后,"男人""坐着"以及"思考"是从之前所有层次的表示概括得到的最高层次的抽象语义表示。

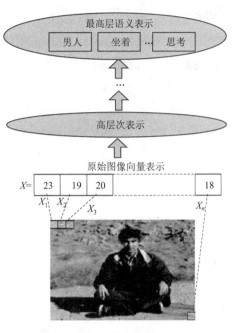

图4-7 深层图像特征提取过程图

在整个学习过程中,从原始图像中得到的向量表示可以认为是底层特征,直接由像素而来,这样的特征虽然能够完整地保留图像的所有信息,但是存在计算与图像表达上的冗余,并且失去了图像本身包含的结构信息。经过一系列计算得到中层特征,这样的特征根据算法选择性地去除了原图像的部分信息,虽然去除了图像的部分冗余信息,但是也造成图像信息的丢失。最高层最终得到图像的抽象语义特征,这样的特征对原图像进行了高度的抽象与概括。尽管语义概念能够帮助人们理解隐晦的高层表示,但在实际中,在所有的抽象层中事先并不知道什么是正确表达。

图像的深层特征由一个或多个底层特征组合而来。受哺乳动物大脑模型影响,深度模型通常为分层结构,通过函数映射,每一层提取原始数据的一种或组合多种不同方面的特征,并把提取出的特征作为深度模型下一层的输入,这样深度特征可以包含观察图像的不同方面的特征。深度学习的核心算法是结合底层特征,自动找到图像的抽象的深层特征。

图像的底层特征只是固定反映图像的某一种或几种性质而不能反映图像的本质。现有的特征提取方法往往通过一些固定的算法实现,本质上是一种人为设定的思路,实际应用中需要手动调整算法中的参数和结构,导致为了使特征满足任务需求而花费大量调试时间,同时还无可避免地丢失了图像的部分性质。与传统特征提取算法相反,深度学习模型通过层层传递,能够自动、系统地学习输入数据与输出之间的复杂映射关系,通过对函数的建模与优化来自动学习不同层次的特征表达。这些过程都是机器自动完成的,机器能自适应地找到图像更加准确、高效的特征表达。

深度是一个相对概念,传统的特征提取方法相较于底层特征也是一种深度特征,深度学习能够提取到表达能力更强的特征,其原因是:

(1)从仿生学角度来说,深度学习由哺乳动物大脑演变而来,与人类大脑皮层相似,深度学习对数据通过逐层的处理方式,分层处理数据,每一层神经网络提取数据不同水平的特征,逐层结合。这个过程符合人类的认知过程。

(2)从网络表达能力上来说,浅层的网络架构在实现复杂高维函数时其表现不尽如人意,而用深度网络结构则能较好地表达。

(3)从网络计算复杂度来说,当深度为 n 的网络结构能够紧凑地表达某一函数时,在采用深度小于 n 的网络结构表达函数时,其计算规模可能需要指数级增长。

(4)从信息共享方面来说,深度学习获得的是多重水平的提取特征,可以在类似的不同任务中重复使用,相当于对任务求解提供了一些无监督的数据,可以获得更多的有用信息。

(5)深度学习模型受大数据的驱动,使得模型的拟合程度更加精准。

举个例子,2012 年多伦多大学的 Krizhevsky 等人构造了一个超大型卷积神经网络,有 9 层,共 65 万个神经元,6 千万个参数。网络的输入是图片,输出是 1 000 个类,如小虫、美洲豹、救生船等。这个模型的训练需要海量图片,它的分类准确率也完爆之前所有的分类器。纽约大学的 Zeiler 和 Fergusi 把这个网络中的某些神经元挑出来,把在其上响应特别大的那些输入图像放在一起,看它们有什么共同点,结果他们发现中间层的神经元响应了某些十分抽象的特征。

第一层的神经元主要负责识别颜色和简单纹理,如图 4-8 所示;第二层的神经元可以识别更加细化的纹理,如布纹、刻度、叶纹,如图 4-9 所示;第三层的神经元负责感受黑夜里的黄色烛光、鸡蛋黄、高光,如图 4-10 所示;第四层的神经元负责识别萌狗的脸、七星瓢虫和一堆圆形物体的存在,如图 4-11 所示;第五层的神经元可以识别出花、圆形屋顶、键盘、鸟、黑眼圈动物,如图 4-12 所示。

图 4-8　第一层神经元识别颜色和简单纹理

图 4-9　第二层神经元识别更加细化的纹理

图 4-10　第三层神经元感受黑夜里的
黄色烛光、鸡蛋黄、高光

图 4-11　第四层神经元识别萌狗的
脸、七星瓢虫和圆形物体

图4-12 第五层神经元识别花、圆形屋顶、键盘、鸟、黑眼圈动物

4.2.2 深度学习特征提取

根据第2章的介绍可知,卷积神经网络(CNN)是局部连接网络,相对于全连接网络其最大的特点是:局部连接性和权值共享性。因为对一幅图像中的某个像素来说,一般离它越近的像素对其影响也就越大(局部连接性);另外,根据自然图像的统计特性,某个区域的权值也可用于另一个区域(权值共享性)。这里的权值共享即为卷积核共享,对于一个卷积核将它与给定的图像做卷积就可以提取一种图像的特征,不同的卷积核可以提取不同的图像特征。

概括地讲,卷积层的计算公式为 $conv = \sigma(\text{imgMat}\circ W + b)$,式中 σ 表示激活函数;imgMat 表示灰度图像矩阵;W 表示卷积核;$\circ$ 表示卷积操作;b 表示偏置值。

下面举一个例子说明卷积层的计算过程。原始图像为 Lena 图像(512×512),采用如图4-13所示的 Sobel 卷积核(Gx 表示水平方向,Gy 表示垂直方向)。

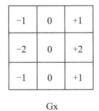

Gx

Gy

图4-13 Sobel 卷积核

原始图像及其卷积层计算过程中的图像如图4-14所示,其中图4-14(a)为原始 Lena 图像。

(1)用 Sobel-Gx 卷积核来对图像做卷积,即公式中的 $\text{imgMat}\circ W$,这里卷积核大小为 3×3,图像大小为512×512,卷积后的图像如图4-14(b)所示,大小为(512-3+1)×(512-3+1)。

(2)将步骤(1)中所得的结果矩阵,每个元素都加上偏置值 b,然后输入到激活函数,这里激活函数取 sigmoid 函数:

$$f(x) = \frac{1}{1 + \exp(-x)}$$

最终结果如图4-14(c)所示。

(3)用 Sobel-Gy 卷积核来对图像做卷积,可以得到如图 4-14(d)所示的结果。

(4)将步骤(3)所得结果加上 b,并将所得结果输入到激活函数,最终结果如图 4-14(e)所示。

(a)原始 Lena 图像

(b)Lena 图像与 Sobel-Gx 卷积核的卷积结果

(c)Sobel-Gx 卷积核卷积层的最终结果

(d)Lena 图像与 Sobel-Gy 卷积核的卷积结果

(e)Sobel-Gy 卷积核卷积层的最终结果

图 4-14 卷积层计算过程

以上计算过程只用了两个卷积核,可以看出两个卷积核提取出了不同的图像特征。实际中一般使用十几个或者几十个卷积核来提取图像特征,进而进行下一步的运算。

4.2.3 深度学习特征提取的例子

深度神经网络用于特征提取的一个例子是,有学者通过训练一个五层的深度网络提取音乐特征,用于音乐风格的分类。他们的实现思路非常简单,如图 4-15 所示,用层叠的多个自编码(Restricted Boltzmann Machine,RBM)网络组成深度网络结构来提取音乐的特征,输入的原始数据是经过分帧、加窗之后的信号的频谱。

自联想神经网络是很古老的神经网络模型,在深度学习的术语中,被称作自编码神经网络。简单地说,它就是三层 BP 网络,只不过它的输出等于输入。很多时候人们并不要求输出精确地等于输入,而是允许一定的误差存在。所以说,输出是对输入的一种重构,其网络结构如图 4-16 所示。

自编码神经网络能够实现对输入数据的重构,如果这个网络结构已经训练好了,那么其中间层就可以看作是对原始输入数据的某种特征表示。如果按照这种方法,依次创建很多这样的由自编码网络组成的网络结构,这就是深度的编码神经网络,如图 4-17 所示。

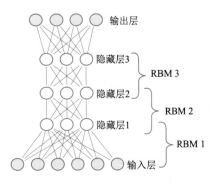

图 4-15 自编码网络实现音乐特征提取和分类

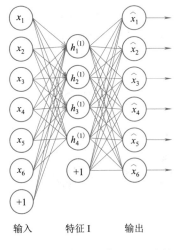

图 4-16 自编码神经网络结构

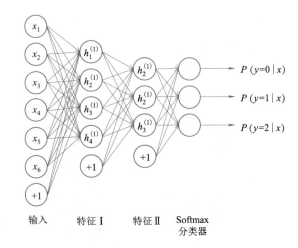

图 4-17 深度自编码神经网络

注意,图 4-17 中组成深度网络的最后一层是级联了一个 Softmax 分类器。深度神经网络在每一层是对最原始输入数据在不同概念的粒度表示,也就是不同级别的特征描述。从上面的描述中可以看出,深度网络是分层训练的,包括最后一层的分类器也是单独训练的,最后一层分类器可以换成任何一种分类器,如 SVM、HMM 等。上面的每一层单独训练使用的都是 BP 算法。

●●●●●● 4.3 图像特征提取应用 ●●●●●●

图像特征研究是图像分析处理研究中的一个重要组成部分,在场景分析、医学图像分析、遥感图像分析、图像分类等领域有着重要应用。图像特征提取以及识别分类具有很强的实用性,在计算机视觉、计算机图形图像学、数字图像处理、模式识别、工农业生产、军事安全、国防建设以及遥感测绘等领域都得到广泛的应用。

4.3.1 医学图像特征

医学图像作为一个计算机科学与生物医学交叉领域的产物,涉及较多的医学专业知识和技术,一些针对普通图像的特征提取方法在医学图像上并不能行之有效,所以如何选择对于医学图像特征提取和多特征融合有效的算法是国内外研究医学领域的主要方向。

1. LBP 特征

这里选用 Image CLEF 组织提供的公开的医学分类图像作为特征提取的数据集,其包含类别比较全面,主要有大脑、脖子、颈椎、手、脚、肺部、心脏和细胞等图像。Image CLEF 数据集主要用于图像领域的研究,为分类、标注和检索提供数据和基准依据。这里选用比较理想的肺部和脚部图像。分别提取其 LBP 特征,包括常规的具有灰度不变性的 LBP 特征和具有旋转、灰度不变性的统一模式的 LBP 特征,并转化为直方图的形式进行对比分析。在直方图方面,分别选取了 64 Bin、128 Bin 和 256 Bin 三种,对应的特征向量维度分别为 64、128 和 256。如图 4 – 18 所示为部分肺部和脚部图像的 LBP 特征及其直方图形式,中间两个为 LBP 特征,分别对应于基本 LBP 特征和具有旋转、等价模式的 LBP 特征。

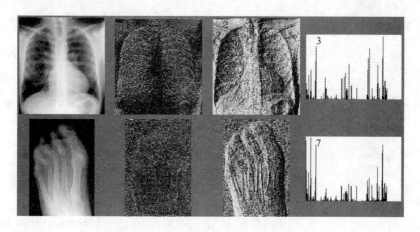

图 4 – 18　LBP 特征及其直方图效果图

2. SIFT 特征

SIFT 特征作为局部不变性特征的代表,是图像识别分类中常用的局部性特征。SIFT 特征为 128 维,对于有些分类任务来说维度相对比较高,因此有一些针对 SIFT 特征降维的算法如 PCA-SIFT。下文采用 2 240 张医学图像数据,分为 1 640 张训练图像和 600 张测试图像,分别有大脑、肺部、颈椎、手、肺部、脚六种类型的器官图像。

首先针对部分医学器官图像进行 SIFT 特征高斯滤波尺度空间和 DOG 尺度空间的实验,观察其构建效果,图 4 – 19 和图 4 – 20 分别展示了一张肺部图像的高斯滤波尺度空间和 DOG 尺度空间。在图 4 – 19 中,出于显示考虑,所有图像都具有一样的尺度,但可以看出高斯滤波在尺度图像模糊上的效果,随着尺度的变化,图像越来越模糊。在图 4 – 20 中,可以明显看出 DOG 多尺度图像的变化情况,随着尺度变大越来越模糊化。

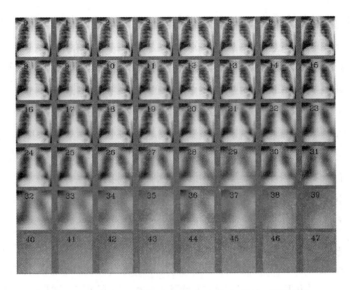

图4-19　肺部图像在多尺度上的高斯滤波图像效果

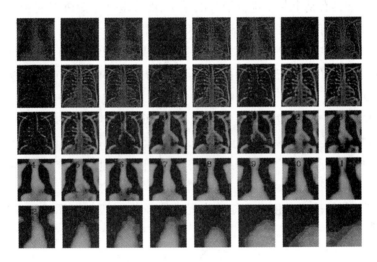

图4-20　肺部图像DOG尺度空间图像构建过程

由图像DOG尺度图像形成效果可以看出,SIFT的梯度信息对于图像中梯度有明显变化的区域表示比较清楚,对关键点捕捉比较敏感。图4-21显示了一张肺部图像的SIFT特征关键点描述子分布情况,在SIFT特征提取时,参数设置为100个特征点。

4.3.2　水面目标特征

水面目标主要包括船舶、岛屿、礁石等,此处考虑无人艇视觉系统获得的水面目标图像特征。通过摄像机在不同角度上拍摄得到的图像,会引起视角上的畸变,如平移、缩放、仿射等变换。因此,获得基于平移、

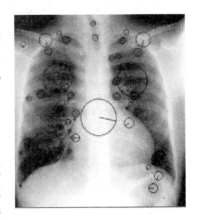

图4-21　肺部图像SIFT特征

缩放、仿射等情况下保持不变或者影响不大的特征参数库是实现水面目标识别的关键前提。

对船舶、海上岛屿、礁石等目标的外围轮廓做一下对比分析,可以得出,不同目标之间的形状特征具有较大的差异,而对于同一个目标在视线中的不同位置、大小以及不同方向情况下其形状描述因子保持不变,因此形状特征是识别船舶的显著因素之一。同时,对于岛屿、礁石这些目标,其表面纹理与船舶相差较大,因此纹理特征是初步识别船舶的另一个显著因素。综上所述,对要识别的水面目标,形状特征描述因子和纹理特征具有较好的可分性,因此,可以从水面目标的外围轮廓与表面性质两个方面进行特征提取与分析,特征提取之后形成一个目标特征库。

1. 水面目标纹理特征

由于纹理是由灰度分布在空间位置上反复出现而形成的,因而在图像空间中相隔某距离的两像素之间会存在一定的灰度关系,即图像中灰度的空间相关特性。灰度共生矩阵就是一种通过灰度的空间相关特性来描述纹理的常用方法。灰度直方图是对图像上单个像素具有某个灰度进行统计的结果,而灰度共生矩阵是对图像上保持某距离的两像素分别具有某灰度的状况进行统计得到的。

设图像($N \times N$)中任意一点(x, y)及偏离它的另一点$(x + a, y + b)$,该点对的灰度值为(g_1, g_2)。令点(x, y)在整个画面上移动,会得到各种(g_1, g_2)值,设灰度值的级数为k,则(g_1, g_2)的组合共有k^2种。对于整个画面,统计出每一种(g_1, g_2)值出现的次数,然后排列成一个方阵,再用(g_1, g_2)出现的总次数将它们归一化为出现的概率$p(g_1, g_2)$,这样的方阵称为灰度共生矩阵。这样就将(x, y)的空间坐标转化为"灰度对"(g_1, g_2)的描述,形成了灰度共生矩阵。常用的纹理特征统计描述因子有以下几种:

(1)纹理能量。它是灰度共生矩阵中元素的平方和,反映了图像纹理的均匀性,其计算公式为:

$$Q_1 = \sum_{g_1} \sum_{g_2} [p(g_1, g_2)]^2$$

(2)纹理熵。它是描述图像具有的信息量的度量,表明图像的复杂程度,当复杂程度高时,熵值较大,反之则较小。其计算公式为:

$$Q_2 = -\sum_{g_1} \sum_{g_2} p(g_1, g_2) \log p(g_1, g_2)$$

(3)纹理梯度。它表示对图像较小细节逆差的能力,反映了图像的层次内容以及清晰程度,平均梯度的计算公式为:

$$Q_3 = \sum_{g_1} \sum_{g_2} k^2 p(g_1, g_2)^2$$

式中,$k = |g_1 - g_2|$。

由于无人艇视觉系统视觉方向沿水平面或者偏上偏下,因此鲜少得到目标的俯视图。船舶侧面纹理平滑,而海上礁石、岛屿纹理则相对明显,所以可以利用它们之间的纹理特征来识别目标,在一定程度上可以为避障以及检测感兴趣目标提供有力证据。

如图4-22所示,选取礁石、岛屿与船舶子区域的灰度图像,每类目标选取20幅图像,分别得到每类目标的纹理特征量:能量、熵、梯度,并且求取每类特征的平均值,如表4-1所示,可见三个特征显示出较好的可分性。

(a) 礁石　　　　　　　　　(b) 岛屿　　　　　　　　　(c) 船舶

图4-22　礁石、岛屿与船舶子区域的灰度图像

表4-1　纹理特征量提取结果

目标 特征	礁石	岛屿	船舶
Q_1	0.0301	0.0764	0.0673
Q_2	3.6581	3.0426	3.7584
Q_3	2.2754	1.1247	2.0451

2. 水面目标形状特征

水面目标的形状特征通常包含两个方面:目标的几何形状特征和基于形状的不变矩特征。针对水面目标的形状特征,主要通过提取水面目标的外围轮廓、基于形状区域的几何特征、Hu不变矩与仿射不变矩特征,由此分析不同目标的特征区别。

针对礁石、岛屿、船舶目标,除了纹理特征外,另一个具有明显区别的就是目标的外围轮廓。当无人艇视觉系统采集较远距离目标图像时,相对于船舶,岛屿是较大目标而且通常会占据目标视频帧中横向的视野,而礁石则是呈块或群出现的,其轮廓特征是它们之间容易区分的特征。

通过图像分割方法得到目标区域,经二值化得到目标的黑白图像,通过填补目标区域内小面积不连续部分,提取外围轮廓线,如图4-23所示。

3. 水面目标的几何特征

几何特征是根据目标区域外围轮廓和其包含的像素点的数量来定义的,在进行特征提取之前,首先需要计算目标的最小外接矩形。当已经获取目标的边界时,用其外接矩形的尺寸来定义目标的长宽是最简单的方法。而获取目标的角度通常是不定的,因此水平和垂直方向并不能准确描述目标的长宽。基于目标主轴,计算在其方向上的反映目标轮廓的长度和宽度,所需的这个外接矩形计算步骤如下:以3左右的增量旋转目标边界旋转范围0~90°,记录每次旋转之后在其坐标系方向上的边界点极值。旋转过程中将得到使外接矩形面积达到最小值的角度,在此情况下的参数即为主轴定义下的长宽。

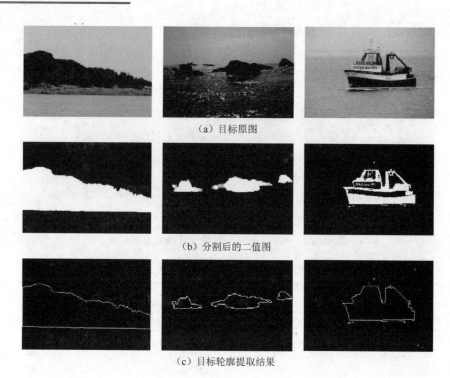

（a）目标原图

（b）分割后的二值图

（c）目标轮廓提取结果

图4-23　目标图像轮廓提取

在此基础上,定义目标的五个几何特征:

(1)面积特征。面积特征具有旋转与平移不变性,因此可以作为一个可靠的特征,其计算方法为统计二值图像中目标区域所含的像素点数,记为 area。

(2)细长度特征。指沿主轴方向的长度和与其垂直方向上的宽度的比值,即是最小外接矩形的长宽比,记为 b。由同一角度获取的目标,细长度特征具有缩放不变性。

(3)紧密度特征。用来表征目标形状的复杂度,定义为目标的周长与面积的比,记为 conex。通常情况下,若目标具有相同的面积,其周长越长形状就相对复杂。然而不同面积的目标中,面积大而形状简单周长也可能很大,反之面积小而形状复杂周长也可能很小。因此计算周长的平方与面积的比值,以此对紧密度特征进行归一化处理,其计算过程如下:

对目标二值化处理,提取边缘,统计边缘像素点个数,记为 pre;由(1)可知目标的面积特征 area;最后通过求取 $pre^2/area$ 得到紧密度 conex。

(4)凸包性特征。目标凸包性是指目标的面积与最小外接矩形的面积之比,记为 cm。由不同姿态下得到的目标,该特征变化不大,因此可作为较可靠的因素来识别目标。

(5)凸起度量。是针对船舶提出的一个特征,船舶通常由上层建筑和下部船舱两部分构成,其凸起度量即是指上层建筑的面积与下部船舱的面积之比,记为 em,这两部分的面积可通过统计其中的像素点数来得到,其具体计算过程如下:以在确定最小外接矩形时得到的短轴为分割线,将目标区域分为上下两部分;分别统计这两部分的像素点数,记为 a_1,a_2;则可求得凸起度量为 $em = a_1/a_2$。

假定无人艇视觉系统以与水平视线平行的角度拍摄某型舰船与游艇,因此这里不考虑目标在平面内的旋转图像,通过程序实现原始图像的放大1倍、缩小1倍、目标位置的平移。原始图像大小为100×80,缩小1倍后大小为50×40,放大1倍后大小为200×160,如图4-24所示。

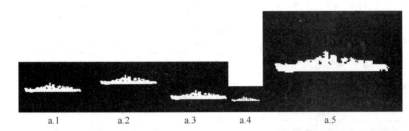

（a）某军舰侧面图像，其中a.1原图，a.2向上平移，a.3向下平移，a.4缩小0.5倍，a.5放大1倍

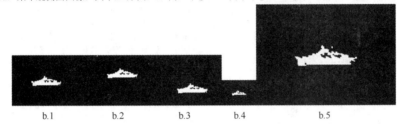

（b）某军舰旋转40°图像，其中b.1原图，b.2向上平移，b.3向下平移，b.4缩小0.5倍，b.5放大1倍

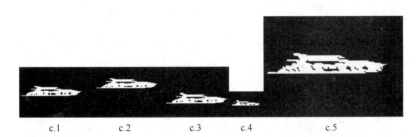

（c）游艇侧面图像，其中c.1原图，c.2向上平移，c.3向下平移，c.4缩小0.5倍，c.5放大1倍

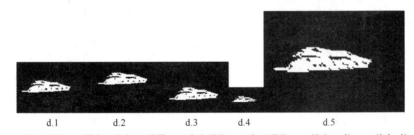

（d）游艇旋转40°图像，其中d.1原图，d.2向上平移，d.3向下平移，d.4缩小0.5倍，d.5放大1倍

图4-24　某型舰船与游艇图像

当目标经过平移、缩放处理后,其几何特征和归一化后的不变矩特征在一定程度上具有不变性。分别对以上目标进行特征提取处理,其结果如表4-2和表4-3所示。由这些数据可以得出:当采集到的目标在图像中处于不同的位置,即在视野范围内发生平移时,其形状特征数值没有变化,由此只需提取其处于任一位置处的目标特征即可;而对于缩小0.5倍与放大1倍的目标图像的特征值面积特征差别较大,因此

对同类目标不具备不变性,其余特征则存在一定程度上的误差。

表 4 – 2　舰船目标特征提取数据列表

目标 特征	船舰侧面图像					船舰旋转 40° 图像				
	a.1	a.2	a.3	a.4	a.5	b.1	b.2	b.3	b.4	b.5
area	609	609	609	152	2698	347	347	347	88	1408
b	5.5281	5.5281	5.5281	5.1038	5.0691	2.8584	2.8674	2.8674	2.6159	2.8720
conex	72.8556	72.8556	72.8556	60.5944	77.6559	33.6597	33.6597	33.6597	28.7663	40.2983
cm	0.5136	0.5136	0.5136	0.5097	0.5092	0.5641	0.5641	0.5641	0.5757	0.5565
em	0.4889	0.4889	0.4889	0.7674	0.5155	0.6207	0.6207	0.6207	0.9081	0.4391
H_1	0.0020	0.0020	0.0020	0.0024	0.0024	0.0024	0.0024	0.0024	0.0029	0.0026
H_2	5.3185	5.3185	5.3185	5.0807	5.2245	6.2302	6.2302	6.2302	5.9486	6.3572
H_3	6.3247	6.3247	6.3247	6.0142	6.2120	7.2542	7.2542	7.2542	6.9557	7.5618
H_4	12.1529	12.1529	12.1529	11.9991	12.0333	14.4801	14.4801	14.4801	14.0254	14.5254
H_5	6.3311	6.3311	6.3311	6.2159	6.2797	7.6782	7.6782	7.6782	7.6043	7.5860
H_6	0.9313	0.9313	0.9313	1.4515	1.5237	0.0926	0.0926	0.0926	0.2493	0.6205
I_1	6.5512	6.5512	6.5512	6.4433	6.5577	5.9809	5.9809	5.9809	5.8944	5.9625
I_2	24.1447	24.1447	24.1447	23.5452	24.1988	24.0523	24.0523	24.0523	23.4604	24.2207
I_3	14.8328	14.8328	14.8328	14.4839	14.8892	14.2818	14.2818	14.2818	13.9663	14.3182

表 4 – 3　游艇目标特征提取数据列表

目标 特征	游艇侧面图像					游艇旋转 40° 图像				
	a.1	a.2	a.3	a.4	a.5	b.1	b.2	b.3	b.4	b.5
area	828	828	828	198	3452	777	777	777	200	3255
b	5.7333	5.7333	5.7333	5.2857	5.3437	3.8333	3.8333	3.8333	4.125	3.6316
conex	48.2318	48.2318	48.2318	42.1653	58.021	48.3347	48.3347	48.3347	30.3765	42.3536
cm	0.6420	0.6420	0.6420	0.7635	0.6309	0.6259	0.6259	0.6259	0.7595	0.6207
em	0.8942	0.8942	0.8942	4.3809	0.7121	0.8943	0.8943	0.8943	1.4012	1.3485
H_1	0.0038	0.0038	0.0038	0.0039	0.0042	0.0056	0.0056	0.0056	0.0057	0.0059
H_2	5.0649	5.0649	5.0649	5.0436	5.0652	5.2086	5.2086	5.2086	5.2910	5.2425
H_3	5.5814	5.5814	5.5814	5.4686	5.6617	6.0805	6.0805	6.0805	5.9889	6.2593
H_4	10.9850	10.9850	10.9850	10.7763	11.1535	12.5802	12.5802	12.5802	11.8985	12.2980
H_5	5.7233	5.7233	5.7233	5.5568	5.8819	6.7952	6.7952	6.7952	6.2691	6.7297
H_6	2.4351	2.4351	2.4351	2.3429	2.4904	2.2272	2.2272	2.2272	2.0892	2.1701
I_1	6.4469	6.4469	6.4469	6.3808	6.4404	6.2693	6.2693	6.2693	6.2466	6.2589
I_2	24.1829	24.1829	24.1829	24.0388	24.2328	24.06232	24.062323	24.062323	24.2076	24.1267
I_3	14.8215	14.8215	14.8215	14.7169	14.8631	14.6391	14.6391	14.6391	14.7040	14.6684

为了使数据能够更加直观地表达,这里将面积特征排除在外,首先针对每一类型的目标图像特征画曲线图,如图4-25所示,其中,横轴表示特征类型,纵轴表示对应特征点的特征值。

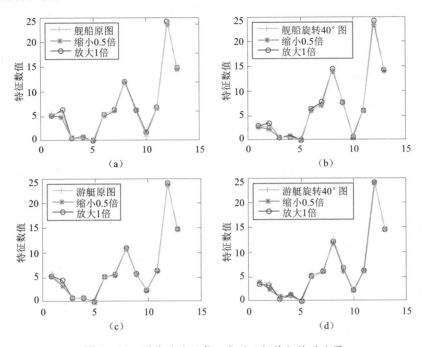

图4-25　图像缩放后每一类型目标特征值对比图

由图4-25可以看出每一类型的目标图像在经过缩小和放大后,其对应的特征值基本一致,特别是从第五个特征点开始,也就是不变矩特征具备了缩放不变性。而对几何特征,如各图前四个特征点中,长宽比特征(曲线第一个点)、凸包性(曲线第三个点)、凸起度量(曲线第四个点)三个特征比较一致,误差在6%以内,而紧密度特征数值起伏稍微明显,这是由于图像的分辨率以及缩放过程中引入了量化误差或者虚拟边缘所致。

对于同一类型的船,当采集视角发生变化时,其对应的特征变化曲线如图4-26所示。

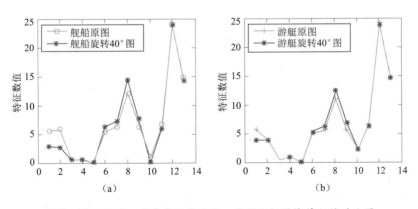

图4-26　基于不同采集视角的同一类型目标图像特征值对比图

从图中曲线可以看到,对于同一类型目标,当从不同视角观察时:

(1)仿射不变矩特征(曲线后三个特征点)基本一致,由此可见仿射不变矩特征对仿射变换的不变性。

(2)凸包性(曲线第三个特征点)与凸起度量特征(曲线第四个特征点)在一定的误差范围内保持较好的不变性。

(3)紧密度特征(曲线第二个特征点),在游艇目标中保持较好的不变性,而在舰船中差异较大,这主要是由于目标的长宽差别造成的,例如,舰船属于细长型,当转动某一角度时视野范围内的船型变化明显,由此其周长、面积变化较大,而游艇则相对不明显。

(4)长宽比特征(曲线第一个特征点)与 Hu 不变矩特征具有较大的差异性,造成这种现象的原因也可由上述说明。

最后针对不同类型的目标图像的特征值,分析它们之间的可识别性,如图 4-27 中曲线所示,给出了不同情况下不同目标的特征值对比。

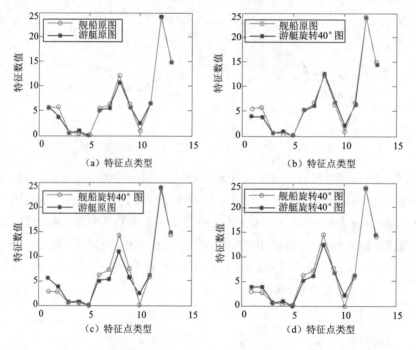

图 4-27 不同类型目标的特征值对比

通过观察曲线,可以得出以下结论:

(1)两类目标的仿射不变矩特征差异较小,而 Hu 不变矩特征则有明显的差异,特别是当目标在水平面上旋转一定角度时;两类目标的几何特征中前两个特征(长宽比与紧密度)差异较大,另两个则相对不明显。

(2)当目标图像旋转的角度越大时,不同类型的目标的特征差异就会凸显得更加明显。而且无人艇视觉系统采集目标时通常面向全方位,获得正面目标图像的概率很小,因此根据以上的比较说明,人为地或者根据特征差异性剔除或保留一些特征是不合理的。

第5章

智能目标检测

目标检测的任务是找出图像和视频中所有感兴趣的目标(物体),确定它们的位置和大小。本章介绍图像和视频中的目标检测技术及应用,首先介绍图像目标检测的基本概念及评价指标、目标检测技术框架,实际中常见的目标检测类型;其次阐述几种基于深度学习的智能目标检测算法;最后举例说明智能目标检测的应用。

●●●●●● 5.1　图像目标检测原理　●●●●●

5.1.1　目标检测技术框架

目标检测的任务是找出图像和视频中所有感兴趣的目标(物体),确定它们的位置和大小,如视频序列中运动的人、车辆等。目标检测算法要解决以下几个核心问题:目标可能出现在图像中的任何一个位置、目标可能有不同的大小、目标在图像中可能有不同的视角和姿态、目标可能部分被遮挡。由于各类物体有不同的外观、形状、姿态,加上成像时的光照、遮挡等因素的干扰,目标检测是计算机视觉领域具有挑战性的问题。

目标检测技术本质是将目标检测转化为二值分类问题,常见的目标检测框架如图 5-1 所示,用大量的目标和非目标样本图像进行训练,得到一个解决两类分类问题的分类器,也称目标检测模板。这个分类器接受固定大小的输入图片,判断这个输入图片是否为目标,即解决"是"和"否"的问题。

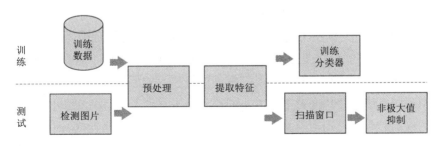

图 5-1　常见的目标检测框架

1. 训练数据

先采集一些包含目标的图像和一些不包含目标的图像,然后对图像进行标注,把图像中的目标框出来,进行尺度上的归一化处理;其中将含有目标的样本作为正样本,而将其他不包含目标的样本作为负样本,同时将正负样本都归一化到相同的大小,如40×40 或者 80×80。

2. 特征提取

通常获取的原始数据是比较大的,直接处理往往无法得到很好的效果,并且计算量也比较大。因而,更有效的做法是对原始数据进行特征提取,通过对图像进行某些线性或者非线性的变化可以得到特征。

3. 训练分类器

分类器是指通过计算机程序来对输入的目标或者数据进行分类,一般通过训练样本进行学习,得到模型则可以用于新的样本的分类。分类器在目标分类识别中用得非常普遍,在数据分析和数据挖掘中也应用得很多。针对模型的不同,有不同的分类器算法,主要有 Bayes 网络分类器、决策树算法、聚类算法、支持向量机等。

目标检测的基本原理是先通过训练,学习一个或多个分类器,然后对于需要检测的图像,首先通过一些方法提取目标大小的一块图像,可以是窗口扫描法,也可以是其他方法,然后对图像块进行分类,如果分类为目标,就说明当前位置为目标位置,否则该位置没有目标。算法的核心是分类,分类的核心有两个:一个是用什么特征,一个是用哪种分类器。

4. 利用训练好的分类器进行目标检测

得到分类器后即可对输入图像进行目标检测,一般的检测过程是这样的:先获取感兴趣的检测区域,如果没有其他信息,将对整张图片进行扫描,对扫描的每一个位置,提取这个位置的图像块的特征,然后将特征输入到分类器,根据分类器的输出来判定这个图像块是不是目标。通常,在一幅图像中目标的大小可能是任意的,因而需要检测不同大小的目标,通常有两种方式来处理这个问题,一个是通过不同大小的模型来进行检测;另外一种是通过将图片缩放到不同大小的尺寸,用固定大小的检测器来进行检测。第二种方式用得更多,但第一种方式的性能有时会更好。

5. 滑动窗口和非极大值抑制

滑动窗口(Sliding Window)是指用固定大小的窗口对图像从上到下、从左到右扫描,遍历图片的每个位置,并对每个位置进行判定分类,判定其是否为目标。为了检测不同大小的目标,还需要对图像进行放大或者缩小构造图像金字塔,对每张缩放后的图像都用上面的方法进行扫描。多尺度滑动窗口技术的原理如图5-2所示。

使用不同尺度的图片或者不同大小的检测器去检测一张图片时,可能在同一位置的周围的检测结果都显示当前是目标,导致检测出多个候选位置框,因而需要将检测结果进行合并去重,这称为非极大值抑制。检测结果中出现很多候选目标时,如果目标之间离得很近,则有可能是同一个目标,要选定得分更高的那个目标作为最终目标,而抑制其周围的其他目标。通过滑动窗口和极大值抑制后得到的结果就是检测出来的目标结果。

图5－2 多尺度滑动窗口技术原理

　　同时,训练出来的检测器不一定百分百分类正确,因而一种更好的策略是加入学习或者自适应,如果分类错误,就将当前的错误分类样本加入到训练样本中再一次训练,让分类器不断提升其分类性能,其本质上是因为训练时负样本不是很多,不可能覆盖所有的情况,而这样一个强化训练之后,使得下次检测误判的几率变小。

　　由于采用了滑动窗口扫描技术,并且要对图像进行反复缩放然后扫描,因此整个检测过程会非常耗时。

　　以512×512大小的图像为例,假设分类器窗口为24×24,滑动窗口的步长为1,则总共需要扫描的窗口数为:

$$(512-23) \times (512-33) + \left(\frac{512}{1.1}-23\right) \times \left(\frac{512}{1.1}-23\right) + \frac{512}{1.1^2}-23 \times \left(\frac{512}{1.1^2}-23\right) \cdots > 1200000$$

即要检测一张图片需要扫描大于120万个窗口,计算量惊人,因此有必要采取某种措施提高效率。

5.1.2 目标检测评价指标

　　下面假设有这样一个测试集,只由大雁和飞机两种图片组成,如图5－3所示。围绕这个测试集来说明评价一个检测算法好坏的指标。

　　假设分类系统最终的目的是:能取出测试集中所有飞机的图片,而不是大雁的图片,那么在这个任务中,飞机就是要检测的目标,也称正例,而大雁则是反例。

　　现在做如下的定义:

　　True positives:飞机的图片被检测出来,正确地识别成飞机。

图5-3 测试集

True negatives：大雁的图片没有被检测出来，正确地识别成大雁。
False positives：大雁的图片被检测出来，错误地识别成飞机。
False negatives：飞机的图片没有被检测出来，错误地识别成大雁。
假设分类系统使用上述假设识别出了四个结果，如图5-4所示。

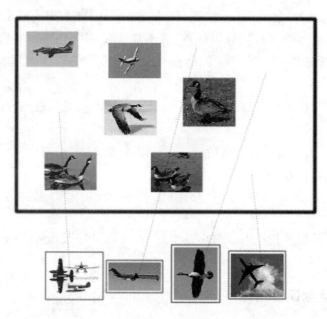

图5-4 识别结果

上面的几幅图片被识别为大雁，下面的几幅图片被识别为飞机，则目标检测评价指标如下：

（1）精确率（Precision）：检测出的所有目标中正确的比例，即

$$\frac{\text{True positives}}{\text{True positives} + \text{False positives}}$$

本例中,True positives 为 3,False positives 为 1,所以 Precision 值是 $\frac{3}{3+1}=0.75$。意味着在识别出的结果中,飞机的图片占 75%。

(2)召回率(Recall):被正确定位识别的目标占总的目标数量的比例,即

$$\frac{True\ positives}{True\ positives + False\ negatives}$$

本例中,True positives 为 3,False negatives 为 2,所以 Recall 值是 $\frac{3}{3+2}=0.6$。

意味着在所有的飞机图片中,60% 的飞机被正确地识别成飞机。

(3)F_1 score:通常我们使用 Precision 和 Recall 两个指标来衡量模型的好坏,但是同时要权衡这两个量,会影响做决策的速度,可以使用 F_1 score 来组合这两个量(又称 F score,F measure,名称 F 没有什么意义),F_1 score $\in [0,1]$。

$$F_1\ score = \frac{2}{\frac{1}{P}+\frac{1}{R}} = 2\frac{PR}{P+R}$$

P 和 R 分别对应 Precision 和 Recall,其值越大越好,因此 F_1 score也是越大越好。

(4)Precision-Recall 曲线。可以通过调整阈值,来选择让系统识别出多少图片,进而改变 Precision 或 Recall 的值。在某种阈值的前提下(虚线),系统识别出了四张图片,如图 5 – 5 中所示:

分类系统认为大于阈值(虚线之上)的四个图片更像飞机。我们可以通过改变阈值(也可以看作上下移动的虚线),来选择让系统能识别出多少张图片,当然阈值的变化会导致 Precision 与 Recall 值发生变化。比如,把虚线放到第一张图片下面,也就是说让系统只识别出最上面的那张飞机图片,那么 Precision 的值就是 100%,而 Recall 的值则是 20%。如果把虚线放到第二张图片下面,也就是说让系统只识别出最上面的前两张图片,那么 Precision 的值还是 100%,而 Recall 的值则增长到 40%。表 5 – 1 为不同阈值条件下,Precision 与 Recall 的变化情况。

如果想评估一个分类器的性能,一个比较好的方法就是:观察当阈值变化时,Precision 与 Recall 值的变化情况。通常随着选定的样本越来越多,Recall 一定会越来越高,而 Precision 整体上会

图 5 – 5　在某种阈值下的识别结果

呈下降趋势。把 Recall 当成横坐标,Precision 当成纵坐标,即可得到如图 5 – 6 所示的 Precision-Recall 曲线。在不损失精度的条件下它能达到 40% Recall。而当 Recall 达到 100% 时,Precision 降低到 50%。

表 5 – 1　不同阈值条件下, **Precision** 与 **Recall** 的变化情况

Retrieval cutoff	Precision	Recall
Top 1 image	100%	20%
Top 2 image	100%	40%
Top 3 image	66%	40%
Top 4 image	75%	60%
Top 5 image	60%	60%
Top 6 image	66%	80%
Top 7 image	57%	80%
Top 8 image	50%	80%
Top 9 image	44%	80%
Top 10 image	50%	100%

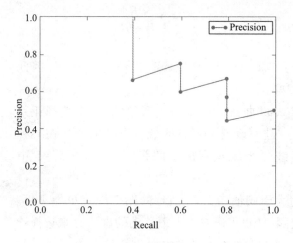

图 5 – 6　Precision-Recall 曲线

如果一个分类器的性能比较好,那么它应该有如下的表现:被识别出的图片中飞机所占的比重比较大,并且在识别出大雁之前,尽可能多地正确识别出飞机,也就是让 Recall 值增长的同时保持 Precision 的值在一个很高的水平。而性能比较差的分类器可能会损失很多 Precision 值才能换来 Recall 值的提高。通常情况下,都会使用 Precision-Recall 曲线来显示出分类器在 Precision 与 Recall 之间的权衡。

(5)平均精度(Average precision,AP):每一类的平均精度;

均值平均精度(mAP):对于每一类计算平均精度,然后计算所有类的均值。

PASCAL VOC challenge 给出一种 AP 计算方法,假设 N 个样本中有 M 个正例,那么会得到 M 个 Recall 值,对于每个 Recall 值 R,可以计算出对应($R' > R$)的最大 Precision,然后对这 M 个 Precision 值取平均即得到最后的 AP 值。

AP 衡量的是训练得到的模型在每个类别上的好坏,mAP 是取所有类别 AP 的平

均值,衡量的是在所有类别上的平均好坏程度。

5.1.3 目标检测应用分类

1. 行人检测

行人检测在视频监控、人流量统计、自动驾驶中都有重要的地位,如图5-7所示。

图5-7 行人检测

2. 车辆检测

车辆检测在智能交通、视频监控、自动驾驶中有重要的地位。车流量统计、车辆违章的自动分析等都离不开它,在自动驾驶中,首先要解决的问题就是确定道路在哪里,周围有哪些车、人或障碍物。如图5-8所示。

图5-8 车辆检测

3. 交通标志检测

交通标志如交通灯、行驶规则标志的识别对于自动驾驶也非常重要,需要根据红绿灯状态,是否允许左右转、掉头等标志确定车辆的行为,如图5-9所示。

4. 表面缺陷检测

除了这些常见目标的检测之外,很多领域里也需要检测自己感兴趣的目标。比如工业中材质表面的缺陷检测,硬刷电路板表面的缺陷检测等,如图5-10所示。

图 5 - 9　交通标志检测

图 5 - 10　表面缺陷检测

5. 农作物病虫害检测

农业中农作物表面的病虫害识别也需要用到目标检测技术,如图 5 - 11 所示。

图 5 - 11　农作物病虫害检测

6. 肿瘤检测

人工智能在医学中的应用目前是一个热门的话题,医学影像图像如 MRI 的肿瘤等病变部位检测和识别对于诊断的自动化,提供优质的治疗具有重要的意义,如图 5 - 12 所示。

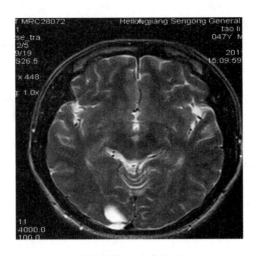

图 5 -12 肿瘤检测

●●●●●● 5.2 智能目标检测算法 ●●●●●

人眼能轻易地检测出图像中的目标,但对计算机而言,要同时检测出图像中的多类目标,难度较大。由于背景的复杂性、光照的多样性和目标自身形态上的变化,即便是拍摄间隔 1 s 的图像之间也会有巨大的差距,要使计算机检测出图像中的目标并不容易。

处理这一问题的经典方法是可变形的组件模型(Deformable Part Model,DPM),是一种基于组件的检测算法。该模型由 Felzenszwalb 在 2008 年提出,并发表了一系列的 CVRR(Conference on Computer Vision and Pattern Recognition,国际计算机视觉与模式识别会议)、NIPS(Advances in Neural Information Processing Systems,国际神经信息处理系统大会)文章,蝉联三届 PASCAL VOC 目标检测冠军,拿下了 2010 年 PASCAL VOC 的"终身成就奖"。

在深度卷积神经网络(DCNN)出现之前,DPM 算法一直是目标检测领域最优秀的算法,它的基本思想是先提取 DPM 人工特征,再用 latent SVM 分类。这种特征提取方式存在明显的局限性,首先,DPM 特征计算复杂,计算速度慢;其次,人工特征对于旋转、拉伸、视角变化的物体检测效果差。这些弊端很大程度上限制了算法的应用场景。

随着深度学习概念的引入,图像检测技术有了新的突破。以下介绍基于卷积神经网络的图像目标检测相关算法。

传统图像检测技术主要是由于在区域选择上浪费过多的时间,导致检测速度低下,如果能够事先找到图中目标可能出现的位置,那么将会大大降低选择区域的时间复杂度,检测速度也会有一个质的飞跃。候选框便是基于这样的思考下产生的,它是根据方向、亮度、颜色等图像特征获取高质量的候选窗口。随着深度学习的引入,候选框 + CNN 检测图像目标成为一种可能,从 2014 年到 2016 年,基于候选框 + CNN 的图像目标检测算法相继出现,检测速度越来越快,精度越来越高。目前流行的卷积神经网络算法有 R-CNN、Fast R-CNN、Faster R-CNN 和 YOLO 几种。

如图 5-13 所示,目前基于 DCNN 的目标检测发展脉络从 R-CNN 开始。卷积神经网络用于目标检测之后,进展神速,在短期内大幅度提高了算法的精度,推动这一技术走向实用。

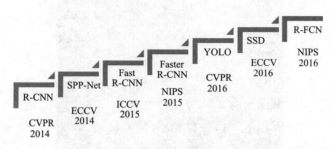

图 5-13　基于 DCNN 的目标检测算法发展路线图

5.2.1　R-CNN

最初将 CNN 应用于图像检测领域中的是 2014 年 Ross B. Girshick 等人提出的 R-CNN(Regions with CNN)模型,它是利用深度学习进行目标检测的里程碑之作,奠定了这个子领域的基础。这篇文章思路清奇,在 DPM 方法经历多年瓶颈期后,显著提升了检测率,后面提出的改进模型也基本沿袭了它的检测思想。

它的核心思想是先提取图像中的候选区域,然后用 CNN 对每个候选框提取特征并使用一个支持向量机(SVM)进行分类,接着再次根据之前 CNN 提取的特征并结合另一个 SVM 得到更准确的窗口。

R-CNN 网络检测目标的过程如图 5-14 所示。

(1)将图像输入到网络中。

(2)利用选择性搜索(Selective Search)算法从待检测图像中提取 2 000 个左右的区域候选框,这些候选框可能包含要检测的目标。

(3)把候选框调整成固定大小(原文采用 227 × 227)并输入到 CNN,将 CNN 的全连接层的输出作为特征。

(4)用 CNN 对每个候选框进行特征提取,并输入到 SVM 分类器进行判别是否属于一个特定类。

(5)对于属于某一特征的候选框,用回归器进一步调整其位置,使候选框提取到的窗口跟目标真实窗口更吻合。

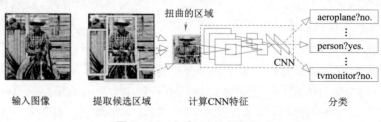

图 5-14　R-CNN 的框架图

经过实验,R-CNN 在 PASCAL VOC2007 数据集上的检测率达到 66% ,但是 R-CNN 网络算法仍存在一些缺陷:步骤烦琐,耗时长,导致检测速度过慢,在 PASCAL VOC2007 数据集中检测一张图像需要 46 s,无法达到实时检测的目的;上述步骤(3)中对图像大小进行调整,导致输出结果可能会有偏差;测试过程中对每个候选框进行一次特征提取,提取出的特征文件占据大量存储空间。

R-CNN 不采用滑动窗口方案的原因一是计算成本高,会产生大量的待分类窗口;二是不同类型目标的矩形框有不同的宽高比,无法使用统一尺寸的窗口对图像进行扫描。用于提取特征的卷积网络有 5 个卷积层和 2 个全连接层,其输入是固定大小的 RGB 图像,输出为 4 096 维特征向量。对候选区域的分类采用线性支持向量机,对每一张待检测图像计算所有候选区域的特征向量,送入支持向量机中进行分类;同时送入全连接网络进行坐标位置回归。

R-CNN 虽然设计巧妙,但仍存在很多缺点:

(1)重复计算。R-CNN 虽然不再是穷举,但通过选择性搜索的方案依然有两千个左右的候选框,这些候选框都需要单独经过 backbone 网络提取特征,计算量依然很大,候选框之间会有重叠,因此有不少其实是重复计算。

(2)训练测试不简洁。候选区域提取、特征提取、分类、回归都是分开操作,中间数据还需要单独保存。

(3)速度慢。图形处理器(Graphics Processing Unit,GPU)上处理一张图片需要十几秒,CPU 上则需要更长的时间。

(4)输入的图片 Patch 必须强制缩放成固定大小,会造成物体形变,导致检测性能下降。

5.2.2 SPPNet

Kaiming He 等人在 R-CNN 的基础上提出了 SPPNet,该方法虽然还依赖候选框的生成,但将提取候选框特征向量的操作转移到卷积后的特征图上进行,将 R-CNN 中的多次卷积变为一次卷积,大大降低了计算量(这一点参考了 OverFeat)。

R-CNN 的卷积网络只能接受固定大小的输入图像。为了适应这个图像尺寸,要么截取这个尺寸的图像区域,这将导致图像未覆盖整个目标;要么对图像进行缩放,这会产生扭曲。在卷积神经网络中,卷积层并不要求输入图像的尺寸固定,只有第一个全连接层需要固定尺寸的输入,因为它和前一层之间的权重矩阵是固定大小的,其他的全连接层也不要求图像的尺寸固定。如果在最后一个卷积层和第一个全连接层之间做一些处理,将不同大小的图像变为固定大小的全连接层输入就可以解决问题。

SPPNet 引入了 Spatial Pyramid Pooling(空间金字塔池化)层,对卷积特征图像进行空间金字塔采样获得固定长度的输出,可对特征层任意长宽比和尺度区域进行特征提取。具体做法是对特征图像区域进行固定数量的网格划分,对不同宽高的图像,每个网格的高度和宽度是不规定的,对划分的每个网格进行池化,就可以得到固定长度的输出。图 5-15 所示是 SPP 操作示意图。

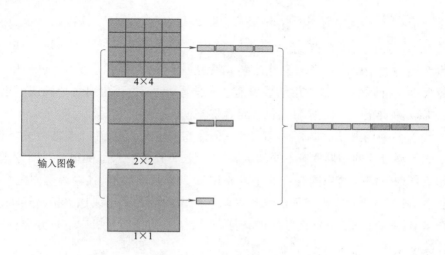

图 5 – 15 SPP 操作示意图

相比 R-CNN,SPPNet 的检测速度提升了 30 倍以上。图 5 – 16 所示是 R-CNN 和 SPPNet 检测流程的比较。

SPPNet 和 R-CNN 一样,训练要经过多个阶段,中间特征也要进行存储;网络参数沿用了分类网络的初始参数,没有针对检测问题进行优化。

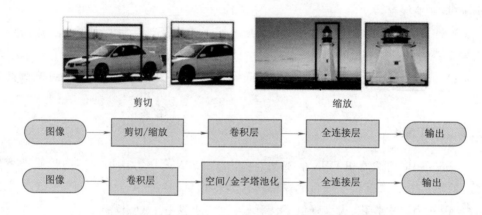

图 5 – 16 R-CNN 和 SPPNet 检测流程的比较

5.2.3 Fast RCNN

Ross Girshick 针对 SPPNet 做了进一步改进提出了 Fast RCNN(简称 FRCNN),其主要创新是 ROI Pooling(Regions of Interest,感兴趣区域池化)层,它将不同大小候选框的卷积特征图统一采样成固定大小的特征。ROI 池化层的做法和 SPP 层类似,但只使用一个尺度进行网格划分和池化。FRCNN 针对 R-CNN 和 SPPNet 在训练时是多阶段的和训练的过程中很耗费时间空间的问题进行了改进。将深度网络和后面的 SVM 分类两个阶段整合到一起,使用一个新的网络直接做分类和回归。使得网络在 Pascal VOC 上的训练时间从 R-CNN 的 84 小时缩短到 9.5 小时,检测时间更是从 45 s 缩短到 0.32 s。重要的是 Fast RCNN 的 backbone 网络也可以参与训练。

Fast R-CNN 的框架图如图 5-17 所示,与 R-CNN 框架图相比,Fast R-CNN 做了三个改变:一是将原本的单输入改为输入图像和候选区域;二是 R-CNN 结构中的最大池化层被 ROI 池化层替代;三是 Fast R-CNN 在网络末尾添加了多个全连接层,以便同时输出分类结果和边框回归,降低了计算复杂度,提高了检测速度。

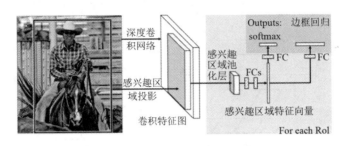

图 5-17 Fast R-CNN 框架图

Fast R-CNN 检测图像的主要步骤如图 5-18 所示。

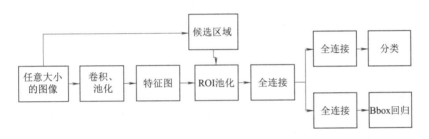

图 5-18 Fast R-CNN 检测图像的主要步骤

(1)将任意大小的图像输入到 CNN 网络,经过卷积和池化操作得到特征图;同时对该图像采用选择性搜索算法提取候选区域,根据原图中候选框和原图的映射关系,在候选区域中找到对应每个特征图的特征框。

(2)对每个特征框进行 ROI 池化操作得到固定大小的特征图像。

(3)最后将特征图像输入到全连接层,分别得到 softmax 的分类得分和边界窗口回归。

Fast R-CNN 规避了 R-CNN 冗余的训练步骤,提高了检测速度。使用 PASCAL VOC2007 测试集进行测试,Fast R-CNN 的检测速度是 R-CNN 检测速度的 2 倍。由于候选框的提取使用选择性搜索算法,仍会消耗较多的时间,导致该算法无法满足实时性。

5.2.4 Faster RCNN

Fast R-CNN 的检测速度已经达到较快的水平,但候选框的提取占据大量的时间,导致其无法满足实时检测的要求,如果能找到一种快速提取高质量候选框的方法将大大提高检测速度。RPN 网络(Region Proposal Network,区域生成网络)应运而生,它的核心思想就是设定两个卷积神经网络,一个生成候选区域,一个进行候选区域分类和边框回归,通过共享卷积层特征并进行一次前向传播同时得到候选区域和各区域的类别及边框。Faster R-CNN 使用 RPN 代替选择性搜索来提取候选区域,具体检测过程与 Fast R-CNN 相同。RPN 生成候选区域的过程如图 5 - 19 所示。

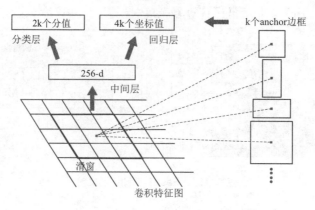

图 5 - 19　候选区域生成网络图

RPN 生成候选区域的过程是:输入一张图像,先进行卷积操作后得到一个特征图像,然后用 3×3 的滑动窗口与特征图像进行卷积,得到 256 维的特征向量。这个特征向量将被输入到 cls layer(分类层)和 reg layer(回归层)两个全连接层,得到目标的分类和回归边界框。使用 PASCAL VOC2007 训练集测试该算法,检测率为 73.2%,检测一张图像需要2.3 s。虽然 Faster R-CNN 在精度和速度上都较 Fast R-CNN 有了提升,但候选框的分类计算仍然较大,导致 Faster R-CNN 无法实现实时检测目标。

采用 Faster R-CNN 检测模型,网络中特征提取部分采用 VGG-16 结构,训练及测试数据采用国际公开的 PASCAL VOC2007 数据集。训练得到的模型对测试样例中任选的两幅场景图的检测结果如图 5 - 20 所示。可见 Faster R-CNN 不仅有较高的检测精度,且对目标的定位也十分精确。

（a）测试结果一　　　　　　　　　（b）测试结果二

图 5 - 20　Faster R-CNN 检测结果图

5.2.5　YOLO 系列

2015 年,随着 YOLO 算法的出现,深度学习目标检测算法开始有了两步(two-stage)和单步(single-stage)之分。以上介绍的检测方法都属于 two-stage 的方案,即分为候选区域生成和区域分类两步。区别于 R-CNN 系列为代表的两步检测算法，YOLO 舍去了候选框提取分支(Proposal 阶段)，直接将特征提取、候选框回归和分类在同一个无分支的卷积网络中完成，使得网络结构变得简单，检测速度较 Faster R-CNN 也有近 10 倍的提升。这使得深度学习目标检测算法在当时的计算能力下开始能够满足实时检测任务的需求。

算法将待检测图像缩放到统一尺寸，为了检测不同位置的目标，将图像等分成网格(Grid Cell)，如果某个目标的中心落在一个网格单元中，此网格单元就负责预测该目标。

YOLO 的实现基于 R-CNN 框架，YOLO 网络结构如图 5 – 21 所示，网络中包括 24 个用来提取特征的卷积层和 2 个用来预测图像位置和类别概率值的完全连接层。

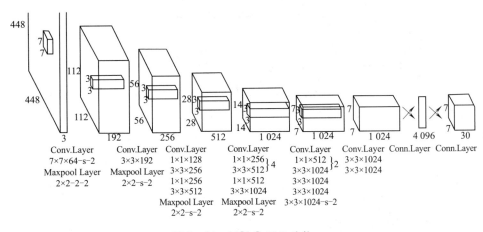

图 5 – 21　YOLO 网络结构

YOLO 模型的训练和测试过程为：

(1)预训练。选择上述网络中的前 20 个卷积层，添加一个平均池化层和一个全连接层，用数据集进行训练，得到训练模型。

(2)将模型转化为检测模型。向模型中加入 4 个卷积层和 2 个全连接层，为提高图像精度，在训练检测模型时，将图像调整成固定大小。

(3)划分网格。将输入的图像分成 S×S 个网格，如图 5 – 22 所示，如果图像中的目标落入网格中，则该目标由这个网格负责。

(4)预测边界框。每个网格都要预测边界框的坐标和宽高，(x,y) 坐标表示边界框中心与网格单元边界的相对值，宽度和高度是相对于整幅图像的预测值。

(5)预测边界框的置信度 $\Pr(\text{Object}) \times \text{IOU}_{\text{pred}}^{\text{truth}}$。置信度可以反映基于当前模型边界框内存在目标的概率 $\Pr(\text{Object})$ 和边界框预测目标位置的准确性 $\text{IOU}_{\text{pred}}^{\text{truth}}$。如果该边界框中没有目标，则 $\Pr(\text{Object})=0$;否则要根据预测的边界框和真实的边界框计算 IOU，同时要预测存在目标的情况下该目标属于某一类的后验概率 $\Pr(\text{Class}_i|\text{Object})$。假定一共有 C 类目标，那么每一个网格预测一次 C 类目标的条件概率 $\Pr(\text{Class}_i|\text{Object})$，$i=1,2,\cdots,$ C。基于计算得到的 $\Pr(\text{Class}_i|\text{Object})$，计算某个边界框类相关置信度，如下式：

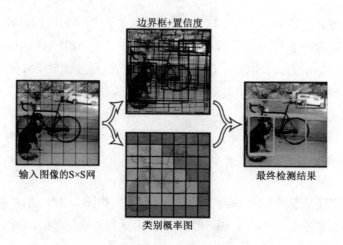

边界框+置信度

输入图像的S×S网

类别概率图

最终检测结果

图 5-22 YOLO 算法检测图像

$$Pr(\text{Class}_i | \text{Object}) \times Pr(\text{Object}) \times \text{IOU}_{\text{pred}}^{\text{truth}} = Pr(\text{Class}_i) \times \text{IOU}_{\text{pred}}^{\text{truth}}$$

YOLO 的优缺点如下:

(1)检测速度快。YOLO 的实现基于 R-CNN 框架,但是它不必像 R-CNN 一类算法将提取候选区域和特征提取分开,而是直接将特征提取、候选框预测、非极大抑制及目标检测四大步骤同时进行,减少了烦琐的步骤,提高了检测速度,一张图像目标检测仅需 0.15 s。

(2)通用性强,但不适合检测一群小目标。YOLO 可以检测出现在网格中的各种目标,但如果一个网格中出现多个目标,检测效果不佳。

(3)背景误检率低。YOLO 在训练和推理过程中能利用整张图像的整体信息,而基于候选框的物体检测方法(如 R-CNN)在检测过程中只使用到候选框内的局部图像信息,与 R-CNN 相比,YOLO 背景预测错误率低一半。

●●●●●● 5.3 智能目标检测应用 ●●●●●●

5.3.1 人脸检测

人脸检测是机器视觉领域被深入研究的经典问题,是目前所有目标检测子方向中被研究的最充分的问题之一,它在安防监控、人证比对、人机交互、社交和娱乐等领域都有重要的应用价值。数码照相机、智能手机等端上的设备已经大量使用人脸检测技术实现成像时对人脸的对焦、图集整理分类等功能,各种虚拟美颜相机也需要人脸检测技术定位人脸,然后才能根据人脸对齐的技术确定人脸皮肤、五官的范围然后进行美颜。

人脸检测的目标是找出图像中所有的人脸对应的位置,算法的输出是人脸外接矩形在图像中的坐标,可能还包括姿态,如倾斜角度等信息。

虽然人脸的结构是确定的,由眉毛、眼睛、鼻子和嘴等部位组成,近似是一个刚体,但由于姿态和表情的变化,不同人的外观差异、光照、遮挡的影响,准确地检测处于各种条件下的人脸是一件相对困难的事情。人脸检测算法分为四个阶段,分别是早期算法、AdaBoost框架、可变形的组件模型以及深度学习时代。

1. 传统的检测方法

1) 早期算法

早期的人脸检测算法使用了模板匹配技术,即用一个人脸模板图像与被检测图像中的各个位置进行匹配,确定这个位置处是否有人脸;此后机器学习算法被用于该问题,包括神经网络、支持向量机等。以上都是针对图像中某个区域进行人脸–非人脸二分类的判别。

早期有代表性的成果是Rowley等人提出的方法。他们用神经网络进行人脸检测,用20×20的人脸和非人脸图像训练了一个多层感知器模型,用于解决近似正面的人脸检测问题,原理如图5–23所示。

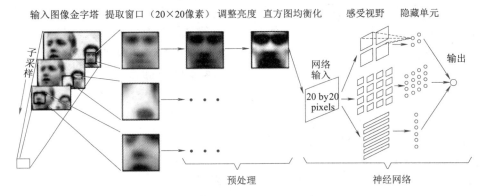

图5–23 早期近似正面人脸检测算法原理图

而多角度人脸检测系统则由两个神经网络构成,第一个为路由(Router)网络,用于检测输入图像的偏转角度,接着根据路由网络输出的角度值,对输入图像进行反转(Derotation),使其调整为正面垂直的人脸;然后用第二个网络对旋转后的图像进行判断,确定是否为人脸。系统结构如图5–24所示。

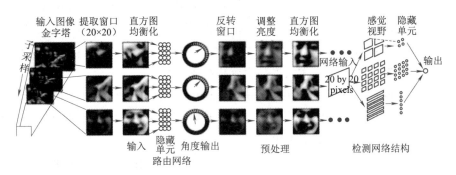

图5–24 早期多角度人脸检测算法原理图

Rowley的方法有不错的精度,由于分类器的设计相对复杂,而且采用的是密集滑动窗口进行采样分类,导致其速度太慢。

2）AdaBoost 框架

Boost 算法是基于 PAC 学习理论（Probably Approximately Correct）而建立的一套集成学习算法（Ensemble Learning）。其根本思想在于通过多个简单的弱分类器，构建出准确率很高的强分类器，PAC 学习理论证实了这一方法的可行性。

2001 年 Viola 和 Jones 设计了一种人脸检测算法（简称 VJ 框架）。它使用简单的 Haar-like 特征和级联的 AdaBoost 分类器构造检测器，检测速度较之前的方法有 2 个数量级的提高，并且保持了很好的精度，VJ 框架是人脸检测历史上第一个最具有里程碑意义的一个成果，奠定了基于 AdaBoost 目标检测框架的基础。

用级联 AdaBoost 分类器进行目标检测的思想是：用多个 AdaBoost 分类器合作完成对候选框的分类，这些分类器组成一个流水线，对滑动窗口中的候选框图像进行判定，确定它是人脸还是非人脸。

在这一系列 AdaBoost 分类器中，前面的强分类器设计很简单，包含的弱分类器很少，可以快速排除掉大量的不是人脸的窗口，但也可能会把一些不是人脸的图像判定为人脸。如果一个候选框通过了第一级分类器的筛选即被判定为人脸，则送入下一级分类器中进行判定，依次类推。如果一个待检测窗口通过了所有的强分类器，则认为是人脸，否则是非人脸。图 5 - 25 所示是分类器级联进行判断的示意图。

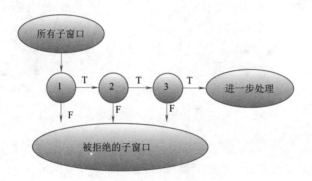

图 5 - 25　分类器级联判断示意图

这种思想的精髓在于用简单的强分类器在初期快速排除掉大量的非人脸窗口，同时保证高的召回率，使得最终能通过所有级强分类器的样本数很少。这样做的依据是在待检测图像中，绝大部分都不是人脸而是背景，即人脸是一个稀疏事件，如果能快速地把非人脸样本排除掉，则能大大提高目标检测的效率。

在 VJ 算法问世之后，出现了大量改进方案，这些方案的改进主要在以下几个方面：

（1）新的特征，包括扩展的 Haar 特征、ACF 特征等，它们比标准的 Haar-like 特征有更强的描述能力，同时计算成本也很低。

（2）使用其他类型的 AdaBoost 分类器。VJ 框架中采用的是离散型的 AdaBoost 算法，除此之外，还有实数型、Logit 型、Gentle 型等各种方案。实数型、Logit 型和 Gentle 型 AdaBoost 算法不仅能输出分类标签值，还能给出置信度，有更高的精度。

（3）分类器级联结构，如 Soft Cascade，将 VJ 方法的多个强分类器改成一个强分类器。另外,检测处于各种角度和姿态的人脸是研究另一个重点,VJ 方法的分类器级联只有一条路径,是瀑布模型,改进的方案有树状级联、金字塔级联等,各种级联方案如图 5-26 所示。

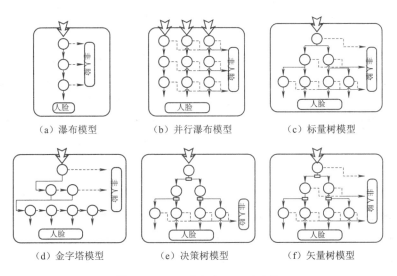

| (a) 瀑布模型 | (b) 并行瀑布模型 | (c) 标量树模型 |
| (d) 金字塔模型 | (e) 决策树模型 | (f) 矢量树模型 |

图 5-26　几种分类器级联结构

VJ 算法较好地解决了近似正面人脸的检测问题,在深度学习技术出现之前,一直是人脸检测算法的主流框架,但 VJ 算法仍存在一些问题:

(1)采用的 Haar-like 特征是一种相对简单的特征,其稳定性较低。

(2)弱分类器采用简单的决策树,容易过拟合。因此,该算法对于解决正面的人脸效果好,对于人脸的遮挡、姿态、表情等特殊且复杂的情况,处理效果不理想。

(3)基于 VJ-cascade 的分类器设计,进入下一个 stage 后,之前的信息都丢弃了,分类器评价一个样本不会基于它在之前 stage 的表现——这样的分类器健壮性差。

3)DMP 模型

可变形的组件模型(Deformable Part Model,DPM)对扭曲、性别、多姿态、多角度等的人脸(见图 5-27)都具有非常好的检测效果,人脸通常不会有大的形变,可以近似为刚体,基于 DMP 的方法可以很好地处理人脸检测问题。

图 5-27　多姿态、多角度的人脸

DPM 方法采用的是 FHOG(融合的梯度直方图)进行特征的提取,作者对 HOG (Histograms of Oriented Gradients,梯度直方图)进行了很大的改动,没有直接采用 $4 \times 9 = 36$ 维向量,而是对每个 8×8 的 cell 提取 $18 + 9 + 4 = 31$ 维特征向量。基于 DPM 的方法在户外人脸集上都取得了比 AdaBoost 更好的效果,但是由于该模型过于复杂,判断时计算复杂,很难满足实时性的要求。

DPM 模型一个大的问题是速度太慢,因此在工程中很少使用。基于经典的人工设计特征本身稳定性并不好,容易受外界环境的影响(光照、角度、遮挡等),所以在复杂场景下的人脸检测性能很难得到保证,只能应用到受限的场景中。深度学习出现以后,DCNN(深度卷积神经网络)能很好地学习到图像中目标物各个层级的特征,对外界的抗干扰能力更强,后序的人脸检测方法基本都基于 DCNN 的特征进行优化。

2. 深度学习框架

卷积神经网络在图像分类问题上取得成功之后很快被用于人脸检测问题,在精度上大大超越之前的 AdaBoost 框架。直接用滑动窗口加卷积网络对窗口图像进行分类的方案计算量太大很难达到实时,使用卷积网络进行人脸检测的方法可以解决或者避免这个问题。

1) Cascade CNN

Cascade CNN 可以认为是传统技术和深度网络相结合的一个代表,其包含了多个分类器,这些分类器采用级联结构进行组织,不同之处在于,Cascade CNN 采用卷积网络络作为每一级的分类器。其步骤为:

(1)构建多尺度的人脸图像金字塔。如图 5 – 28 所示,密集地扫描不同尺寸的整幅图像,快速剔除超过 90% 的检测窗口,剩下来的检测窗口送入网络调整它的尺寸和位置,让它更接近潜在的人脸图像的附近。

LEVEL 0
280×280 px

LEVEL 1
140×140 px

LEVEL 2
70×70 px

LEVEL 3
35×35 px

LEVEL 4
18×18 px

LEVEL 5
9×9 px

图 5 – 28　多尺度的人脸图像金字塔

(2)采用非极大值抑制(NMS)合并高度重叠的检测窗口。保留下来的候选检测窗口将会被归一化到 24×24 作为 24-net 的输入,这将进一步剔除剩下来的将近 90% 的检测窗口。与之前的过程一样,通过 24-calibration-net 矫正检测窗口,并应用 NMS 进一步合并减少检测窗口的数量,如图 5 – 29 所示。

(3)检测输出。将通过之前所有层级的检测窗口对应的图像区域归一化到 48×48 送入 48-net 进行分类得到进一步过滤的人脸候选窗口。然后利用 NMS 进行窗口合并,送入 48-calibration-net 矫正检测窗口作为最后的输出。

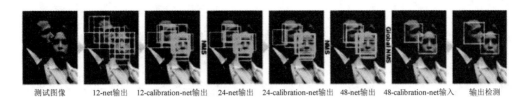

测试图像　　12-net输出　12-calibration-net输出　24-net输出　24-calibration-net输出　48-net输出　48-calibration-net输入　　输出检测

图5-29　合并高度重叠的检测窗口

12×12、24×24、48×48尺寸作为输入的分类CNN网络结构,其中输出为2类——人脸和非人脸。Cascade CNN一定程度上解决了传统方法在开放场景中对光照、角度等敏感的问题,但是该框架的第一级还是基于密集滑动窗口的方式进行窗口过滤,在高分辨率、存在大量微小人脸的图片上限制了算法的性能上限。

2)Faceness-Net

Faceness-Net是一个典型的由粗到精的工作流,借助多个基于DCNN网络的脸部部件分类器对人脸进行打分,然后根据每个部件的得分进行规则分析得到候选的人脸区域,最后通过一个更精细的网络得到最终的人脸检测结果。整体流程如图5-30所示。

(1)生成人脸部件图。根据attribute-aware深度网络生成人脸部件图,如图中的颜色图,使用5个部件:头发、眼睛、鼻子、嘴、胡须。

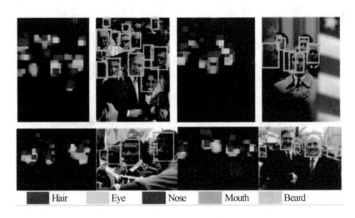

图5-30　人脸部件图

(2)由部件推理出人脸候选区域。通过部件的结合计算人脸的得分,部件与部件之间是有相对位置关系的,比如头发在眼睛上方,嘴巴在鼻子下方,因此利用部件的空间位置计算人脸相似度。通过这个打分对原始的候选人脸进行重排序,如图5-31所示。

(3)优化结果。以上两步为第一阶段,该阶段生成的候选框已经有较高的召回率,通过训练一个人脸分类和边界回归的CNN可以进一步提升其效果,如图5-32所示。

Faceness的整体性能在当时看来非常令人兴奋。此前学术界在FDDB上取得的最好检测精度是在100个误检时达到84%的检测率,Faceness在100个误检时,检测率接近88%,提升了几乎4个百分点;除了算法本身的精度有很大提升,还做了很多工程上的优化。

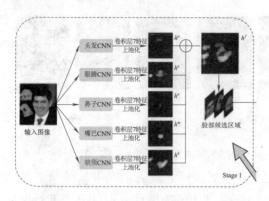

图 5-31　由部件推理出人脸候选区域　　　　图 5-32　优化结果

3) MTCNN

MTCNN 顾名思义是多任务的一个方法,它将人脸区域检测和人脸关键点检测放在了一起,同 Cascade CNN 一样也是基于 cascade 的框架,但是整体思路更加巧妙合理,总体分为三个部分:PNet、RNet 和 ONet。

Cascade CNN 第一级的 12-net 需要在整张图片上做密集窗口采样进行分类,缺陷非常明显;MTCNN 在测试第一阶段的 PNet 是全卷积网络(FCN),全卷积网络的优点在于可以输入任意尺寸的图像,同时使用卷积运算代替滑动窗口运算,大幅提高了效率。图 5-33 所示为不同尺度图像经过 PNet 的密集分类响应图,亮度越高代表该区域是人脸的概率越大。

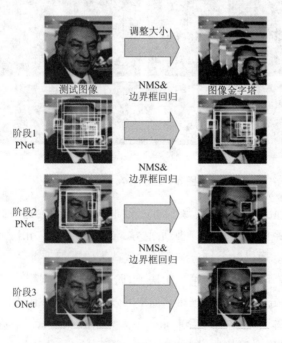

图 5-33　MTCNN 框架

除了增加人脸 5 个关键点的回归任务,另外在 calibration 阶段采用了直接回归真实位置坐标的偏移量的思路替代了 Cascade CNN 中的固定模式分类方式,整个思路更为合理。

MTCNN 的整体设计思路很好,将人脸检测和人脸对齐集成到了一个框架中实现,另外整体的复杂度得到了很好的控制。该方法在很多工业级场景中得到了应用。

4)PyramidBox

图 5 - 34 所示是一张据说是目前世界上人数最多的合照,880 个人脸。之前讲过的一些方法都没有针对小目标去分析,小目标检测依然是检测领域的一个难题。百度的 PyramidBox 在图 5 - 34 中成功检测到约 800 个,检测器的置信度由右侧的色标表示。

图 5 - 34 　PyramidBox 人脸检测

PyramidBox 主要是已有技术的组合应用,其结构如图 5 - 35 所示。

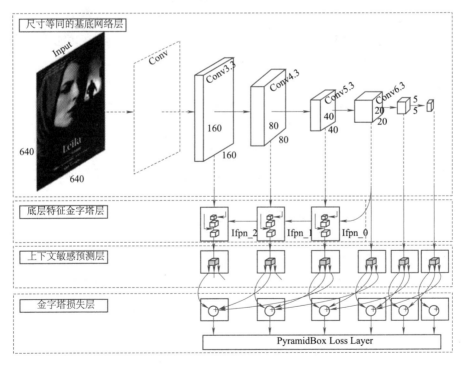

图 5 - 35 　PyramidBox 的结构

针对之前方法对上下文信息的利用不够充分的问题,PyramidBox 做出了一定的优化:

(1)基于 anchor 的上下文信息辅助,引入监督信息来学习较小的、模糊的和部分遮挡的人脸的上下文特征(以图中紫色的人脸框为例可以看到 P3、P4、P5 的层中框选的区域分别对应 face、head、body)。

(2)设计了底层特征金字塔网络(Low-level Feature Pyramid Networks)来更好地融合上下文特征和面部特征,该方法在一次前向过程中可以很好地处理不同尺度的人脸。

(3)提出了一种上下文敏感的预测模块,该模块由一个混合网络结构和 max-in-out 层组成,可以从融合特征中学习到更准确的定位信息和分类信息(对正样本和负样本都采用了该策略,针对不同层级的预测模块为了提高召回率对正负样本设置了不同的参数)。max-in-out 参考的 maxout 激活函数来自 GAN 模型发明人 Ian J. Goodfellow,它对上一层的多个 feature map 跨通道取最大值作为输出,在 CIFAR-10 和 CIFAR-100 上相较于 ReLU 取得了更好的效果。

(4)提出了尺度敏感的 data-anchor-sampling 策略,改变训练样本的分布,重点关注了较小的人脸。

5.3.2　无人艇目标检测

以下给出一个基于 YOLO 算法的无人艇自主航行图像目标检测系统。无人艇的自主航行依赖于自身对环境的感知能力,因此快速准确地检测图像目标是无人艇自主航行的根本保证。R-CNN、Fast R-CNN、Faster R-CNN、YOLO 几种卷积神经网络算法中,YOLO 算法检测目标速度最快,其处理速度达到无人艇环境感知能力的实时性要求。

1. 卷积神经网络训练

这里使用自建的水面目标数据集对卷积神经网络各算法进行训练和测试。由于训练集数据和测试集数据的特征基本处于相同的特征空间下,分布规律基本一致。事先用训练集训练好卷积神经网络作为初始化模型,接着让它检测测试集的图像,由于训练后的模型能很快适应测试集的数据,这将提高卷积神经网络检测图像的速度。考虑到目标的多态性、背景的复杂性等因素,卷积神经网络要学习到足够多的特征才能有效检测出各种复杂情况下的目标,这就必须经过大量的图像训练。图 5 - 36 所示为部分作为训练的海上目标图像。

YOLO 的训练过程参数设定:过滤器步长 Stride = 2;一次输入图像数量 batch_size = 64;学习率 learning_rate = 0.001(学习率的初始值设置得较小,以免网络训练后期无法收敛);动量参数 moment = 0.9(动量参数可以避免网络陷入局部最优)。

2. 海上目标智能检测系统测试

利用上面训练得到的权重文件对水面目标测试集进行测试,测试阶段的整个流程如图 5 - 37 所示。具体的测试步骤如下:

| junjian002 | junjian003 | junjian004 | junjian005 | junjian006 | junjian007 |

| junjian008 | junjian009 | junjian010 | junjian012 | junjian013 | junjian014 |

图 5 - 36　海上目标图像

（1）运行相关指令进行目标检测，得到的检测率为 74%。

（2）将图像测试集图像依次输入网络，经过前向传播和后向传播后，得到结果。

（3）将结果测试集的标签进行一一对比，若输入的类别和所框的物体区域与标签均一致，则检测图像成功，否则检测失败。

（4）统计每一类的检测率，求均值，得到平均检测率 mAP。

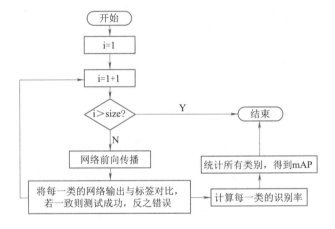

图 5 - 37　YOLO 算法测试阶段

分别在西湖和长江进行系统测试，测试包括以下几个方面：一是对图像目标检测系统的准确性进行测试，即当无人艇视野中出现水面目标时，系统能否及时地检测出目标，是否会发生误检、漏检；二是对图像目标检测系统的实时性进行测试，即计算检测一帧图像所需的时间，看其是否满足实时性的要求；三是对目标检测系统的健壮性进行测试，即当目标出现姿态、尺度变化和被遮拦等情况下，系统能否将目标检测出来。

1）图像目标检测系统准确性测试

在复杂水域中，无人艇可能只遇到单个目标，或遇到多个目标甚至没有遇到目标，周围目标存在的多少将影响无人艇下一步航行控制。选择没有目标存在、存在一个目标和存在多个目标的视频片段分别测试图像目标检测系统的检测率，记录其检测的准确率、漏检率和误检率。

（1）存在单个水面目标的情况，如图 5 - 38 所示。

图 5 - 38　存在单个水面目标的检测结果

（2）存在多个水面目标的情况，如图 5 - 39 所示。

图 5 - 39　存在多个水面目标的检测结果

（3）没有水面目标存在的情况，如图 5 - 40 所示。

图 5 - 40　无水面目标的检测结果

水面目标检测的测试效果如表 5 - 2 所示，表中检测准确率是指正确检测水面目标的概率；误检率是指把非水面目标的物体检测为水面目标的概率；漏检率是指在检测过程中没有检测出存在的水面目标概率。对目标的检测是一个动态的过程，系统可能无法一次将全部目标检测出来，随着对目标的跟踪，系统最终会锁定目标，得到正确的检测结果。测试结果表明系统对于单一水面目标的检测正确率较高，误检率和漏检率都较低，但是对于多水面目标的检测效果没有单个水面目标的检测效果好，比如对于多个目标,离摄像头较远的水面目标往往会被忽略掉,导致检测准确度下降。在没有水面目标存在时,检测概率基本能达到100%。实验说明该系统对目标的检测精度符合系统的功能需求。

表5-2 水面目标检测的测试效果

视频片段	检测准确率	漏检率	误检率
存在单个水面目标	89%	10%	1%
存在多个水面目标	78%	19%	3%
没有水面目标存在	98%	1%	1%

2)图像目标检测系统健壮性测试

针对系统健壮性的测试使用多种场景,包括视野目标由一变多、目标姿态变化、目标尺寸变化和目标被遮拦等,测试方法及步骤如下:

(1)视野目标由一变多的场景。如图5-41所示,到第20帧时,无人艇视野中的目标变多,但对系统对之前的目标检测效果并无影响。

图5-41 常规情况下的目标跟踪过程

(2)目标发生姿态变化的场景。如图5-42所示,目标的航向在第60帧时发生改变,其自身姿态也随之改变,系统仍能准确地检测出第90帧时的目标。

图5-42 目标发生航向变化

(3)目标被遮拦的场景。由于摄像头的视角原因,图5-43中的情况可视为目标被遮拦。在第240帧时,系统视野里出现目标,目标的大半船体并未进入摄像头视野,但系统仍能从一开始就捕获到目标的存在。

(4) 目标发生尺度变化的场景。从图 5-44 可以看出从第 577 帧起，目标开始沿远离无人艇的方向航行，经过一段时间后，目标的尺寸由于距离拉长而缩小，系统仍能在第 690 帧处检测到目标的存在。

图 5-43 目标被遮拦的情况

图 5-44 目标发生尺度变化

综上所述，无论目标发生姿态变化，还是尺度变化，甚至被其他目标遮拦，该系统仍能对视野里出现的水面目标保持良好的检测效果。

5.3.3 车辆检测

对街景图像运动目标检测的研究是当前计算机视觉中比较受关注的问题，其主要目的是通过分析图像序列，从中检测到车辆，用于车辆识别、辅助驾驶，或者统计出交通状况。从计算的角度看，对运动目标的检测总体来说有两种解决思路：①不依赖于已获取图像目标，直接从被检测图像序列中得到，并进行目标识别，最终获取目标信息；②依赖于已获取图像目标，首先为检测图像目标建立基本模型，然后到被检测图像序列中实时识别相匹配目标。

在道路视频序列中对车辆图像进行检测，主要是通过视频图像序列中图像的车辆特征识别出车辆并获取车辆的特征信息，如车辆形状、颜色、阴影部分，统计车辆模型等。提取视频图像中车辆的过程是对图像中车辆的分割过程，而车辆在连续的图像序列中的基本特性是不变的，如车牌、车前灯、车前挡风玻璃等。图像中车辆识别的过程就是在图像序列找出车辆的特征点，并把图像中车辆的特征点所表现出来的差异信息统计出来。

当前对目标的检测有着非常丰富的方法,涉及模式识别、计算机视觉、图像处理人工智能等多个学科和领域,是一个综合性的研究课题。在进行车辆的检测或进行车型分类识别的过程中,如何从视频图像中检测出是否有车辆和车辆的位置在哪里是非常关键的问题。一般流程是通过先对图像进行处理,然后对图像提取特征,再通过分类器进行目标判定。

以下针对 Calthch 车辆数据库进行车辆检测实验。Calthch 车辆数据库最初是只包含车辆尾部的 500 多张图片的数据集,但是由于 Caltech 的行人数据库中也包含车辆,并且其开源的工具箱中有着对应的标注工具,因而可以将行人数据库进行标注得到车辆数据库,这个数据库容量大,包括十几段视频,并且与真实的行车环境比较相近,因此这个数据库也可以用来进行车辆检测测试。

利用 Caltech 测试库图像进行车辆检测实验,采用原始 HOG 特征、SVM 分类器,图 5-45 展示了快速 HOG 与 SVM 检测器得到的部分检测结果,在这个测试库中,车辆所处的环境是变化比较大的,同时光照条件也变化较大,与真实场景中比较近似,因此具有很好的参考价值。从实验结果分析可以看出,基于 HOG 和 SVM 的车辆检测的准确率可达到 93% ,对于一张大小为 640×480 的图片的平均耗时 130.6 ms,相对来说检测速度比较快,准确度也比较高。试验也表明,对于车辆遮挡情况以及车辆视觉变化大的情况,检测效果并不是特别好。

图 5-45　检测效果示意图

图 5-46 和图 5-47 对街景图像不同区域中的车辆进行检测,图 5-47 中设定检测线对道路中经过检测线的车辆进行识别,并且对识别到的车辆进行分类保存。这种检测可以用于检测车辆越线交通违章。图 5-47 根据车辆的特殊部位(此处为车牌位置)进行定位,并且保存定位到的车辆信息。在实际的道路车辆定位过程中,外界环境往往存在一些不利因素,要准确定位车辆需要利用车辆独有的特点,如车牌就能很好地检测目标区域和非目标区域,根据车牌颜色、车牌号码、车牌形状等找到车辆。结果

表明针对不同的外界环境变化和不同检测目标,结果都具备健壮性。

图 5 –46　设定道路检测线检测车辆

图 5 –47　在检测区域中获取车辆信息

5.3.4　缺陷检测

缺陷检测系统是通过对物体表面进行拍照并结合图像处理技术,根据缺陷类别中极其细微的差异进行准确分类。目前主要采用人工智能技术,对用户定义的缺陷类别进行自学习,实现准确自动分类,从而对检测到的不同缺陷实现可靠分类,极大地加强产品分级、工艺改善及全程质量监控。图 5 –48 所示是表面缺陷检测系统可以检测出的部分缺陷示例。

1. 带钢表面缺陷分类

以带钢表面缺陷检测系统为例,表面质量是带钢质量的一项重要指标,随着科学技术的不断发展,对带钢表面质量的要求越来越高。在市场的激烈竞争条件下,其质量不仅代表企业的形象,而且还是赢得市场的首要条件。如何有效检测带钢表面缺陷的同时加快检测速度是当前带钢缺陷实时检测技术的一个很重要的课题。传统上,冷轧带钢的表面缺陷检测由检测人员通过人眼目光来完成。但是,这种方法存在很多不足:①检测结果容易受检测人员主观因素影响;②这种方法只能用于检测运行速度很慢(在50 m/min 下)的带钢表面;③这种方法很难检测到小的缺陷。然而近年来,微电子技术、计算机技术、自动化技术和光电子技术的飞速发展,人工智能、神经网络理论的深化及实用化,和机器视觉被运用到带钢表面缺陷检测以后,带钢表面缺陷检测终于走向了智能自动化的时代。

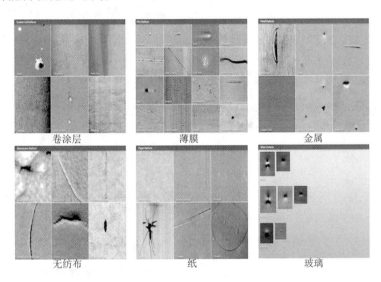

卷涂层　　　　　　　薄膜　　　　　　　金属

无纺布　　　　　　　纸　　　　　　　玻璃

图 5 - 48　表面缺陷检测系统可以检测出的部分缺陷示例

带钢表面缺陷往往具有多样性、复杂性的特点。不同生产线产生的表面缺陷往往会有不同的特点,同一生产线在不同工艺参数,或工艺参数相同而生产条件不同情况下产生的表面缺陷也有区别。图 5 - 49 给出了带钢表面常见的几种缺陷,包括:

(1)"压入氧化铁":一般粘附在钢板表面,分布于板面局部和全部,外观呈现不规则形状。

(2)"结疤":呈现叶状、羽状、条状、鱼鳞状、舌端状等形状。

(3)"擦伤":沿轧制方向呈现深浅不一的擦痕。

(4)"辊印":具有一定间距的凹凸缺陷。

(5)"边裂":钢板边缘沿长度方向的一侧或两侧出现破裂,严重者呈现锯齿状。

(6)"划痕":平行于轧制方向的较长线状缺陷,有可见深度,零散或成排布。

2. 带钢表面缺陷检测系统结构框架

首先通过高速 CCD 相机实时获取带钢表面图像,将图像数据送给数字信号处理(DSP),DSP 提取并分析图像的特征信息,然后将其与事先建立的标准信息进行比较,从而判断带钢是否有缺陷,如果有,则识别存在哪种缺陷。根据这一思路,主要系统框架结构分为三个部分,如图 5 - 50 所示。

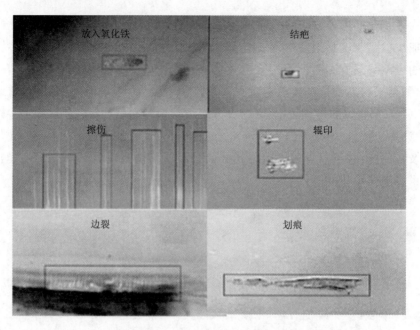

图 5-49　带钢表面常见的几种缺陷

图 5-50　带钢表面缺陷检测系统结构框架

第一部分为图像采集模块,它通过高速 CCD 相机实时获取带钢上、下表面图像,并采用高速 A/D 转换器将前期获取的图像转化为数字信号,并将采集的数据送往第二部分。

第二部分为图像缺陷识别部分,对采集的数据进行预处理,对预处理的缺陷图像提取并分析特征信息,然后利用各种机器视觉方法判断图像是否存在缺陷,以及缺陷类型。

第三部分为图像输出及与服务器通信模块,将钢板的缺陷类型加在原始图像上,进行服务器对缺陷图像的存储并进行显示,输出结果,以便以后进行统计分析。

第6章

智能图像识别

图像识别是利用计算机对图像进行处理、分析和理解，将待识别的图像模式进行分类的过程。本章介绍智能图像识别的基本原理及其应用，首先介绍图像识别的基本概念、原理、识别过程和方法；之后分别介绍文字识别、人脸识别、手部生物特征识别及其典型应用。

●●●●● 6.1　图像识别基本原理　●●●●●

6.1.1　图像识别概述

图像识别是模式识别在图像领域中的扩展应用，模式是人们对感兴趣的客体进行的定量或结构的描述，既可以物体、过程、事件的形式存在，也可以离散的数据特征组合形式存在。图像识别就是利用自动处理技术，将待识别的图像模式进行分类的过程。

图像识别技术起源于20世纪40年代，经历了字符识别、物体识别阶段，字符识别的研究始于20世纪50年代，广泛应用于字母、数字和文字的识别，并且成功研制出商业光学字符识别装置；物体识别起源于20世纪70年代末，与计算机视觉发展紧密相连，侧重于三维物体的识别，它是一门集多学科于一体的交叉性技术，主要利用模式识别以及图像处理技术，检测图像中是否存在感兴趣的目标，如果存在，则赋予目标合理的解释。由于复杂的识别背景、识别目标动态变化、识别环境的随机性等特点，图像目标识别问题是一个难度较大的课题。

随着人工智能（AI）的兴起，图像识别理论和方法在很多学科领域中都受到了广泛的重视并且得到快速发展，尤其是近年来 Alpha Go 的胜利让人工智能的"深度学习"概念迅速普及，而率先打破"机器学习"过渡到"深度学习"的节点便发生在图像识别领域。图像识别背后的技术就是新的机器学习方式，即深度学习。具体来说，在数据基础上，计算机自动生成特征量，而非人为设置特征量，然后计算机根据这些特征量来进行分类。例如，随着计算机技术和网络的飞速发展，图像数据库日益增多，如何从大量图像数据中快速提取出视觉信息已成为智能视觉感知领域的研究热点。而对图像数据进行分类成为获取图像有效信息的重要研究问题之一,它根据目标在图像信息中所反映的不同特征,利用计算机对图像进行定量分析,把图像或图像中的每个像元或区域划归为若干个类别中的一类,从而把不同类别的目标区分开来,以代替人的视觉判读。

深度学习用于图像识别,大大提高了图像识别效果,使得图像识别在实际生活中获得了越来越广泛的应用。图像识别分为生物识别、物体与场景识别和视频识别。据估算,到 2020 年,生物识别技术市场规模将达到 250 亿美元,5 年内年均增速约 14%。同时,图像识别在图像检索、人机交互、智能安防、视频监控、无人机平台等方面也都有着广阔的应用前景。近年来图像识别技术突飞猛进,但是从技术角度来说,入门容易,从 0 做到 40 分、60 分相对门槛较低,要提升到 90 分就需要深厚的模型。

图像识别技术的迅速落地有多方面原因,一方面,有很多学术机构已经做了相当长时间的研究,研究成果也已经运用到实际的应用中,很多大企业已经开源了基本工具。另一方面,产业链的更新迭代也为图像技术打下基础。高性能的 AI 计算芯片、深度学习算法都是推动图像识别发展的因素,近年来,得益于计算机速度的提升、大规模集群技术的兴起、图形处理器(GPU)的应用以及众多优化算法的出现,耗时数月的训练过程可缩短为数天甚至数小时,深度学习才逐渐可用于工业化。例如,AI 底层架构从 CPU + GPU 到 FPGA(Field-Programmable Gate Array),再到人工智能专用芯片,运行速度不断刷新。

尽管还未达到真正的人工智能,但日渐成熟的图像识别技术已开始探索各类行业的应用。应用场景多样化。在农林行业,图像识别已在多个环节中得到应用,例如森林调查,利用无人机对图像进行采集,再通过图像分析系统对森林树种的覆盖比例、林木的健康状况进行分析,从而做出更科学的开采方案;而原木检验方面,图像识别可以快速对木材的树种、优劣、规格进行判断,省去了大量人工参与的环节。在金融领域,身份识别和智能支付提高了身份的安全性与支付的效率和质量。在安防领域,在人工硬件铺设到后端软件管理平台的建设转型中,图像识别系统将成为打造智慧城市的核心环节。在医疗领域,医疗影像基于人工智能的快速匹配可帮助医生更快更准确地读取病人的影像数据。在无人驾驶领域,低成本的摄像头加视频处理软件方案将为无人驾驶商业化打下基础。

此外,在智能家居、电商等行业中,图像识别也有不同程度的应用。从目前的应用案例来看,以面向企业(To B)行业居多,也不乏面向普通用户(To C)类产品。在深度学习之下,各公司面向不同行业,培育掌握不同知识的图像识别机器。未来,如何在图像的基础上收集、处理大数据将成为行业内的另一个比拼点。

6.1.2 图像识别过程

图像识别的基本实现方法是从图像中提取图像具有区分性的特征信息,从而区分具有不同性质属性的图像,并将其划分为不同的类别。图像识别过程包括图像预处理、目标检测、特征提取、分类识别几个核心步骤,如图 6 - 1 所示,具体而言,每个步骤

的任务如下:

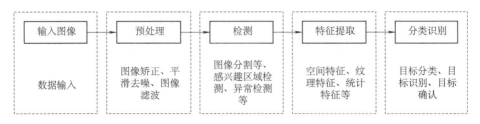

图6-1 图像识别过程

1. 输入图像

通过光电传感器或者成像雷达等设备将光或声音等信息转化为电信息。信息可以是二维的图像如文字图像、人脸图像等;可以是一维的波形,如声波、心电图、脑电图;也可以是物理量与逻辑值。

2. 图像预处理

对输入图像进行预处理,预处理的方法主要有图像矫正、平滑去噪、图像滤波等,包括图像灰度规范化、图像几何规范化、图像降噪等操作。相应的预处理操作可为图像后续处理带来规模化处理便利、处理性能提升等优势。

3. 图像目标检测

对预处理之后的图像进行图像分割、感兴趣区域检测、异常检测等,选择图像中目标所在的区域。

图像分割:将数字图像分割成多个片段,其主要目标是将图像划分为物体与背景部分。对图像中的每个像素赋以标签,使得具有相同标签的像素共享某些特征;将某个区域中具有颜色、强度或质地等相同属性的区域进行分割。在目标跟踪、目标识别和图像理解等领域需要效果明显且有效的分割方法。

感兴趣(ROI)区域提取:感兴趣区域是指一幅图像中容易引起人们注意的区域,ROI区域的准确提取可以大幅提高动态目标识别的效率与识别结果。

4. 图像特征提取

对于检测出来的区域进行特征提取。图像识别通常是以图像的主要特征为基础,不同的目标具有不同的特征表现,因此特征提取是目标识别的关键,特征的选择和描述是识别性能的直接体现。

5. 分类识别

分类识别是在特征空间中对被识别对象进行分类。包括分类器设计和分类决策,将从图像中提取的特征结果输入到训练好的分类器中,由分类器给出最终的分类判决结果,完成图像分类的任务。

一般图像分类流程及其分类器的训练过程如图6-2所示,首先在训练集合上提取特征后设计分类器并进行学习,之后对测试图像进行分类的过程中,用同样的方法提取特征,并通过已训练好的分类器进行判决,输出最终的判决结果。

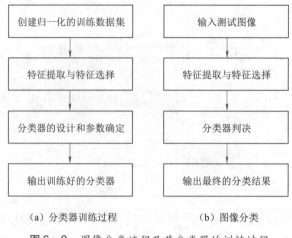

（a）分类器训练过程　　　　　　（b）图像分类

图6-2　图像分类流程及其分类器的训练过程

6.1.3　传统图像识别方法

在早期的图像分类中,通过人工标注对图像内容进行辨析进而进行分类。由于人工标注的工作量巨大和主观性较强的问题,越来越多的研究人员对图像的自动分类技术进行了深入的探索。现代的一些图像识别方法,引入了其他学科的许多概念,例如,通过空间频率滤波、差分、模板匹配、统计等方法,获得图像的边缘特征,再进行边缘特征匹配;引入数学中的分维概念,计算图像纹理特征,用于寻找纹理相同或相近的图像区域;引入生物学研究成果,模仿生物图像识别过程,增强图像的可识别特性。这些图像识别方法可大体分为两大类:传统的图像识别技术,如基于匹配的图像识别方法、统计识别方法、逻辑回归方法、随机森林方法等,智能图像识别方法,如人工神经网络、蚁群算法、深度学习等。

1. 统计图像识别

统计图像识别是以数理统计理论为基础,以待识别模式中的统计特征作为依据,图像模式用特征向量来描述。训练过程就是统计学习的过程,通过对提取的大量图像特征进行统计分析,得到决策函数,由此得到训练好的分类器。分类过程是利用决策函数对输入图像进行模式识别分类。统计图像识别的结构框架如图6-3所示。

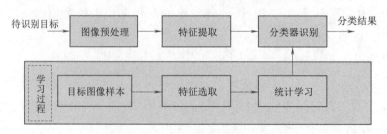

图6-3　统计图像识别的结构框架

统计图像识别方法是一种最传统的方法,以数学上的决策理论为基础,根据这种理论建立统计学识别模型,其基本模型是对研究的图像进行大量的统计分析,找出各类分布特征规律性,提取出反映图像本质特点的特征进行识别。基本技术为聚类分析法、判别类域代数界面方程法、统计决策法、最近邻法等。选择合适的特征,使得类内物体特征的相似性程度使得在特征空间中相邻,因此可以使用分类曲线(或者高维特征空间中的超曲面)作为判别函数将相似程度较大的归并为一类(见图6-4)。

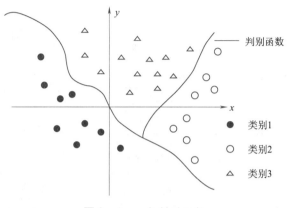

图6-4 一般判别函数

统计图像识别方法忽略了图像中被识别对象的空间相互关系,即结构关系,当被识别对象(如指纹、染色体等)的结构特征为主要特征时,用统计方法就很难进行识别。此外该方法抗干扰能力不足。

2. 结构模式识别

结构模式识别也称句法、语法模式识别,它是对统计识别方法的补充,统计方法用数值来描述图像的特征,句法方法则是用符号来描述图像的特征。它模仿了语言学中句法的层次结构,把复杂图像分解为单层或多层的简单子图像,主要突出识别对象的结构信息。句法方法不仅可以对景物分类,而且可用于景物的分析与物体结构的识别。

句法识别首先把模式看作一个复杂的结构,分析模式的结构并将其解析为几个简单的子模式,其中子模式可以由更简单的子模式构成,最终形成一个分支树结构,位于最底部的模式称为基元。通过训练,在树状结构中,每层之间形成一定的联系,利用基元按照一定的规则去描述高层模式称为模式描述语句。然后将待识别的模式归属于已训练好的几个模式中的一个,其结构框架如图6-5所示。

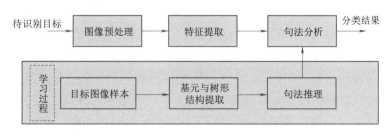

图6-5 结构模式识别结构框图

3. 模糊模式识别

模糊模式识别是将模糊的概念引入到研究对象的特征上,认为研究对象的特征呈现一定的模糊性,利用模糊数学理论模拟人类神经系统判断事物类别的特点,将目标图像的特征按照模糊化规则分解为多个模糊变量,利用这些模糊变量代替原始特征进行训练与分类。模糊模式识别得到的分类结果是一种模糊化结果,是以置信度来判定属于哪种类别,采用模糊识别在一定程度上优化了特征之间的联系,提高了识别的性能。其结构框图如图6-6所示。

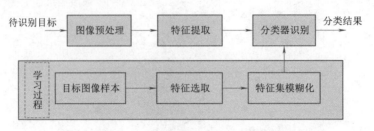

图6-6 模糊模式识别结构框图

在图像识别中,有些问题极为复杂,很难用一些确定的标准做出判断。模糊模式识别方法的理论基础是模糊数学,模糊数学把事物特征判别的二值逻辑转向连续值逻辑,用不太精确的方式来描述复杂系统,更接近于人类大脑的模拟式思维活动。因此模糊模式识别方法在模式识别、自动控制等许多方面已有了较为广泛的应用。基于模糊集理论的识别方法有最大隶属原则识别法、择近原则识别法和模糊聚类法。

6.1.4 卷积神经网络识别模型

近年来,深度学习理论不断成熟,越来越多的研究者开始研究深度学习在图像识别分类中的应用。基于图像特征与机器学习相结合的图像分类方法是当前图像识别的主流方法,该方法通过对图像的样本数据进行训练学习,寻找规律来预测结果。作为近年来热门的机器学习算法,深度学习具有能够抽象表达图像各层次信息的优势,利用深度学习算法进行特征的自学习,能够最大限度地保留图像的信息来实现图像分类。

从对实际应用的贡献角度来说,深度学习将图像分类精度提升到一个全新的高度,并且它可能是机器学习领域最近十年来最接近人工智能的研究方向。随着深度学习技术的兴起,基于深度神经网络的图像分类精度得到显著提高,该技术将图像分类技术推向一个新的高度。深度学习可以直接通过学习海量的图像得到有效的图像特征,避免了传统识别算法中的特征提取和数据重建过程。在众多的深度学习网络模型中,卷积神经网络(CNN)作为一种深度的机器学习模型,具有一个优点:可以直接将多维图像作为层级网络最底层输入,信息再依次传输到不同的层,逐层滤波后得到最显著的特征。其因良好的检测结果被许多研究人员应用于图像识别领域,如百度成功地将卷积神经网络应用于自然图像识别和人脸识别,并推出百度识图产品。

1. AlexNet 识别模型

2012 年 Alex 提出的卷积神经网络 AlexNet 在当年的 ImageNet 大规模视觉识别挑战赛中取得最好的图像识别结果,并远超第二名。AlexNet 网络是具有历史意义的一个网络结构,在 AlexNet 被提出之前,深度学习已经沉寂了很久,而在 2012 年之后,更多更深的神经网络相继被提出,如优秀的 VGGNet、GoogleNet 甚至之后的 ResNet。AlexNet 网络结构如图 6 – 7 所示,各层具体参数如表 6 – 1 所示。

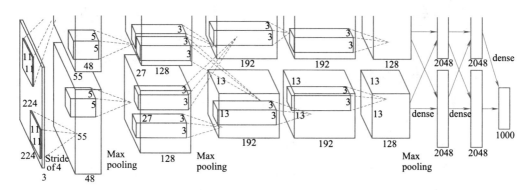

图 6 – 7 AlexNet 网络结构

表 6 – 1 AlexNet 网络参数

Layer	C1	C2	C3	C4	C5	F1	F2	F3
Stage	Conv + max	Conv + max	Conv	Conv	Conv	Full	Full	Full
Channels	3	96	256	384	384			
Filters/Units	96	256	384	384	256	4096	4096	1000
Filter size	11 × 11	5 × 5	3 × 3	3 × 3	3 × 3			
Conv stride	4	1	1	1	1			
Pooling size	3 × 3	3 × 3	—	—	3 × 3			
Pooling stride	2	2	—	—	2			
Pading size	0	2	1	1	1			

（1）输入层:输入图像维度为 224 × 224 × 3（RGB 图像）,经过预处理变为 227 × 227 × 3。CNN 训练时的权值更新采用批量随机梯度下降算法,选择一批 256 个训练样本（Minbatch 为 256）,即 256 个样本更新一次权值。

（2）卷积层:前五层 C1 ~ C5 都为卷积层,它们是网络的特征提取部分。

C1 层的输入是维度为 227 × 227 × 3 的图像数据,使用 96 个维度为 3 × 11 × 11 的卷积核分别对图像各个通道（Channels）进行滑窗卷积,每个卷积核产生一个对应的特征图,C1 层输出特征图维度为 96 × 55 × 55,分成上下两组,各为 48 × 55 × 55,其他各层类似。

C2 层的输入是由 C1 和最大池化（Max Pooling）产生的 96 × 27 × 27 维度的特征图,但它与 C1 层不同的是进行了外围补零操作,上下左右进行宽度（Pading size）为 2 的补零,得到输入为 96 × 31 × 31 维度的特征图,使用 256 个 96 × 5 × 5 的卷积核对 96 个特征图进行滑动卷积,输出特征图为 256 × 27 × 27。

C3 层的输入是由 C2 和最大池化产生的 256 × 13 × 13 维度的特征图,对其进行宽度为 1 的外围补零得到 256 × 15 × 15 维度的特征图,再使用 384 个 256 × 3 × 3 的卷积核对 256 个特征图进行滑动卷积,输出特征图维度为 384 × 13 × 13。同理,经 C4 层输出的特征图维度为 384 × 13 × 13,经 C5 层输出的特征图维度为 256 × 13 × 13。

(3)下采样层:C1、C2、C5 卷积层都后接 Max Pooling,池化窗口大小都为 3 × 3,池化跨度都为 2。C1 层输出特征图维度为 96 × 55 × 55,经 Max Pooling 输出特征图维度为 96 × 27 × 27;C2 层输出特征图维度为 256 × 27 × 27,经 Max Pooling 输出特征图维度为 256 × 13 × 13;C5 层输出的特征图维度为 256 × 13 × 13,经 Max Pooling 输出特征图维度为 256 × 6 × 6,而经 C5 卷积层和 Max Pooling 输出的特征图即为特征提取部分最终输出的特征。

(4)全连接层:F1、F2 和 F3 为全连接层,它们是网络的分类器部分。

F1 层的输入为特征提取部分最终输出的 256 × 6 × 6 特征图,首先将 256 × 6 × 6 特征图拉成一个 9216 维的列向量,F1 设置的输出神经元数量为 4 096,即用一个 9 216 × 4 096 的权值矩阵来点乘由特征图产生的列向量,再经激活输出 4 096 维神经元。

F2 层的输入为 F1 输出的 4 096 维一列神经元,F2 设置的输出神经元数量也为 4 096,用一个 4 096 × 4 096 的权值矩阵来点乘由特征图产生的列向量,再经激活输出 4 096 维神经元。

F3 层用 4 096 × 1 000 的权值矩阵对输入的 4 096 维列向量神经元进行点乘激活输出 1 000 维神经元,1 000 即类别数。

(5)输出层:F3 的 1 000 个神经元输出再经过 softmax 回归计算后映射为一系列 0 ~ 1 范围的概率值,即为 1 ~ 1 000 类类别的概率值,作为网络最终的预测值。

2. CNN 识别模型在国际数据集上的识别结果

采用一种自定义 CNN 网络结构分别对公开的国际数据集 STL10(10 类光学图像,训练样本 5 000 幅,测试样本 8 000 幅)、CIFAR10(10 类光学图像,训练样本 50 000 幅,测试样本 10 000 幅)及 CALTECH101(102 类光学图像,包括一类背景,训练样本 3 060 幅,测试样本 6 084 幅)进行训练及测试。使用的 CNN 网络结构如图 6 - 8 所示,网络参数如表 6 - 2 所示。将实验中训练得到的模型对各个数据集的测试样本进行测试得到的识别率与目前国际上最好(state-of-the-art)的识别结果相比较,结果如表 6 - 3 所列。

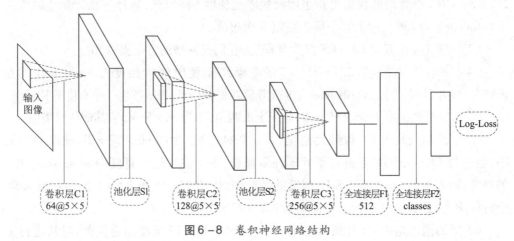

图 6 - 8　卷积神经网络结构

表6-2 卷积神经网络网络参数

Larer	C1	C2	C3	F1	F2
Stage	Conv + max	Conv + max	Conv	Full	Full
Channels	3	64	128	—	—
Filters/Units	64	128	256	512	classes
Filter size	5×5	5×5	5×5	—	—
Conv stride	1	1	1	—	—
Pooling size	3×3	3×3	—	—	—
Pooling stride	2	2	—	—	—
Pading size	2	2	2	—	—

表6-3 卷积神经网络模型识别结果

数据集	STL10	CIFAR10	CALTECH101
state-of-the-art	74.33	96.53	91.44
本实验结果	70.90	81.53	71.60

各个CNN模型学习得到的第一层卷积核如图6-9所示,该网络结构仅在STL10数据上训练得到的模型的识别结果与国际最高水平略有接近,在其余两种数据集CIFAR10与CALTECH101上的识别结果与国际最高水平相差较大。表明一种CNN网络并不是针对每种数据都是最优,不同的网络参数组合对模型的学习过程有很大的影响,并且一种CNN结构针对不同的数据集或者是不同分布的数据往往并不都是最优的。

  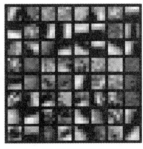

（a）STL10卷积核　　　　　（b）CIFAR10卷积核　　　　　（c）CALTECH10卷积核

图6-9 CNN模型学到的卷积核显示图

●●●●● 6.2 文 字 识 别 ●●●●●

文字识别（Text Recognition）也称光学字符识别（Optical Character Recognition，OCR），它是利用光学技术和计算机技术将印在或写在纸上的文字读取出来,并转换成一种计算机能够接受、人又可以理解的格式,从而实现字符的自动识别。根据文字来源可以为印刷体文字识别和手写文字识别。文字识别首先通过扫描和摄像等光学输入方式获取纸张上的文字图像信息,然后利用各种模式识别算法分析文字的形态特征,判断出文字的标准编码,并将其翻译成计算机文字。它是新一代计算机智能接口的一个重要组成部分,也是模式识别领域的一个重要分支。

6.2.1 文字识别系统

在 OCR 技术中,印刷体文字识别是开展最早,技术上最为成熟的。早在 1929 年,德国科学家 Taushek 就取得了一项光学字符识别的专利。欧美国家为了将浩如烟海、与日俱增的大量报刊杂志、文件资料和单据报表等文字材料输入计算机进行信息处理,从 20 世纪 50 年代就开始了西文 OCR 技术的研究,以便代替人工键盘输入。经过几十年的不断发展和完善,并随着计算机技术的飞速发展,西文 OCR 技术现已广泛应用于各个领域,使得大量的文字资料能够快速、方便、省时省力和及时地输入到计算机中,实现了信息处理的"电子化"。

文字识别可应用于许多领域,如阅读、翻译、各类证件识别、文献资料检索、信件和包裹分拣、稿件的编辑和校对、大量统计报表和卡片的汇总与分析、银行支票的处理、商品发票的统计汇总、商品编码的识别、商品仓库的管理,以及水、电、煤气、房租、人身保险等费用的征收业务中的大量信用卡片的自动处理,办公室打字员工作的局部自动化等,方便用户快速录入信息,提高各行各业的工作效率。

字符验证码识别也是 OCR 文字识别的重要应用之一。字符验证码的主要目的是强制人机交互来抵御机器自动攻击。验证码作为一种辅助安全手段在 Web 安全中有着特殊的地位,验证码安全和 Web 应用中的众多漏洞相比似乎微不足道,但是千里之堤毁于蚁穴,有些时候如果能绕过验证码,则可把手动变为自动,对于 Web 安全检测有很大的帮助。

文字识别系统从图像输入到文字输出,一般经过图像输入、图像预处理、版面处理、文字分割、文字特征提取、文字识别,然后经过人工校正将识别错的文本进行更正,最后输出结果。OCR 识别系统流程图如图 6 - 10 所示。

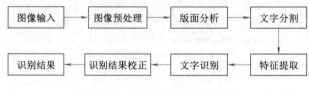

图 6 - 10　OCR 识别系统流程图

1. 图像输入

通过光学仪器,如图像扫描仪、传真机或者照相机、摄像机等摄影器材,可将图像转化为数字图像。得到的数字图像分辨率越高,OCR 识别的效果越好,所以在文字图像输入时,要尽量采用高分辨率设置,以提高 OCR 识别率。对于视频文字检测而言,就是将先前检测到的文字区域切割成文字块,输入到 OCR 识别模块。

2. 图像预处理

输入文本进入计算机后,由于纸张的厚薄、光洁度和印刷质量都会造成文字畸变,产生断笔、粘连和污点等干扰,所以在进行文字识别之前,需要对带有噪声的文字图像进行预处理。预处理一般包括灰度化、二值化,倾斜检测与校正,行、字切分,平滑,规范化等。

1)灰度化

通过外设采集的图像通常为彩色图像,彩色图像会夹杂一些干扰信息,灰度化处理的主要目的就是滤除这些信息,将原本由三维描述的像素点,映射为一维描述的像素点。

2)二值化

将灰度(或者彩色)图像转化为黑白二值图像,从而将文字与背景进一步分离开,二值化效果的好坏,直接影响到灰度文本图像的识别率。二值化方法大致可分为局部阈值二值化和整体阈值二值化。

3)倾斜校正

印刷体文本资料大多是由平行于页面边缘的水平(或者垂直)的文本行(或者列)组成的,即倾斜角度为零度。然而在文本页面扫描过程中,不可避免地会出现图像倾斜现象。为了保证后续处理的正确性,需要对文本图像进行倾斜检测和校正。

倾斜校正分为手动校正和自动校正两种。手动校正,是指识别系统提供某种人机交互手段,实现文本图像的倾斜校正;自动校正,是指由计算机自动分析文本图像的版面特征,估计图像的倾斜角度,并根据倾斜角度对文本图像进行校正。目前,文本图像的倾斜检测方法有许多种,主要分为以下五类:基于投影图的方法,基于 Hough 变换的方法,基于交叉相关性的方法,基于 Fourier 变换的方法和最近邻聚类方法。

最简单的基于投影图的方法是将文本图像沿不同方向进行投影。当投影方向和文字行方向一致时,文字行在投影图上的峰值最大,并且投影图存在明显的峰谷,此时的投影方向就是倾斜角度。

Hough 变换也是一种最常用的倾斜检测方法,它是利用 Hough 变换的特性,将图像中的前景像素映射到极坐标空间,通过统计极坐标空间各点的累加值得到文档图像的倾斜角度。

Fourier 变换方法是利用页面倾角对应于使 Fourier 空间密度最大的方向角的特性,将文档图像的所有像素点进行 Fourier 变换。这种方法的计算量非常大,目前很少采用。

基于最近邻的聚类方法,取文本图像的某个子区域中字符连通域的中心点作为特征点,利用基线上的点的连续性,计算出对应的文本行的方向角,从而得到整个页面的倾斜角。

4)规范化

规范化操作是将输入的任意尺寸的文字都处理成统一尺寸的标准文字,以便与预先存储的参考模板相匹配。规范化操作包括位置规范化、大小规范化以及笔划粗细规范化。

为了消除文字点阵位置上的偏差,需要把整个文字点阵图移动到规定的位置上,这个过程被称为位置规范化。常用的位置规范化操作有两种,一种是基于质心的位置规范化,另一种是基于文字外边框的位置规范化。基于文字外边框的位置规范化需要首先计算文字的外边框,并找出中心,然后把文字中心移动到指定的位置上来。基于质心的位置规范化方法抗干扰能力比基于文字外边框的位置规范化方法要强。

使用基于文字外边框的位置规范化方法对文字进行位置规范化的操作结果,如图6-11所示。

对不同大小的文字做变换,使之成为同一尺寸大小,这个过程被称为大小规范化。很多已有的多字号印刷体识别系统都是通过大小规范化来识别不同字号的文字。常用的大小规范化操作也有两种,一种是将文字的外边框按比例线性放大或缩小成规定尺寸的文字,另一种是根据水平和垂直两个方向上文字黑像素的分布情况进行大小规范化。

使用根据水平和垂直两个方向上文字黑像素的分布情况方法对文字进行大小规范化操作的效果,如图6-12所示。

图6-11 文字位置规范化的操作结果 　　图6-12 文字大小规范化的操作结果

5)图像平滑

文本图像经过平滑处理之后,能够去掉笔画上的孤立白点和笔画外部的孤立黑点,以及笔画边缘的凹凸点,使得笔画边缘变得平滑。一种简单的平滑处理方法如下:采用N×N窗口(N一般为3),依次在二值文字点阵中进行扫描,根据窗口中黑白像素的分布情况,使处于窗口中心的被平滑像素从"0"变成"1"或者从"1"变成0。

该方法是按以下规则对文字轮廓边缘进行平滑的:如果满足图6-13(a)~图6-13(d)四种情况中的任何一种,则中心点应该由"0"变成"1";如果满足图6-13(e)~图6-13(h)四种情况中的任何一种,则中心点应该由"1"变成"0"。

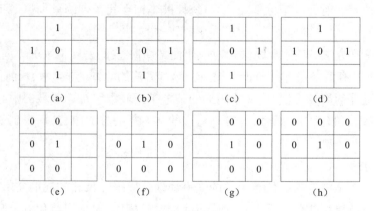

图6-13 文字图像平滑规则

3. 版面处理

对文字图像进行总体分析,标识出文字段落、图像、表格区域等,获取文字候选区域。通常版面处理分为三个主要部分:版面分析、版面理解、版面重构。

1)版面分析

版面分析是将文本图像分割为不同部分,并标定各部分属性,如文本、图像、表格。目前在版面分析方面工作的核心思想是连通域分析法,后面衍生出的基于神经网络的版面分析法也是以连通域为基础进行的。连通域是指在经过二值化处理的图像二值矩阵中任选一个像素点,如果在它周围存在相同像素值的像素点,则视为两点连通,依次类推,这些相互连通的像素点构成的图像区域即为一个连通域。根据连通域大小或像素点分布等特征可以将连通域的属性标记出来,用作进一步处理的依据。

2)版面理解

版面理解是获取文章逻辑结构,包括各区域的逻辑属性、文章的层次关系和阅读顺序。根据版面分析时记载的连通域位置信息,确定连通域归属序列。

3)版面重构

版面重构是根据版面分析和 OCR 的结果,重构出包含文字信息和版面信息的电子文档。

4. 文字分割

文字分割就是将文字候选区域按照文字的排列切割成行或列,再从中分割出单个字符。经过切分处理后,才能方便地对单个文字进行识别处理,如图 6-14 所示。

图 6-14 文字分割

1)行列切分

由于印刷体文字图像的行列间距、字间距大致相等,且几乎不存在粘连现象,所以可以采用投影法对图像进行切分,得到每列(行)在坐标轴上的像素值投影,投影曲线是一个不平滑的曲线,通过高斯平滑后的曲线在每个波谷位置间的区域即为所要得到的一行(列)。

2)字切分

字切分对于不同的文种存在比较明显的差异,通常意义下,字切分是指将整行或整列文字切分成独立的一个个文字,而实际上根据文种差异,可能还需要将单个文字进行进一步切分。因为文种不同,构词法或构字法也有所不同,所以切分方法的难度

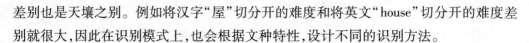
差别也是天壤之别。例如将汉字"屋"切分开的难度和将英文"house"切分开的难度差别就很大,因此在识别模式上,也会根据文种特性,设计不同的识别方法。

5. 特征提取

特征提取是指从单个字符图像上提取统计特征或结构特征的过程,它是 OCR 系统中最重要的部分,所提取特征的稳定性及有效性直接决定了识别的性能。对于统计特征的提取,可利用统计模式识别中的特征提取方法,常用的统计特征有文字区域内的黑白点数对比;而对结构特征的提取,根据具体文字所确定的识别基元确定相应的特征提取方法,常用的结构特征有文字的笔画端点、交叉点数量与位置等。在相当长的文字识别的研究过程中,是利用人们的经验知识,指导文字特征的提取,如边缘特征、变换特征、穿透特征、网格特征、特征点特征、方向特征等。

6. 文字识别

文字识别是将待识别文字的特征与通过学习得到的特征数据库进行对比,找到相似度最高的文字作为结果输出。常用的识别方法有欧氏空间对比法、松弛对比法、动态程序对比法、类神经网络对比法、隐马尔科夫(Hidden Markov Model,HMM)、深度神经网络等。

7. 识别结果校正

为了提高 OCR 识别系统的识别率,可利用词义、词频、语法规则等语言先验知识找出最合乎逻辑的文字,对识别结果进行校正。

6.2.2　LeNet 网络文字识别

在深度学习广泛应用于图像识别领域之前,统计模式识别是较为常见的一种识别方式,统计模式识别方法将字符的结构和特征作为参考依据,从字符信息中获得相关的统计数据来得到识别依据。字符数据的匹配和分类计算方法比较简单,操作起来简单易完成。但是该方法从整体的字符特征中获得识别依据,缺乏字符个体差异性识别功能,因此对字符的细化分析能力较弱,不能准确地区分出相似字符,字体的倾斜、笔画和书写变化都会影响系统字符识别的准确性。

人工神经网络经过一段时间的发展在 OCR 中充当了分类器的作用,网络的输入为文字特征向量,输出是类编码,在识别类型较少且结构区分较为明显的文字识别中,特征向量通常为字符图像像素点的矩阵,这样特征提取相当于是一个黑盒的操作。基于人工神经网络的算法主要有两种:一种是先对待识别字符进行特征提取,然后用所获得的特征来训练神经网络分类器;另一种方法是直接将待处理图像输入网络,由网络自动实现特征提取直至识别出结果。前一种方法的识别结果与特征提取有关,而特征提取比较耗时,因此特征提取是关键;后一种方法无须特征提取和模板匹配,随着相关技术的进步,这种方法更实用。

随着计算机硬件计算能力的提升,利用大批数据训练深度神经网络在图像识别方面取得了傲人的成绩。深度学习已经成功应用于 OCR 领域,它可以从大量标记样本中自动学习图像的特征,其中卷积神经网络尤为抢眼,除了省去人工特征提取的流程外,共享权值的方式也减少了权值数量,大幅减少了计算开销,它的两大优势使其在 OCR 领域表现十分卓越。LeNet 网络对手写体数据集 MNIST 的识别达到了很高的准确率,其字符识别系统 LeNet-5 被认为是通用图像识别系统的代表之一,曾被应用于银行支票上的手写数字识别,可见该网络的强大之处。

1. LeNet-5 的网络结构及其参数

LeNet-5 的网络结构如图 6 – 15 所示,不包括输入层,一共七层,较低层由卷积层和最大池化层交替构成,更高层则是全连接和高斯连接。各层具体参数如表 6 – 4 所示。

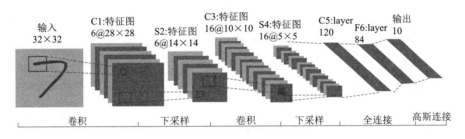

图 6 – 15　LeNet 的网络结构

表 6 – 4　LeNet 网络参数

Layer	C1	C3	C5	F6
Stage	Conv + max	Conv + max	Full	Full
Channels	1	6	—	—
Filters/Units	6	16	120	84
Filter size	5×5	5×5	—	—
Conv stride	1	1	—	—
Pooling size	2×2	2×2	—	—
Pooling stride	2	2	—	—
Pading size	0	0	—	—

LeNet-5 的输入与 BP 神经网络的不一样。这里假设图像是黑白的,那么 LeNet-5 的输入是一个 32×32 的二维矩阵。同时,输入与下一层并不是全连接的,而是进行稀疏连接。本层每个神经元的输入来自于前一层神经元的局部区域(5×5),卷积核对原始图像卷积的结果加上相应的阈值,得出的结果再经过激活函数处理,输出即形成卷积层(C 层)。卷积层中的每个特征映射都各自共享权重和阈值,这样能大大减少训练开销。下采样层(S 层)为减少数据量同时保存有用信息,进行亚抽样。

卷积层(C1 层):输出特征图个数为 6(Filters),卷积核大小(Filter size)为 5×5,卷积核跨度(Conv stride)为 1。由 6 个特征映射构成,每个特征映射是一个 28×28 的神经元阵列,其中每个神经元负责从 5×5 的区域通过卷积滤波器提取局部特征。它的输入是 28×28 图像数据,使用 6 个大小为 5×5 的卷积核分别在图像上由左至右、由上至下滑动卷积,卷积核对每个区域做卷积后对应特征图中的一个值,每个卷积核产生一个对应的特征图,输出特征图维度为 $6 \times 28 \times 28$。

一般情况下,Filters 数量越多,就会得出越多的特征映射,反映越多的原始图像的特征。本层训练参数共 $6 \times (5 \times 5 + 1) = 156$ 个,每个像素点都是由上层 $5 \times 5 = 25$ 个像素点和 1 个阈值连接计算所得,共 $28 \times 28 \times 156 = 122\ 304$ 个连接。

下采样(S2 层):是对应上述 6 个特征映射的下采样层(Pooling 层),采用平均池化,池化窗口大小(Pooling size)为 2×2,池化跨度(Pooling stride)为 2。S2 层的输入是 C1 产生的 $6 \times 28 \times 28$ 维度的特征图,对每个特征图分别做滑窗下采样,然后经过激活函数的处理,得到下采样后的 $6 \times 14 \times 14$ 维度的特征图。

Pooling 的实现,在保存图片信息的基础上,减少了权重参数,降低了计算成本,还能控制过拟合。本层学习参数共 $1 \times 6 + 6 = 12$ 个,S2 中的每个像素都与 C1 层中的 2×2 个像素和 1 个阈值相连,共 $6 \times (2 \times 2 + 1) \times 14 \times 14 = 5\ 880$ 个连接。

卷积层(C3 层):S2 层和 C3 层的连接比较复杂,C3 卷积层由 16 个大小为 10×10 的特征映射组成,每个特征映射与 S2 层的若干个特征映射的局部感受野(大小为 5×5)相连。其中,前 6 个特征映射与 S2 层连续 3 个特征映射相连,后面接着的 6 个特征映射与 S2 层的连续 4 个特征映射相连,然后 3 个特征映射与 S2 层不连续的 4 个特征映射相连,最后一个特征映射与 S2 层的所有特征映射相连。C3 层的输入是由 S2 产生的 6 个 14×14 维度的特征图,使用 16 个大小为 5×5,通道数(Channels)为 6 的卷积核(即维度为 $6 \times 5 \times 5$ 的卷积核)对 6 个特征图进行滑动卷积,输出特征图维度为 $16 \times 10 \times 10$。

此处卷积核大小为 5×5,所以学习参数共有 $6 \times (3 \times 5 \times 5 + 1) + 9 \times (4 \times 5 \times 5 + 1) + 1 \times (6 \times 5 \times 5 + 1) = 1\ 516$ 个参数。而图像大小为 28×28,因此共有 $151\ 600$ 个连接。

下采样层(S4 层):是对 C3 层进行的下采样,与 S2 同理,学习参数有 $16 \times 1 + 16 = 32$ 个,同时共有 $16 \times (2 \times 2 + 1) \times 5 \times 5 = 2\ 000$ 个连接。S4 层的输入是 C3 中产生的 $16 \times 10 \times 10$ 维度的特征图,同理输出下采样后的 $16 \times 5 \times 5$ 维度的特征图。

全连接层(C5 层):输入是 S4 层产生的 $16 \times 5 \times 5$ 维度特征图,首先将 $16 \times 5 \times 5$ 维度的特征图拉成一个 400 维的列向量,C5 设置的输出神经元数量(Units)为 120,即用一个 400×120 的权值矩阵来点乘由特征图产生的列向量,再经激活输出 120 维向量。

C5 层是由 120 个大小为 1×1 的特征映射组成的卷积层,而且 S4 层与 C5 层是全连接的,因此学习参数总个数为 $120 \times (16 \times 25 + 1) = 48\ 120$ 个。

全连接层(F6 层):输入为 C5 输出的 120 维向量,用 120×84 的权值矩阵点乘并

通过 sigmoid 函数激活输出 84 维向量。F6 是与 C5 全连接的 84 个神经元,所以共有
84 × (120 + 1) = 10 164 个学习参数。

输出层:该层神经元个数为 10,输入为 F6 层输出的 84 维向量,用 84 × 10 的权值
矩阵点乘并通过径向基函数 RBF 激活输出 10 维向量,作为网络最终的预测值。

整个网络分为两部分,卷积与下采样层为特征提取部分,全连接层为分类器部分,
CNN 模型将特征提取和分类器有机地结合在一起,实现一个端对端的模型,输入图像
输出类别数。

卷积神经网络通过稀疏连接和共享权重和阈值,大大减少了计算的开销,同时,
Pooling 的实现,一定程度上减少了过拟合问题的出现,非常适合用于图像的处理和
识别。

2. LeNet-5 手写数字识别

利用 LeNet-5 卷积神经网络实现手写数字识别的输出层设置为 10 个神经网络节
点。数字 0~9 的目标向量如表 6 - 5 所示。部分识别错误的图片如图 6 - 16 所示,混
淆矩阵如图 6 - 17 所示。

表 6 - 5　数字 0~9 的目标向量

数字 0	1	0	0	0	0	0	0	0	0	0
数字 1	0	1	0	0	0	0	0	0	0	0
数字 2	0	0	1	0	0	0	0	0	0	0
数字 3	0	0	0	1	0	0	0	0	0	0
数字 4	0	0	0	0	1	0	0	0	0	0
数字 5	0	0	0	0	0	1	0	0	0	0
数字 6	0	0	0	0	0	0	1	0	0	0
数字 7	0	0	0	0	0	0	0	1	0	0
数字 8	0	0	0	0	0	0	0	0	1	0
数字 9	0	0	0	0	0	0	0	0	0	1

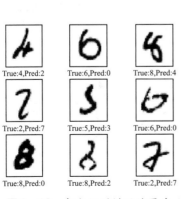

图 6 - 16　部分识别错误的图片

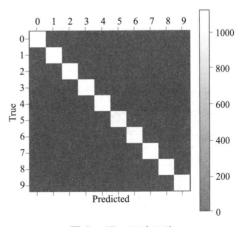

图 6 - 17　混淆矩阵

6.2.3 文字识别应用——车牌识别

车牌识别系统是 OCR 工业化应用较早而且成功的典型案例,如今从停车场到小区门禁,车牌识别技术已走进生活的各个角落。车牌识别的成功,归结为以下几个原因:识别内容是封闭集合,且集合较小;文字字体、大小较为规范;文字间距均匀,噪声较少。

车牌自动识别是计算机视觉、图像处理与模式识别技术在智能交通领域的应用,是以汽车牌照为特定目标的专用计算机视觉系统,是实现交通管理智能化的重要环节。系统可广泛应用于车辆交通管理,如交通控制,机场、港口、小区的车辆管理,高速公路自动收费,闯红灯等违章车辆监控等领域,具有广阔的应用前景。

智能车牌识别技术(License Plate Recognition,LPR)在数字摄像和计算机信息技术的基础上,运用图像处理技术和人工智能技术对车辆车牌信息进行智能处理,从背景复杂的图像中自动提取车牌图像,分割字符,进而对字符进行识别。从而实时准确地自动识别出车牌字符,使得车辆的实时监控和管理成为现实,是目前使用最广泛的智能图像识别技术。

1. 智能车牌识别系统

智能车牌识别系统采用的车牌自动识别是一项利用车辆的动态视频或静态图像进行车牌号码、车牌颜色自动识别的模式识别技术。通过对图像的采集和处理,完成车牌自动识别功能,能从一幅图像中自动提取车牌图像,自动分割字符,进而对字符进行识别。其硬件基础一般包括触发设备(监测车辆是否进入视野)、摄像设备、照明设备、图像采集设备、识别车牌号码的处理机(如计算机)等,其软件核心包括车牌定位算法、车牌字符分割算法和光学字符识别算法等。一个完整的车牌识别系统包括车辆检测、图像采集、车牌识别等几部分(见图 6-18)。

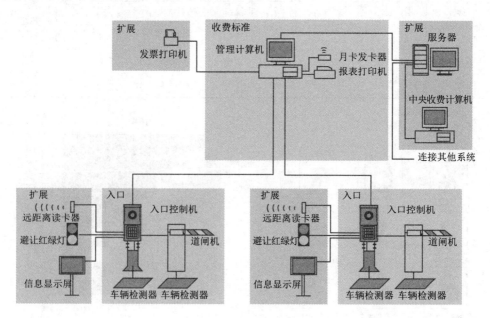

图 6-18　智能车牌识别系统

车辆检测部分通常采用埋地线圈检测、红外检测、雷达检测、视频检测等多种方式感知车辆的经过,并触发图像采集抓拍。采用视频检测可以避免破坏路面、不必附加外部检测设备、不需矫正触发位置、节省开支,而且更适合移动式、便携式应用的要求。

当检测到车辆到达时触发图像采集单元,采集当前的视频图像。某些车牌识别系统还具有通过视频图像判断是否有车的功能,称为视频车辆检测。车牌识别单元对采集到的图像进行处理,定位出车牌位置,再将车牌中的字符分割出来进行识别,然后组成车牌号码输出,显示在信息显示屏上。

车辆图像的采集方式决定了车牌识别的技术路线。目前国际智能交通系统通行的两条主流技术路线是自然光和红外光图像采集识别。自然光和红外光不会对人体产生不良的心理影响,也不会对环境产生新的电子污染,属于绿色环保技术。

(1)自然光路线是指白天利用自然光线,夜间采用辅助照明光源,用彩色摄像机采集车辆真彩色图像,用彩色图像分析处理方法识别车牌。自然光真彩色识别技术路线,与人眼感光习惯一致,并且,真彩色图像能够反映车辆及其周围环境真实的图像信息,不仅可以用来识别车牌,而且可以用来识别车牌颜色、车流量、车型、车颜色等车辆特征。用一个摄像机采集的图像,同时实现所有前端基本视频信息采集、识别和人工辅助图像取证判别,可以前瞻性地为未来的智能交通系统工程预留接口。

(2)红外光路线是指利用车牌反光和红外光的光学特性,用红外摄像机采集车辆灰度图像,由于红外特性,车辆图像上几乎只能看见车牌,然后用黑白图像处理方法识别车牌。红外照明装置可抓拍到很好的反光车车牌图像。因红外光是不可见光,它不会对驾驶员产生视觉影响。另外,红外照明装置提供的是不变的光,不论是在一天中最明亮的时候,还是在一天中最暗的时候,所抓拍的图像都是一样的,唯一的例外是在白天,有时会看到一些车牌周围的细节,这是因为晴朗天气时太阳光的外光波的影响。采用红外灯的缺点就是所捕获的车牌图像不是彩色的,不能获取整车图像,并且严重依赖车牌反光材料。

2. 智能车牌图像识别过程

与一般的OCR识别过程一样,智能车牌识别通常包括图像采集、预处理、车辆检测、车牌定位、车牌字符分割和光学字符识别几个步骤。

(1)图像采集。通过高清摄像抓拍主机对通行车辆进行实时的、不间断的记录和采集。

(2)预处理。噪声过滤、自动白平衡、自动曝光以及伽马校正、边缘增强、对比度调整等。

(3)车辆检测。系统进行视频车辆检测,需要具备很高的处理速度并采用优秀的算法,在基本不丢帧的情况下实现图像采集、处理。若处理速度慢,则导致丢帧,使系统无法检测到行驶速度较快的车辆,同时也难以保证在有利于识别的位置开始识别处理,影响系统识别率。因此,将视频车辆检测与车牌自动识别相结合存在一定的技术难度。

(4)车牌定位。在经过图像预处理之后的灰度图像上进行行列扫描,确定车牌区域。自然环境下,汽车图像背景复杂、光照不均匀,如何在自然背景中准确地确定车牌区域是整个识别过程的关键。首先对采集到的视频图像进行大范围相关搜索,找到符合汽车车牌特征的若干区域作为候选区,然后对这些候选区域做进一步的分析、评判,最后选定一个最佳的区域作为车牌区域,并将其从图像中分离出来。

(5)车牌字符分割。在图像中定位出车牌区域后,通过灰度化、二值化等处理,精确定位字符区域,然后根据字符尺寸特征进行字符分割,将车牌区域分割成单个字符。

字符分割一般采用垂直投影法。由于字符在垂直方向上的投影必然在字符间或字符内的间隙处取得局部最小值的附近,并且这个位置应满足车牌的字符书写格式、字符、尺寸限制和一些其他条件。利用垂直投影法对复杂环境下的汽车图像中的字符进行分割有较好的效果。

(6)车牌字符识别。对分割后的字符进行缩放、特征提取,与字符数据库模板中的标准字符表达形式进行匹配判别,最终组成车牌号码。

字符识别方法目前主要有模板匹配算法和人工神经网络算法。模板匹配算法首先将分割后的字符二值化,并将其尺寸大小缩放为字符数据库中模板的大小,然后与所有的模板进行匹配,选择最佳匹配作为结果。基于人工神经网络的算法有两种:一种是先对字符进行特征提取,然后用所获得的特征来训练神经网络分类器;另一种方法是直接把图像输入网络,由网络自动实现特征提取直至识别出结果。

在实际应用中,车牌识别系统的识别率与车牌质量和拍摄质量密切相关。车牌质量会受到各种因素的影响,如生锈、污损、油漆剥落、字体褪色、车牌被遮挡、车牌倾斜、高亮反光、多车牌、假车牌等;实际拍摄过程也会受到环境亮度、拍摄方式、车辆速度等因素的影响。这些影响因素不同程度上降低了车牌识别的识别率,也正是车牌识别系统的困难和挑战所在。为了提高识别率,除了不断地完善识别算法还应该想办法克服各种光照条件,使采集到的图像最利于识别。

(7)结果输出。将车牌识别的结果以文本格式输出。

目前车辆自动识别技术已经广泛运用到智能交通行业的各个领域,并起到了重要作用。相信随着科技的发展,需求的提升,车辆自动识别技术会向智能化、人性化等领域发展。

3. 智能车牌识别系统评价指标

从技术上评价一个车牌识别系统,有三个指标,即识别率、识别速度和后台管理系统。当然,前提是系统要能够稳定可靠地运行。

1)识别率

一个车牌识别系统是否实用,最重要的指标是识别率。国际交通技术做过专门的识别率指标论述,要求 24 h 全天候全牌正确识别率 85% ~95%。

为了测试一个车牌识别系统的识别率,需要将该系统安装在一个实际应用环境中,全天候运行 24 h 以上,采集至少 1 000 辆自然车流通行时的车辆车牌进行识别,并且需要将车辆车牌图像和识别结果存储下来,以便调取查看。然后,还需要得到实际通过的车辆图像以及正确的人工识别结果。之后便可以统计出以下识别率:

（1）自然交通流量的识别率＝全牌正确识别总数÷实际通过的车辆总数。

（2）可识别车牌照的百分率＝人工正确读取的车牌照总数÷实际通过的车辆总数。

（3）可识别全牌正确识别率＝全牌正确识别的车牌照总数÷人工读取的车牌照总数。

这三个指标决定了车牌识别系统的识别率,诸如可信度、误识率等都是车牌识别过程中的中间结果。

2）识别速度

识别速度决定了一个车牌识别系统是否能够满足实时实际应用的要求。一个识别率很高的系统,如果需要几秒钟,甚至几分钟才能识别出结果,那么这个系统就会因为满足不了实际应用中的实时要求而毫无实用意义。例如,在高速公路收费中车牌识别应用的作用之一是减少通行时间,速度是这一类应用中减少通行时间、避免车道堵车的有力保障。国际交通技术提出的识别速度是 1 s 以内,越快越好。

3）后台管理体系

一个车牌识别系统的后台管理体系决定了这个车牌识别系统是否好用。必须清楚地认识到,识别率达到 100% 是不可能的,因为车牌污损、模糊、遮挡,或者天气也许很糟(下雪、冰雹、大雾等)等因素的存在是不可避免的。后台管理体系的功能应该包括:

（1）识别结果和车辆图像数据的可靠存储,当多功能的系统操作使得网络出差错时能保护图像数据不会丢失,同时便于事后人工排查。

（2）有效的自动比对和查询技术,被识别的车牌号码要同数据库中成千上万的车牌号码自动比对和提示报警,如果车牌号码没有被正确读取时就要采用模糊查询技术才能得出相对"最佳"的比对结果。

（3）一个好的车牌识别系统对于联网运行,还需要提供实时通信、网络安全、远程维护、动态数据交互、数据库自动更新、硬件参数设置、系统故障诊断。

●●●●●● 6.3 人 脸 识 别 ●●●●●●

生物特征识别是利用生物学特征进行识别分析的前沿技术,包括人脸、指纹、掌型、语音、虹膜或者视网膜等特征识别技术,其中人脸识别技术是基于人的脸部特征信息进行身份识别,用摄像机或摄像头采集含有人脸的图像或视频流,并自动在图像中检测和跟踪人脸,进而对检测到的人脸进行识别的一系列相关技术,也称人像识别、面部识别。

人脸识别具有取样简单、样本丰富、可用性高、安全可靠等优点,在各式场景应用中,以人脸识别最为普遍,已在监控、安全、考勤门禁、身份验证、犯罪嫌疑人鉴定等方面得到了广泛的应用。有报道指出,人脸识别将从 2015 年的 9 亿美元增长到 2020 年的 24 亿美元,并且机器已经高于人类的识别能力。在电视节目《最强大脑》中,百度首席科学家吴恩达带着小度机器人和人类选手比拼,在人脸识别项目中以 3∶2 取胜。有人脸识别技术的创业公司越来越多,如格灵深瞳、商汤科技、旷视 Face^{++} 是其中的佼佼者。

6.3.1 人脸识别系统

人脸识别问题一般可以描述为:给定一个场景的静止或视频图像,利用已存储的人脸数据库确认场景中的一个或多个人。与一般的图像识别过程类似,人脸识别系统主要包括以下五个部分:人脸检测与定位、人脸图像预处理、人脸图像特征提取、分类器设计以及人脸图像识别,如图 6 - 19 所示。

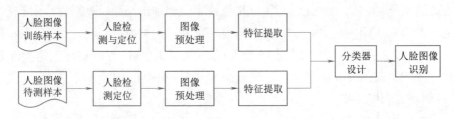

图 6 - 19   人脸识别系统组成

(1)人脸检测与定位。对静态数字图像或者动态视频中的人脸进行检测并提取出来。首先检测图像或视频中是否包含待识别的人脸,如有则需要再次确定该人脸在图像或视频中出现的位置及尺寸。

(2)人脸图像预处理。由于图像采集时光照强度差异、周围环境不同、采集设备等因素的影响,导致所提取的人脸大小、位置、方向等有所差异,因此为了保证人脸识别的准确性,需要对人脸图像进行一些处理,包括图像校正、图像增强、图像去噪等。

(3)人脸特征提取。寻找人脸中相对稳定的成分,找出不同人脸图像中差别较大的成分。使提取到的图像特征具有良好的识别度、更高的可靠性和健壮性等特点。在不同维数的空间中,我们将人脸图像看作是一个点,通过特征提取使运算量大幅减小的同时也降低运算难度,通常先通过投影的方法将较高维数的人脸图像在维数较低的空间中表示。

(4)分类器设计。分类器的作用就是在对人脸图像进行特征提取之后,通过对比待测人脸和各个训练样本之间的特征相似度的大小来对待测样本进行分类。例如,可以通过计算样本之间的空间距离或者角度来确定相似度的大小。最近邻分类器、支持向量机分类器、基于神经网络的分类器都是近年在人脸识别算法中常用的分类器。

(5)人脸识别。这是整个人脸识别系统的最后一个步骤,通过前面所提取的人脸特征和原有的数据库人脸特征进行对比,以判别待测人脸是否属于某个人脸库,如果属于再判别属于哪张人脸。

6.3.2 人脸识别算法

本章前面介绍的传统图像识别方法和智能图像识别技术都可以用于人脸识别。

1. 基于几何特征的识别方法

基于几何特征的识别方法在面部识别中的应用最早,对于人类面部区域的生物特征先验知识有较大依赖。主要原理是获取人脸区域之中的基本器官分布特征,例如人的五官、面部形状以及其相对位置等特征,将这些数据集成为特征向量数据,基于这些特征向量的相对关系、数据结构进行识别。

2. 基于统计特征的识别方法

这类方法主要依据统计数据进行面部识别,其中包括特征脸、支持向量机与隐马尔可夫算法等。

最为经典的特征脸方法应用广泛,它是将面部区域提取的向量经过统计数据的算法变换获得特征表示,对面部特征进行表述识别;支持向量机识别算法有优于上述特征脸方法的识别效果。对于实时识别而言,算法计算复杂度较高,识别速度不高;隐马尔可夫的面部识别方法主要基于模型,将面部五官等数据的提取特征和状态迁移的隐马尔可夫模型进行关联。这种方法的识别效果较好,而且针对面部识别人脸姿态变化的影响方面有很好的适应性和健壮性,主要的困难在于应用实现的过程复杂。

3. 基于弹性图匹配的识别算法

这种方法的基本思想是基于动态的链接结构,对于需要识别的源图像分析出最为接近的模型,利用数据顶点、向量,对面部位置数据进行存储分析,之后对于模型图的节点进行运算匹配,据此进行面部识别。

该算法对面部的局部特征更为重视,受源图像的光线条件、图像大小等因素的影响较小,在这方面比特征脸算法更加有优势。其局限性:在计算过程中忽略了面部图像变形,在排除干扰的同时,将图像内容转化为简单的向量特征,对于面部十分明显的特征难以正确得到;时间与空间占用量相对较多。

4. 基于神经网络的人脸识别

人工神经网络在人脸识别方面也有很大的应用价值。在面部识别时,将面部特征数据输入网络结构,通过神经网络的相关参数获得面部识别的分类训练结果,以此进行面部识别。

早期的神经网络算法采用自联想的基于映射的算法,之后发展了基于级联分类器训练思想的面部识别算法,对于待识别的面部图像有损毁的情况有非常好的适应性。相关的神经网络算法,近年来在面部识别的应用中有很大的应用范围,在健壮性、交互便捷等方面都有优势,并且也可以较好地排除光线条件、图像缩放等的干扰。其缺陷是在区分度方面不是很好,而且在训练分析上要花费大量时间,效率不高。

自深度学习神经网络出现后,这种方法取代了上述方法,成为应用最为广泛的识别算法。

6.3.3 人脸识别应用——人机交互

当前人们对人机交互的需求越来越强烈。在人们面对面的交流过程中,面部表情和其他肢体动作能够传达非语言的信息,这些信息能够作为语言的辅助,帮助听者推断出说话人的意图。而人脸表情是一种能够表达人类认知、情绪和状态的手段,它包含了众多的个体行为信息,是个体特征的一种复杂表达集合,而这些特征往往与人的精神状态、情感状态、健康状态等其他因素有着极为密切的关联。

智能人机交互(Intelligence Human-Computer Interaction)的初衷是摆脱机器或者计算机对人手动输入的局限,将图像作为人机交互平台的输入数据,让计算机分析理解图像帮助计算机理解人类的真实意图,从而实现更加高效地实现与人类的自然交互。计算机可以准确高效地识别人脸表情,这对于实现自然和谐的人机交互系统有着极大的推进作用。

心理学家 Mehrabian 的研究表明,只有 7% 的总信息通过语言来表达,有 38% 按辅助语言来传达,如节奏、语音、语调等,而占比重最大的是人脸表情——达到总量的 55%。因此,通过人脸表情可以得到很多有价值的信息,这些信息可以反应出人的意识和心理活动。人脸表情识别就是开发一个高效率、高性能的系统来识别人脸表情,从而通过人脸表情的状态感知人的情绪。

人类表情可以概括为七种基本的类别,即高兴、悲伤、愤怒、恐惧、惊讶、厌恶和中性。人脸可划分成 44 个运动单元(Action Unit,AU),这些不同的 AU 组合起来用来描述不同的人脸表情动作,这些 AU 展现了人脸运动与表情的联系。

人脸表情识别过程一般包括三大部分:第一步是人脸检测与预处理,第二步是表情特征提取,第三步是表情分类。

要进行人脸表情识别,首先要对图片中的人脸进行检测与预处理,也就是说要从图片中定位到人脸的存在,并且校正到表情特征提取合适的尺寸等工作。这主要包括图像的旋转校正、人脸定位、表情图像的尺度归一等内容;然后从人脸表情图像中提取表情特征,提取特征的质量直接关系下一步分类识别率的高低。在人脸表情特征提取中,为了有效防止维数危机并降低运算难度,一般还涉及特征降维和特征分解等步骤;最后一步是人脸表情分类,根据特征之间的区别,对人脸图像进行分类,具体的类别就是上面提到的七种基本表情。

虽然人类大脑从上百万年前就开始拥有了人脸识别的能力,人类从复杂背景中识别人脸相当容易,但对计算机来说,在人机交互中,人脸自动识别却是一个十分困难的问题,主要表现在以下几个方面:

(1)每个人的脸部结构都是相似的,每张人脸都有眼睛、鼻子、嘴巴,且都按照一定的空间结构分布,这对于利用人脸结构区分人类个体不利,还有一些特殊情况,如双胞胎甚至多胞胎。

(2)光线变化的问题。光线变化对人脸识别效果的影响比较大,如光线的强度、颜色、方向等这些外在因素达不到特定的要求,就会对识别效果产生一定的影响。

(3)遮挡物问题。人脸识别被广泛应用在各种公共场合,所以在采集人脸时难免会遇到面部被帽子、围巾、眼镜、口罩等其他装饰品遮挡的问题。还有人脸的一些非固定的特征,如假发、胡须、整容等行为,也使人脸检测和识别变得复杂。

（4）人脸面部表情和姿态问题。采集正面人脸时，在面对各种姿态和不同面部表情的情况下人脸识别出来的结果是不尽相同的，此外当人脸面部表情显得相对夸张时，人脸的识别率变化会更加明显。所以，如何在识别中降低表情对识别率的影响是一个重要的研究方向。

（5）采集人脸图像的质量问题。目前许多对人脸识别的研究，都是通过已经处理好的或者现成的人脸库进行的研究，这些人脸库是在条件很好的环境下录制的，而实际应用中由于设备或环境因素的约束，会导致拍摄的人脸图片不清晰或者像素较低，最终会对识别结果有一定的影响。

总之，即使目前一些在商业领域较为成熟的人脸识别系统，其识别结果仍受到很多内在和外在因素的干扰，如图像采集时需要待测人员适当的配合，还需要一个比较良好的环境。

●●●●●● 6.4　手部生物特征识别 ●●●●●●

在当今国内外专家和学者研究的众多生物特征当中，手部特征作为一类非常重要的特征存在于生物特征的大家庭当中。常见的手部生物特征包括指纹、指静脉、掌纹、掌静脉、指背纹、指横纹、手背静脉、手形等。与人脸特征、虹膜、步态等其他生物特征相比，基于手部特征的识别具有如下优势：首先由于手部特殊的构造，这个部位有相对丰富的表面纹理、褶皱，以及内部错综复杂的血管组成，相对丰富的特征可以有效降低特征提取和识别的难度。另外，手部的生物特征还具有采集难度小、被用户接受的程度较高、采集设备相对低廉、采集的图像尺寸较小而便于计算机存储和计算等优势，所以在众多的生物特征当中，基于手部的生物特征识别技术得到了广泛深入的研究和应用。

6.4.1　指纹识别

1. 指纹特征

指纹是目前被研究和应用的最为广泛的一类特征，指纹识别主要根据人体指纹的纹路、细节特征等信息对操作或被操作者进行身份鉴别。许多生物识别技术公司并不直接存储指纹的图像（美国有关法律认为，指纹图像属于个人隐私，因此不能直接存储指纹图像），而是使用不同的数字化算法在指纹图像上找到并比对指纹的特征。每个人包括指纹在内的皮肤纹路在图案、断点和交叉点上各不相同，呈现唯一性且终生不变。据此，我们就可以把一个人同他的指纹对应起来，通过将他的指纹和预先保存的指纹数据进行比较，就可以验证他的真实身份，这就是指纹识别技术。

每个指纹都有几个独一无二、可测量的特征点，每个特征点都有大约 5～7 个特征，我们的十个手指产生最少 4 900 个独立可测量的特征，这足以说明指纹识别是一个更加可靠的鉴别方式。

1）总体特征

总体特征是指那些用人眼直接可以观察到的特征。包括纹形、模式区、核心点、三角点和纹数等。

纹形:指纹专家在长期实践的基础上,根据脊线的走向与分布情况一般将指纹分为三大类——环型(Loop,又称斗形)、弓形(Arch)、螺旋形(Whorl)。

模式区:即指纹上包括了总体特征的区域,从此区域就能够分辨出指纹是属于哪一种类型的。有的指纹识别算法只使用模式区的数据,有的则使用所取得的完整指纹。

核心点:位于指纹纹路的渐进中心,它在读取指纹和比对指纹时作为参考点。许多算法是基于核心点的,即只能处理和识别具有核心点的指纹。

三角点:位于从核心点开始的第一个分叉点或者断点,或者两条纹路会聚处、孤立点、折转处,或者指向这些奇异点。三角点提供了指纹纹路的计数跟踪的开始之处。

纹数:即模式区内指纹纹路的数量。在计算指纹的纹路时,一般先连接核心点和三角点,这条连线与指纹纹路相交的数量即可认为是指纹的纹数。

2)局部特征

局部特征是指指纹上节点的特征,这些具有某种特征的节点称为细节特征或特征点。

两枚指纹经常会具有相同的总体特征,但它们的细节特征,却不可能完全相同。指纹纹路并不是连续的、平滑笔直的,而是经常出现中断、分叉或转折。这些断点、分叉点和转折点就称为"特征点",就是这些特征点提供了指纹唯一性的确认信息,其中最典型的是终节点和分叉点,其他还包括分歧点、孤立点、环点、短纹等。特征点的参数包括方向(节点可以朝着一定的方向)、曲率(描述纹路方向改变的速度)、位置(节点的位置通过 x/y 坐标来描述,可以是绝对的,也可以是相对于三角点或特征点的)。

2. 指纹特征的优缺点

1)优点

(1)指纹是人体独一无二的特征,并且它们的复杂度足以提供用于鉴别的足够特征。

(2)如果要增加可靠性,只需登记更多的指纹、鉴别更多的手指,最多可以多达十个,而每一个指纹都是独一无二的。

(3)扫描指纹的速度很快,使用非常方便。

(4)读取指纹时,用户必需将手指与指纹采集头相互接触,与指纹采集头直接接触是读取人体生物特征最可靠的方法。

(5)指纹采集头可以更加小型化,并且价格会更加的低廉。

2)缺点

(1)某些人或某些群体的指纹特征少,难成像。如不少人的手指表面出现磨损时这种特征的可靠性便难以得到保障,另外许多女生的手指相对纤细,表面的纹理特征也相对不明显,这些因素都给采集工作以及接下来的特征提取和匹配识别工作带来难度。

（2）过去因为在犯罪记录中使用指纹，使得某些人害怕"将指纹记录在案"。

（3）实际上现在的指纹鉴别技术都可以不存储任何含有指纹图像的数据，而只是存储从指纹中得到的加密的指纹特征数据。

（4）每一次使用指纹时都会在指纹采集头上留下用户的指纹印痕，而这些指纹痕迹存在被用来复制指纹的可能性。

（5）近年来随着社会的不断发展进步，市场上甚至出现了指纹膜等能够以假乱真的产品，这对基于指纹的生物特征识别技术的防伪性能来说是一个非常大的挑战。

6.4.2 掌纹识别

1. 掌纹识别概述

掌纹识别是一种可达到较高识别率的较新的生物特征识别技术，相较于其他生物特征，掌纹具有更丰富的可用于识别的特征，即使是在低质量的掌纹图像上仍可进行身份鉴别。并且，掌纹的纹线特征具有较好的生物特征具备的特点，非常稳定且不易伪造。因此掌纹可区分不同人，并且是可靠的生物特征。

掌纹识别是根据人的手掌上的纹线特征来进行身份识别的方法。掌纹是分布于手掌内的纹线，掌纹的区域面积较大，包含的信息量多，主要包括主线、皱褶、脊线和细节点等，如图 6-20(a)所示。其中，在低分辨率(≤100dpi)图像中主线和皱褶较为突出，统称为线特征，如图 6-20(b)所示；在高分辨率(≥400dpi)图像中既可获得上述特征，还可获得脊线和细节点特征，如图 6-20(c)所示。在高分辨率下的掌纹图像同时能获得低分辨率的特征，获取信息较多，具有更高识别率，多应用于较强精度需求的刑侦等领域；而低分辨率下的掌纹识别技术具有图像易获取、处理速度快等优点，主要适合民用和商用。

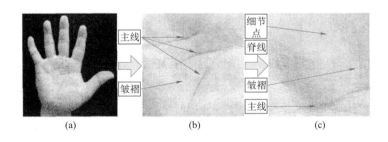

图 6-20 掌纹图像和掌纹特征

掌纹识别技术发展过程主要经历了以下几个阶段，如图 6-21 所示。

如图 6-21(a)所示，最早的掌纹识别技术是脱机实现的，将墨水涂在手掌上，再按捺手掌图像于白纸上来采集掌纹图像，然后借助数码照相机、扫描仪等工具获取数字图像进行识别。脱机掌纹识别技术主要提取主线和皱褶特征进行识别。然而，由于手掌中部分存在凹陷现象，使得此部分的掌纹信息很难全面获取，使得重点区域的信息不完整。而且脱机掌纹图像的质量不高，特征提取比较困难，无法实现快速高效的身份认证。

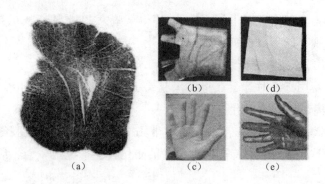

图 6-21　掌纹识别技术发展过程

随着数字图像处理、智能模式识别等技术的发展,掌纹识别的研究方向逐渐转移到在线掌纹识别。有别于脱机掌纹识别,在线掌纹识别使用数码摄/录相设备直接获取高质量的掌纹图像,将拍摄得到的掌纹图像输入到计算机中完成识别过程。其采集过程较为方便,具有更好的实时性,且能被广泛接受。

在线掌纹识别技术的发展经历了两个阶段,前期是接触式在线掌纹识别,后期产生非接触式在线掌纹识别,如图 6-21(b)和图 6-21(c)所示。接触式掌纹识别技术已经趋于成熟。随着各种图像获取设备的大量普及,以及基于卫生方面考虑,非接触式掌纹识别技术开始成为一个研究热点。固定设备的非接触式采集较接触式采集变化不大,但是面向智能手机的非接触式掌纹识别难度较大,由于其图像来源较为多变,所以需要解决人手的姿势变化、图像拍摄环境复杂等因素的干扰。面向智能手机的非接触式掌纹识别技术的研究尚处于起步阶段,存在较多的理论和技术问题亟待研究实现。

随着传感器技术和电子信息技术的发展,较多学者探讨开发出新型的掌纹识别技术。其中一种新型的三维掌纹识别系统获得较多关注,图 6-21(d)所示为接触式采集设备获取的三维掌纹图像,图 6-21(e)所示为由三维激光扫描仪非接触式采集获得的三维人手。传统掌纹识别系统只采集和识别二维图像,而新型三维掌纹识别系统不仅可获取和利用三维信息,同时也能得到二维信息。相关学者提出基于三维和二维掌纹信息融合的识别技术,取得较好的识别效果,提升了系统的准确性和安全性。

2. 掌纹识别系统框架

掌纹识别系统一般包括五个模块,即掌纹图像采集、掌纹图像预处理、掌纹特征提取、掌纹特征匹配和分类结果。

(1)掌纹图像采集。包括脱机采集、摄/录图像采集、扫描采集等不同方式。

(2)掌纹图像预处理。由于在一般情况下,掌纹采集设备获取的原始图像会含有由拍摄环境、拍摄方式等因素带来的噪声和其他无关信息,需要在图像预处理模块将送些不需要的噪声和无关信息去除,保证识别系统的准确性。图像预处理过程可实现掌纹识别结果与识别图像的旋转、平移、非线性形变等因素无关。综上所述,图像预处理过程的主要工作为掌纹图像二值化、去除噪声干扰、几何对准、定位分割等。

（3）掌纹特征提取。掌纹特征提取是将可以区分掌纹特征进行提取和表示。通常情况下，特征提取主要是基于掌纹的纹理、线、方向等特征，根据掌纹中的特征提取方式和特征匹配方法，可将掌纹识别方法分为以下五个类别，分别是基于结构的方法、基于纹理的方法、基于方向特征的方法、基于子空间的方法和基于相关滤波器的方法。

（4）掌纹特征匹配。掌纹特征匹配过程是将采集的掌纹特征与系统掌纹特征库里面的信息进行比对，按照一定的距离度量准则，计算两者的相似度。通过对掌纹图像的特征进行匹配，从而实现掌纹图像的区分。

（5）分类结果。该模块通过使用不同的分类器或者设定距离阈值，得到最后的识别结果。分类器的主要作用是对未知样本和已有模板的一致性进行验证；特征匹配后设定距离阈值，也可得到判定的结果。

6.4.3　静脉识别

如前所述，基于指纹的生物特征识别技术存在一些缺陷，而基于掌纹的生物特征识别技术除了存在类似于指纹的表面纹理带来的缺陷外，由于其中主要纹理线路存在较高的相似性，这样也就带来了防伪性能较低的问题。由于以指纹为代表的基于表面纹理特征的手部特征基本上都存在而且相对比较难以克服的上述缺陷，所以有研究转向了针对内部静脉等的特征作为提取手部特征的对象。

图 6-22 所示为成像装置以及采集的手背静脉图像，图 6-23 所示为成像装置以及采集的指静脉图像。基于手背静脉或者指静脉等特征的生物识别技术能够有效克服表面纹理健壮性差、易伪造等缺陷。并且由于其特殊的成像原理，可以做到自动的活体检测，这样就进一步加强了其防伪性能。而指静脉与手背静脉相比，采集装置更加简单小巧而且便于携带，因此更有其独特的优势。

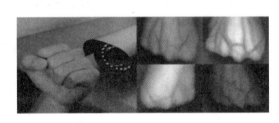

图 6-22　手背静脉采集及成像　　图 6-23　手指静脉采集及成像

事实上，指静脉生物特征由于其采集的便捷性、防伪性以及相对优良的性能等方面的优势，也很早受到了专家和学者的广泛关注。

早在 2004 年，日本日立公司的 Miura N、Nagasaka A 以及 Miyatake T 等人就根据近红外光下的静脉部位与手指其他部分灰度上的差异，针对静脉图像率先提出了重复线性跟踪的算法。如图 6-24（a）所示，这个方法主要依据静脉位置与其两侧的灰度差异，从初始的随机点位置出发，重复跟踪静脉的位置，获得了不错的识别率和等误率，并且证实了方法的健壮性。2007 年，上述 Miura N 等人经过进一步的研究，将数学上的曲率思想引入到了静脉识别的算法中来。如图6-24(b)所示,他们利用静脉横断面位置呈现出的曲率局部最大的特点,提出了利用局部最大曲率的思想提取静脉中心线的位置特征,从结果上看取得了比重复线性跟踪更好的识别率和等误率。

基于指静脉的识别技术可以很好地克服单纯基于表面纹理特征带来的防伪性能较差的问题,然而,单纯基于指静脉的生物识别技术所获得的识别率和等误率在性能上和基于多模态的生物特征相比还存在一定的差距,尚有不小的提升空间。

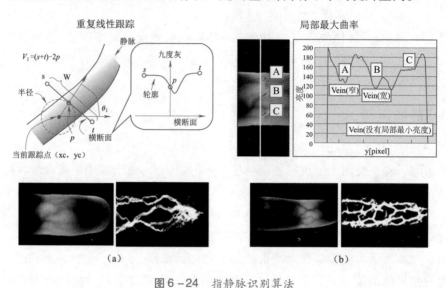

图6-24 指静脉识别算法

6.4.4 手部生物特征识别应用——身份鉴别

在人工智能领域之中,图像识别技术占据极为重要的地位,而随着我国计算机技术与信息技术的不断发展,人工智能中的图像识别技术的应用范围不断扩展,在军事、安防、医学、工业等众多领域都得到广泛的应用。随着计算机和网络技术的飞速发展,信息安全的重要性越来越得到广泛的重视,在很多重要的领域,如银行电子业务、飞机场安全、国家信息安全、重要人员监控等,如何更加高效、便捷地对进出重要领域人员的身份信息进行验证和识别已经成为人们急需解决的问题。由此,身份鉴别(Human Identification)成为图像识别最重要的应用领域之一。

传统的身份认证方式主要包括下面几种:首先是基于个人拥有的物品,如钥匙、银行卡等,通过物件的比对核实身份信息;其次是基于个人知道的信息,如账号、密码等,通过信息的比对验证个人身份;最后一种是基于个体的生物特征,如虹膜、声纹、指纹、静脉等信息都可用来核实和认证个人身份信息。第一种方法,一旦物品丢失会造成不小的影响;第二种方法,由于容易被遗忘而造成不便,而一旦被他人获取则有可能造成难以估量的影响;第三种方法,也称为生物特征识别,这种方法不易丢失、遗忘或者被他人获取,在保证认证过程简捷便利的同时,也确保了良好的安全性能,因此在受到各方广泛关注的同时,也在日常生活中被大量应用。

生物特征识别技术(Biometric Based Identification)主要是指基于人体本身所具有的生理特征,使用照相机等图像采集设备或者录音机等音频采集设备等,对人脸、虹膜、指纹、静脉、步态等信息进行图像采集,或者对声音等信息进行音频采集,借助计算机图像处理和模式识别技术的手段,通过对图像或者声音的预处理、特征提取、匹配和识别等环节,实现对个人身份的识别和认证。

作为十大高科技技术之一的生物特征识别技术,以其本身所具有的优势,很早就获得了学术界和工业界的很多研究和关注。尽管从全球生物特征识别的市场规模上看,基于生物特征的识别技术处于高速而长足的发展阶段,但是实际上,就每一种生物特征而言,如人脸、虹膜等,各自都有不足和缺陷。基于人脸的特征检测和识别技术会受到采集环境的干扰和制约,基于虹膜识别的生物特征由于需要对眼部特征成像,使得其被用户接受的程度较差等。

随着人类社会对安全可靠性的需求的增加,对生物识别技术的研究越来越受到广泛的关注。生物特征识别技术是指通过对人体的生物特征的数字化测量进行身份鉴别的技术,生物特征识别技术主要可分为两类:一是利用生理特征,即人体本身固有的;二是利用行为特征,即人体后天养成的。与传统的身份认证方式相比,人体的生物特征具有随时随地可用、随身携带、无需记忆等优点。并且,生物特征识别主要是运用数字图像处理等现代计算机技术,可便于实现计算机与各种社会应用系统的电子化整合,并且对其自动化整合管理,为数字信息化时代社会安全问题提供较好的解决方案。

人类的生物特征具有多种多样的特点,但并非所有的生物将征都可以用来进行身份识别。以下特性用来衡量生物特征能否用来识别身份:

普遍性(Universality):每个人都应当具有此生物特征。

唯一性(Distinctiveness):每个人所具有的此特征与其他人都不相同。

可测量性(Collectability):此特征在一定技术条件下可具体采集测量。

稳定性(Permanence):此特征至少能在较长时间内保持一定不变。

不仅如此,一个生物特征识别系统若想较好地实现社会应用,其识别性能、防攻击能力、用户友好性等问题都需要重点考虑。即可以实现较高的识别率,具有较高的用户接受度,并且对欺诈方法和攻击手段具有足够的健壮性,可以达到要求的识别准确性和速度。

用于生物识别的特征主要由生理性特征和行为性特征组成,其中生理性特征与生俱来,包括 DNA、人脸、指纹、脉搏、虹膜、掌纹、手形、人耳、静脉等;行为性特征则是习惯性特征,如步态、击键、声音、签名等。主要的生物特征识别技术及其他们之间的比较如表6-6所示。

表6-6　各生物特征识别技术的性能比较

生物特征	普遍性	稳定性	唯一性	鉴别能力	可采集性	防伪造性
DNA	高	高	高	高	低	低
人脸	高	中	低	低	高	低
指纹	中	高	高	高	中	高

续表

生物特征	普遍性	稳定性	唯一性	鉴别能力	可采集性	防伪造性
虹膜	高	高	高	高	中	高
手形	中	中	中	中	高	中
人耳	中	高	中	中	中	中
掌纹	高	高	中	高	高	中
静脉	中	中	中	中	中	高
步态	中	低	低	低	高	中
签名	低	低	低	低	高	低
语音	中	低	低	低	中	低
击键	低	低	低	低	中	中

一个生物特征识别系统的本质其实是一种模式识别系统,它的实现过程是:首先通过从个体捕获生物特征数据,然后提取所捕获数据的特征集,最后与数据库的模板集进行特性匹配。生物特征识别系统存在两种基本的工作方式,分别为认证(Verification)和识别(Identification)。

认证是指待测用户提供自己的智能卡、用户名或者 ID 号等身份信息,系统通过此信息获取存储在数据库中该用户的生物特征,然后将该用户的生物特征与系统新获取待认证的生物特征一对一比对,得出是否是同一人的认证结论。识别是将系统待测者的生物特征与数据库中的所有生物特征模板进行一对多的搜索对比,得出"有无此人""此人是谁"的结论。

典型的生物特征识别系统主要包括注册模块和验证模块,如图 6－25 所示。在注册模块中,系统通过传感器对用户生物特征数据采集,然后将采集到的特征数据进行相关特征提取,最后将提取到的特征数据存储在系统数据库中。在验证模块中,与注册模块一样的方式获得用户的特征信息,然后与事先在数据库中注册好的特征数据进行比对,获得比对结果,进而验证用户的身份是否属实。

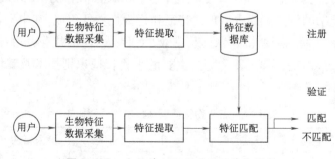

图 6－25　生物特征识别系统的基本结构

图像分类技术使得虹膜识别(Iris Recognition)、指纹识别(Fingerprint Recognition)、人脸识别(Face Recognition)以及姿态识别(Pose Recognition)、步态识别(Gait Recognition)

等生物特征识别技术来鉴别身份的技术已经相对成熟,并促使这些技术相继投入实际应用,用以在安全要求特别严密的场合来判断人是否具备相关权限。手部生物特征识别身份鉴别技术主要应用在以下几个方面:

1. 身份确认

在计算机系统中,手部生物特征识别可用于开机登录身份确认,远程网络数据库的访问权限及身份的确认,银行储蓄防冒领及通存通兑的加密方法,保险行业中投保人的身份确认,期货证券提款人的身份确认,医疗卫生系统中医疗保险人的身份确认等。如将指纹信息记录在特殊用途的卡上,通过现场比对,可以防止冒充等欺诈行为,如信用卡、医疗卡、会议卡、储蓄卡、驾驶证、准考证、护照防伪等。手部生物特征识别正在从科幻小说和好莱坞电影中走入实际生活中,也许有一天,不必随身携带任何钥匙,只需手指一按,门就会打开;也不必记住密码,利用指纹就可以提款、登录计算机等。

2. 企业考勤

基于指纹识别的企业员工考勤系统能够彻底解决传统打卡钟、IC 卡考勤方式所出现的代打卡问题,保证考勤数据的真实性,真正体现公开、公平和公正,因此能进一步提高企业管理的效率和水平。并且,由于指纹识别产品是目前最方便、可靠和价格最便宜的生物识别产品因而成为大多数中小企业考勤的首选。目前我国市场指纹考勤产品的销售数量就占据了整体生物识别产品销量的 40% 以上,高居榜首。

3. 智能小区

由于智能小区在设计选型时要从功能、性能、成本等多方面进行综合考虑,因此,通常会选用技术发展较成熟、可靠性高、并且性价比较好的产品。指纹识别技术在众多生物识别技术中发展最为成熟,性能稳定,且成本较低,特别适合在智能小区中进行推广和普及。指纹识别技术在智能小区中的应用主要体现在实现小区居民在社区中进行停车收费、超市购物、图书借阅、楼宇出入等日常活动项目。

4. 指纹锁

把指纹识别技术应用于传统的门锁之中,是生物识别技术从专业市场走向民用市场的不二之选。指纹锁产品的出现宣告了新一代门锁时代的来临,指纹锁将会逐渐改变人类以往使用钥匙开门的生活方式。指纹锁的便捷、安全、低成本特性将会带来非常乐观的市场前景。

第7章

智能图像跟踪

　　图像跟踪是在视频中跟踪某一个或多个特定的感兴趣对象的过程,它是连接目标检测和行为分析的重要环节:运动目标检测是目标跟踪的基础,而通过目标跟踪可以获得目标图像的参数信息及运动轨迹等,运动目标跟踪则是计算机视觉中行为分析的前提。本章介绍智能图像跟踪技术及其应用,首先简要介绍图像跟踪的概念、跟踪步骤以及目标跟踪算法分类;之后阐述几种智能图像跟踪算法;最后总结图像跟踪的应用。

●●●●●● **7.1　图像跟踪概述** ●●●●●●

7.1.1　图像跟踪问题描述

　　图像(目标、物体)跟踪问题是图像视频处理中的一个热门问题,是在视频中跟踪某一个或多个特定的感兴趣对象的过程,通常分为单目标跟踪与多目标跟踪,前者跟踪视频画面中的单个目标,后者则同时跟踪视频画面中的多个目标,得到这些目标的运动轨迹。基于视觉的目标自动跟踪在智能监控、动作与行为分析、自动驾驶等领域都有重要的应用。例如,在自动驾驶系统中,目标跟踪算法要对运动的车辆、行人,以及其他运动物体进行跟踪,对它们在未来的位置、速度等信息做出预判。

　　图像跟踪技术,是指通过某种方式对摄像头中拍摄到的目标进行定位,并指挥摄像头对该目标进行跟踪,使该目标一直保持在摄像头的视野范围内。为了说明图像跟踪的概念,先看图7-1所示的三张图片,它们分别是同一个视频的第1、40、80帧,该图展示了对一个跑步者的跟踪过程。

图7-1　运动目标跟踪图像

在第 1 帧图像中给出一个跑步者的边框(bounding box),后续的第 40 帧、80 帧边框依然准确圈出了同一个跑步者。由此可见,目标跟踪是指:给出待跟踪目标在视频第 1 帧中的初始状态(如位置、尺寸),通过跟踪技术自动估计目标物体在后续帧中的状态。

人眼可以比较轻松地在一段时间内跟住某个特定目标,但是对机器而言,这一任务并不简单,尤其是跟踪过程中可能会出现诸如目标发生剧烈形变、被其他目标遮挡或出现相似物体干扰等各种复杂情况。

图像跟踪问题是图像视频处理中的一个热门问题,就是在视频图像中初始化第 1 帧,勾选出需要跟踪的目标,在后续图像帧序列中,找到待跟踪目标。因为目标的多样性,条件的复杂性,图像跟踪问题至今仍没有得到彻底解决。跟踪过程中的光照变化、目标尺度变化、目标被遮挡、目标的形变、目标的高速运动、运动模糊、目标的旋转、目标逃离视差、照相机的抖动、环境的剧烈变化、背景杂波、低分辨率等现象,都是图像跟踪问题的挑战。

图像跟踪技术是直接利用摄像头拍摄到的图像,进行图像识别,识别出目标的位置,并指挥摄像头对该物体进行跟踪。在这种图像跟踪系统中,被跟踪目标无须配备任何辅助设备,只要进入跟踪区域,系统便可对该目标进行跟踪,使摄像机画面始终锁定该目标。

图像跟踪的主要任务是从当前帧中匹配出上一帧出现的感兴趣目标的位置、形状等信息,在连续的视频序列中通过建立合适的运动模型确定跟踪对象的位置、尺度和角度等状态,并根据实际应用需求画出并保存目标运动轨迹。图像跟踪作为计算机视觉领域中一个最基本也最重要的研究方向,吸引了越来越多的关注。

图像跟踪融合了模式识别、图像处理、计算机视觉等多个学科领域的内容,其主要目标就是对视频序列中不断运动的目标进行检测、提取、识别和跟踪,获得目标的运动参数,便于后续对运动目标的行为进行分析和理解。运动目标跟踪是连接目标检测和行为分析的重要环节:运动目标检测是目标跟踪的基础;而通过对动态目标的跟踪可以获得目标图像的参数信息及运动轨迹等;运动目标跟踪则是计算机视觉中行为分析的前提,几乎所有的目标行为分析都离不开目标跟踪。

在视频跟踪方法中,跟踪问题可以看作是在线的贝叶斯估计问题,用图 7 - 2 中的概率图模型形式来描述,图中 $x_i(i = 0,1,\cdots,t)$ 和 $y_i(i = 1,2,\cdots,t)$ 分别为第 i 时刻的目标状态和观测。从贝叶斯估计角度来看,跟踪问题就是从所有的历史观测数据 $y_i(i = 1,2,\cdots,t)$ 中推理出 t 时刻状态的值,即估计 $p(x_t \mid y_1,y_2,\cdots,y_t)$。状态变量包括目标在图像中位置、大小及运动速度等。

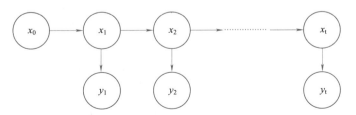

图 7 - 2 跟踪问题的图模型描述

7.1.2 图像跟踪步骤

运动目标跟踪是在一段视频图像序列中的每一幅图像中实时定位出感兴趣的运动目标,一般来说,运动目标跟踪主要基于两种方法:一种是不通过先验知识,直接从序列图像中检测到运动目标,并对其进行定位和跟踪;第二种是依赖于先验知识,通过目标的先验信息建立目标模板,然后用这个模板在视频序列图像中匹配出相似度很高的运动目标,并实时跟踪。

运动目标跟踪步骤是首先进行运动目标检测,然后提取出目标特征,最后基于目标特征进行目标跟踪。

1. 运动目标检测

本书第 5 章已经详细介绍了目标检测的相关知识,此处略述。运动目标检测是从序列图像中将变化区域从背景图像中提取出来,是一种以目标的几何特征和统计特征为基础的图像分割技术,由于运动目标与背景图像之间存在相对运动,利用这种特性可以将运动前景目标提取出来,然后通过提取该目标的颜色、灰度及边缘等特征,将前景运动目标和背景分割出来,得到一个较为完整的运动目标实体。常用的运动目标检测技术有:

(1)背景差分法。利用当前图像与背景图像的差分来检测运动区域。其思想是:首先获得一个背景模型,将当前帧与背景模型相减,如果像素差值大于某一阈值,则判断此像素为运动目标,否则属于背景图像。

(2)帧间差分法。通过计算相邻两帧图像的差值来获得运动目标的轮廓。当监控场景中出现异常物体运动时,帧与帧之间会出现较为明显的差别,两帧相减,得到两帧图像亮度差的绝对值,判断它是否大于阈值来分析视频或图像序列的运动特性,确定图像序列中有无运动物体。

(3)光流法。空间中的目标运动可以用运动场来描述,图像平面上物体运动通过图像序列中的图像灰度分布来体现,而空间中运动场转移到图像上就表示为光流场。图像上的点与三维物体上的点一一对应,这种对应关系可以通过投影计算得到。光流场反映了图像上每一点灰度的变化趋势,可看作灰度像素点在图像平面运动产生的"瞬时速度场",也是对真实运动场的近似估计。如果图像中没有运动目标,则光流矢量在整个图像区域是连续变化的;当图像中有运动物体时,目标和背景存在相对运动,运动物体所形成的速度矢量与背景的速度矢量有所不同,如此便可计算出运动物体的位置。

2. 运动目标跟踪

通过运动目标检测算法能够从视频序列图像中提取出运动目标,但是仍然不知道当前帧和前一帧中检测出来的运动目标之间的某种联系,或者说相对运动关系,无法判断它们是否为同一个目标,也就无法找出前一帧图像中的运动目标在当前帧图像中的位置。因此,还需要一个实时有效的运动目标跟踪算法对目标进行定位跟踪,这涉及以下几个步骤:

1）运动目标特征提取

为了对运动目标进行有效的表达，需要提取目标的多类特征，包括视觉特征（如图像边缘、轮廓、形状、纹理、区域等）、统计特征（如直方图）、变换系数特征（如傅里叶变换、自回归模型）、代数特征（如图像矩阵的奇异值分解）等。

2）相似性度量算法

为了对运动目标特征进行匹配，需要采用某种相似性度量算法，利用该算法对各帧图像中的目标特征进行匹配，以实现目标跟踪。常见有欧氏距离、棋盘距离、加权距离等。

3）匹配搜索算法

通过搜索算法来预测运动目标下一帧可能出现的位置，在相关区域内寻找最优点。可采用卡尔曼滤波、扩展卡尔曼滤波、粒子滤波等算法，卡尔曼滤波器是对一个动态系统状态序列进行线性最小方差估计的算法，基于以前的状态序列对下一个状态做最优估计。

另一类算法是通过优化搜索方向来减小搜索范围，例如利用无参估计方法优化目标模板与候选目标距离的迭代收敛过程，以达到缩小搜索范围的目的，如 Meanshift（均值漂移算法）、Camshift（连续自适应均值漂移算法）等。

目标跟踪在很多方面均有广泛的应用，如行为识别、视频监控以及导航领域等，但现实世界中的很多复杂因素导致运动目标跟踪面临巨大的挑战，运动目标跟踪是不确定性问题，包括运动目标本身的不确定性和测量的不确定性，主要表现在以下几个方面：

（1）复杂的背景。在现实生活场景中，环境往往比较复杂，对于目标跟踪系统而言，背景越复杂，目标受到背景的干扰也越大，目标特征提取就越困难，跟踪的难度也就越大。因此，复杂的背景是目标跟踪算法中的一大难点。若跟踪算法采用颜色特征描述目标的外观信息，当目标的颜色分布与背景相似时，跟踪对象往往会漂移到背景中的相似物上；而当背景中的相似物与跟踪目标的特征点相似时，同样会导致基于特征点的跟踪算法的失败。因此，要构建一个性能优异的跟踪器，必须采用更加健壮的特征构建独特的目标模型，有效减少背景噪声对目标造成的影响。

（2）目标遮挡。目标的相互遮挡和被遮挡是目标跟踪中的一个重要难题。当目标发生遮挡时，部分或全部目标信息丢失，此时若只采用一种特征或者是全局特征进行特征提取，很容易造成跟踪失败。因此，当目标遭遇遮挡时，如何有效提取目标特征信息，保证在目标受到遮挡时依然能够稳定地跟踪目标是跟踪算法中的一大难点。

（3）光照变化。从室内到室外，拍摄时间的不同及灯光变化等是日常生活中常见的场景，这给跟踪算法带来了另一个难点，就是光照变化。光照变化会严重影响视频图像的质量，采取有效措施克服光照变化也是目标跟踪领域中的一个重要课题。

（4）实时性。目前大多数跟踪算法的健壮性建立在复杂的算法基础上，需要处理较复杂的目标特征信息，计算量大，实时性差，但工程应用中必须保证算法的实时性，因此设计一个健壮性强、准确性高且能够实时跟踪的目标跟踪系统是当下研究的热点之一。

这些现实中的复杂因素的相互叠加影响了目标跟踪的效果,从而影响了跟踪技术的产品化发展。经过多年的努力,目前已经涌现出大量颇具价值的目标跟踪算法,目标跟踪的研究取得了长足的发展,尤其是各种机器学习算法被引入以来,目标跟踪算法呈现百花齐放的态势。2013 年以来,深度学习方法开始在目标跟踪领域崭露头角,并逐渐在性能上超越传统方法,取得了巨大的突破。

7.1.3 图像跟踪算法分类

一个健壮性高的目标跟踪算法必须满足几个方面的要求:健壮性、准确性和实时性。健壮性是衡量目标跟踪算法的稳定性,希望算法在各种场景环境下都能够适应目标的外观变化、复杂的背景情况、快速运动造成的运动模糊和随时可能出现的不同程度的遮挡造成的目标不规则变形等;算法的准确性在视频监控系统中的要求比较高,一般包括两个方面:目标检测的准确性以及分割的准确性;实时性主要是针对算法的跟踪速度,为了满足工程应用的需要,一个实用的目标跟踪算法必须能够实时地对目标进行跟踪。近年来虽然提出了很多新的思路和方法,但要同时兼顾几个方面,依然是一个很大的挑战。

在早期,图像目标跟踪有一些公共的基准(BenchMark),但是一直以来都没有形成统一的评价标准,各个跟踪算法都无法直接比较。直到 2013 年,终于出现了统一的评价标准。目前主流的跟踪测试集有两个:VOT 和 OTB。OTB 测试集主要来源于 *Online Object Tracking:A Benchmark*一文。文中,作者把之前先进的跟踪算法都集成了起来,通过准确度绘图(Precision plot)和成功率绘图(Success plot)来直观展示不同跟踪算法的效果对比。

OTB50 数据集整合了 49 段视频,50 个目标,发表在 2013 年的 IEEE 国际计算机视觉与模式识别会议(IEEE Conference on Computer Vision and Pattern Recognition,CVPR)上,2015 年,该测试集扩充到 100 个跟踪目标(OTB100),极大地促进了视频跟踪方面的研究。

VOT(Visual Object Tracking)是一个针对单目标跟踪的测试平台,从 2013 年发展到现在,已经成为单目标跟踪领域主流的三大平台之一。VOT 大多序列较短,而 OTB 有长时(long-term)的测试序列。在图像分类领域,每年都有 VOC 比赛,同样,在图像跟踪领域,每年都有 VOT 比赛,VOT 测试算法也成为对图像跟踪算法进行比较的方式。

跟踪算法的精度和健壮性很大程度上取决于对运动目标的表达和相似性度量的定义,跟踪算法的实时性取决于匹配搜索策略和滤波预测算法。依据运动目标的表达和相似性度量,运动目标跟踪算法可以分为以下四类:

1.基于特征的跟踪算法

视频序列中前后两帧的时间差距比较小,可以把运动目标的特征信息看作是平滑的,所以可以提取运动目标的某个或某些特征信息达到跟踪的目的。基于特征的跟踪算法主要思想是在视频序列中选取可以很好地表述运动区域特点的特征,然后根据所用特征和后续视频序列进行匹配,以此得到在后续视频序列中的位置信息,从而实现目标跟踪。

基于特征的跟踪算法包含两个阶段:第一阶段是特征提取,提取视频序列图像每一帧中运动目标的形状、面积、位置、轮廓、颜色等特征,特征的选择关系到运动区域的跟踪效果,这个特征必须适于运算,有明显的特性及其稳定性;第二阶段是特征匹配,就是对比每一帧中提取出来的特征与之前帧所提取特征的相关程度,确定匹配关系。选用的特征不同,则相应的匹配模式也不同。例如,采用相邻两帧的前景目标的重心进行特征匹配被广为使用,在该方法中,如果相邻两帧之间的前景目标重心之间的距离小于一个设定好的阈值,则可以将它们视为同一个运动目标。

此种方法的优势是对遮挡情况不敏感,当局部运动区域被挡住时,根据显露区域的特征也能够达到跟踪的目的。此外,与卡尔曼滤波算法相结合,可以得到不错的跟踪效果。如何选择特征,则是该算法的难点,要根据实际需求来定。若选用的特征较多,会影响算法的运行效率,对目标的实时跟踪也有影响;若选用的特征比较少,则对场景较敏感,易受噪声的影响,在特征匹配中易出现错误,降低算法的健壮性。因此,选用一个好的特征信息来表述运动目标至关重要。其中典型算法是 MeanShift(均值漂移)算法及与其相关的改进算法(如 Camshift 算法)。

2. 基于区域的跟踪算法

最早的区域跟踪算法是 1994 年提出的,用于对道路场景中的目标进行跟踪。基于区域的跟踪方法是将目标用简单的几何形状表示,称为目标区域。以提取出的目标区域作为检测单元,通过目标检测方法或者计算视频序列帧之间目标区域的有关特征参数的关联,由相邻帧的关联获取目标区域的轨迹,达到跟踪的目的。

该方法的基本原理是:当在视频序列图像中检测出运动目标之后,将它的连通区域视为一个检测单元,同时提取每一个目标区域的特征,如颜色特征、面积特征、质心特征以及形状特征等,然后检测相邻两帧之间的运动区域内特征的相似度值,根据其值的大小来确定运动目标在当前视频序列图像帧中的位置,并跟踪该目标。在计算相似度时,可以采用多种特征融合匹配的方式,如结合颜色特征、面积特征和某些局部特征,通过策略机制来选择出匹配相似度最高的目标。

这种算法的优势在于:计算简单;充分利用了运动区域的信息,不易受噪声影响,有很好的跟踪效果;与预测算法相结合,能够使跟踪效果更好。但也有很多不足:

(1)搜索区域较大时,算法的时效性较差。

(2)目标发生形变或姿态变化时,跟踪效果较差。

(3)当运动区域被遮挡而导致连续图像中目标产生明显的变化时,容易跟丢目标。

(4)适用于简单的场景,如运动目标不多的场景。但对于比较复杂的场景,如场景内有许多运动目标,同时发生了大量的拥挤和遮挡,此时会由于匹配效果的不佳而影响到目标的跟踪,导致误跟或者漏跟等现象,有可能将多个目标错判为一个目标进行跟踪。

3. 基于模型的跟踪算法

基于模型的跟踪算法是由先验知识构建目标模型,之后对目标模型和图像数据进行匹配而达到跟踪目的。基本思想是:首先建立目标的二维或者三维结构模型和运动模型,通过这个模型不断地学习并训练运动目标的特征信息。当在图像中检测到运动目标时,将其与建立好的模板库中的模型进行一一匹配,如果结果大于一个阈值,则判定匹配成功,对目标进行跟踪。在跟踪当前目标的同时,继续学习该目标的各种特征,如颜色、尺寸以及速度等特征,并通过这些特征信息对已建立好的模板库进行训练和更新,时刻保持模板库是最新的,确保匹配的准确性。

基于模型的跟踪算法的优点是适应于复杂环境,不依赖于图像视角,稳定性和准确性强,尤其是当运动目标被遮挡时也可以对目标的运动轨迹进行精确分析,从而达到准确跟踪的效果。刚体动态目标(如车辆)在跟踪时只是发生移动或旋转等变化,不会产生形变,因此此算法很适合对刚体动态目标进行跟踪,并且准确度高,不易受外界影响。

但是对于非刚体动态目标(如行人)则很容易产生形变,并且这个变化是随机的,通过先验知识对它建立模型不太容易,因此非刚体动态目标一般不适于这种跟踪算法。其次模型的计算量过大,将导致算法的实时性差,很少用到实时系统中。

经典的基于模型的目标跟踪方法有 TLD(Tracking-Learning-Detection)视觉跟踪算法,采用在线学习机制不断更新目标模型的特征及参数,非常适合于目标发生畸变和被遮挡的场合,拥有较好的健壮性和稳定性。Dr. Daesik Jang 等人构建了一个目标模型,这个模型能够表示目标的区域和结构特征,如形状、纹理、颜色等。采用基于模型的跟踪算法提取出了目标的运动轨迹,并在图像序列中对目标进行跟踪,通过动态更新该模型,使得该方法可以跟踪非刚性目标。

4. 基于轮廓的跟踪算法

基于活动轮廓的跟踪算法基本思路是由闭合的目标轮廓进行跟踪,该轮廓能够自动连续地更新。其关键技术是运动区域闭合轮廓的提取,一般来说传统算法(如 Sobel 算子)提取的轮廓不是很平滑,并且目标轮廓会随着运动区域的形变而改变,导致提取的目标轮廓无法进行匹配。这种方法要求有运动区域边缘信息,通常可手动选择首帧图像中的运动区域,之后计算运动区域在视频序列中的轮廓能量函数的局部极小值来对它进行定位。

目前主要利用主动轮廓模型,包括两类:参数主动轮廓模型(Snake 模型)和几何主动轮廓模型。Snake 模型的优势在于不易受环境噪声影响,所以适用于复杂场景下的动态目标跟踪,也可以处理目标姿态变化。其主要思想是先在待测视频序列中标出运动区域的初始轮廓,然后由一个能量函数来表述它,最后由这个能量函数调整动态目标的轮廓的变化。该模型的不足之处在于要人为选定初始运动区域轮廓的位置和大致形状。

以上四种方法常和滤波算法一起使用,利用滤波器进行运动预测来减小匹配过程的搜索空间。其基本思想如下:通过观测运动目标前面的状态,获得目标先验信息,对下一时刻目标的运动状态进行估计。其中典型算法有卡尔曼滤波算法、粒子滤波算法等。卡尔曼滤波是在线性无偏最小方差估计准则下利用前一估计值和最近一个观测值对目标的当前值进行估计,并实时地更新滤波器的参数以达到对系统的最优估计。

运动目标跟踪的目的是确定运动目标的运动轨迹,其关键是检测所得到的前景目标与待跟踪的动态目标之间的对应关系。这种对应关系的建立就是图像帧之间的目标特征匹配问题。基于卡尔曼滤波的运动目标跟踪算法通常有以下步骤:

(1)在运动目标检测结果的基础上,进行运动目标特征提取。

(2)利用卡尔曼滤波器建立运动模型,用特征信息初始化卡尔曼滤波器。

(3)用卡尔曼滤波器对已经提取的运动目标做下一步的运动预测。

(4)对预测特征与观测的图像特征进行匹配,如果匹配,则更新卡尔曼滤波器,并记录当前帧信息。

基于卡尔曼滤波的运动目标跟踪算法的优点是:不像其他算法一样需要全部的历史观测值,所以计算量比较小。但是由于卡尔曼滤波器是线性递归的,因此它要求目标的状态方程必须是线性的,其噪声必须是高斯的,这对于实际系统来说是很难满足的,由于实际情况复杂,目标之间会形成遮挡,检测时也会产生分裂现象,这就会使卡尔曼滤波器的工作性能大大降低,从而造成跟踪质量的下降。

粒子滤波可以用来解决非线性非高斯情况下的目标跟踪问题。它是一种非参数化的蒙特卡罗模拟方法,通过递推的贝叶斯滤波来近似逼近最优化的估计结果。粒子滤波方法在解决目标运动的非线性、非高斯和多峰态方面表现出良好的性能,唯一的缺点是由于它使用多个粒子样本来逼近状态的后验分布,因此计算量较大。

●●●●●● 7.2 智能图像跟踪算法 ●●●●●●

早些年,Camshift、光流、背景差等图像跟踪算法比较流行,在静态背景条件下被成功应用,但后来这类方法逐渐被淘汰,人们开始更多地研究动态背景、复杂场景环境下的图像跟踪,根据观察模型,这类现代图像跟踪算法大致分为以下几类:

1. 产生式(生成算法)

生成算法使用生成模型来描述表观特征,并将重建误差最小化来搜索目标,如主成分分析法(PCA)。它是在跟踪过程中,根据跟踪结果在参数空间产生样本(而非直接从图像空间采样),然后在这些样本中寻找最有可能的目标作为跟踪结果。

2. 判别式(判别算法)

判别算法也称 Tracking-by-Detection,它是将目标检测的思路用于目标跟踪,边检测边跟踪,其基本过程是在线产生样本、在线学习、在线检测,找到目标出现概率最大的位置,然后重复这样的步骤,跟踪目标位置。它是在检测中区分物体和背景,性能更稳健,并逐渐成为图像跟踪的主要手段。

MIL(多实例在线学习)就是一种典型的判别算法。在 MIL 之前有 OAB 算法,采用 Online Adaboost 算法进行在线学习,而 MIL 采用 Online MILBoost 进行在线学习,速度更快,并且可以抵抗遮挡。图 7-3 所示是 MIL 算法的跟踪效果图。

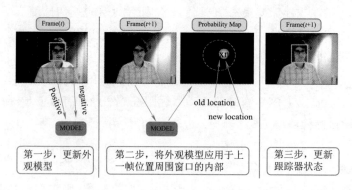

图 7-3　MIL 跟踪效果图

3. 深度学习

深度学习也属于判别式算法的范畴,为了对此进行重点说明,这里单独列出。为了通过检测实现跟踪,我们检测所有帧的候选对象,并使用深度学习从候选对象中识别想要的对象。有两种常用的基本网络模型:堆叠自动编码器(SAE)和卷积神经网络(CNN)。

深度学习图像跟踪方法主要分为两类,一类是使用预先训练好的深度神经网络,如 CNN,不做在线训练,使用其他算法输出目标位置;另一类是在线训练神经网络,由神经网络输出目标位置。

近年来,深度学习方法在目标跟踪领域有不少成功的应用,但是不同于在图像检测、识别等视觉领域中深度学习一统天下的趋势,深度学习在目标跟踪领域的应用并非一帆风顺。目前,图像跟踪处于百家争鸣的状态,深度学习方法在目标跟踪方面并没有预期的凶猛,其主要问题在于训练数据的缺失:深度模型的魔力之一来自于对大量标注训练数据的有效学习,而目标跟踪仅仅提供第 1 帧的边界框作为训练数据。这种情况下,在跟踪开始针对当前目标从头训练一个深度模型困难重重。另外在检测效果方面深度学习方法微微占优,但是在速度上深度学习方法完全无法和传统方法相比较。

深度学习用于图像跟踪有两大需要解决的问题,一是图像跟踪一般使用在线学习,很难提供大量样本集;二是深度学习使用 CNN 时,由于卷积池化,最后一层的输出丢失了位置信息,而图像跟踪就是要输出目标的位置。2013 年以来,深度学习开始用于目标跟踪,并且为这些问题提供了一些解决思路。下面将列举一些典型的深度学习目标跟踪算法。

7.2.1　DLT 和 SO-DLT 算法

这种算法利用辅助图像数据来预先训练深度模型,在线跟踪时只做微调。在目标跟踪的训练数据非常有限的情况下,使用辅助的非跟踪训练数据进行预训练,获取对目标特征的通用表示;在实际跟踪时,通过利用当前跟踪目标的有限样本信息对预训练的模型进行微调,使模型对当前跟踪目标有更强的分类性能,这种迁移学习的思路极大地减少了对跟踪目标训练样本的需求,也提高了跟踪算法的性能。

1. DLT 算法

DLT(Deep Learning Tracker)提出于 2013 年,是第一个将深度模型运用在单目标跟踪任务上的跟踪算法,在 NIPS2013(神经信息处理系统大会)上发表。大体上还是粒子滤波的框架,只是采用栈式降噪自编码器(Stacked Denoising Autoencoder,SDAE)提取特征。它的主体思路如图 7 – 4 所示。

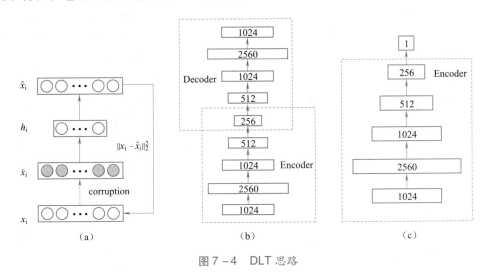

图 7 – 4 DLT 思路

(1)先使用栈式降噪自编码器在大规模自然图像数据集上进行无监督的离线预训练来获得通用的物体表征能力。预训练的网络结构如图 7 – 4(a)所示,一共堆叠了四个降噪自编码器,降噪自编码器对输入加入噪声,通过重构出无噪声的原图来获得更健壮的特征表达能力。图 7 – 4(b)是 SDAE 的 1024 – 2560 – 1024 – 512 – 256 的瓶颈式结构设计,使获得的特征更加紧凑。

(2)之后的在线跟踪部分结构如图 7 – 4(c)所示,取离线 SDAE 的编码部分叠加 sigmoid 分类层组成分类网络。此时的网络并没有获得对当前被跟踪物体的特定表达能力。利用第 1 帧获取正负样本,对分类网络进行微调获得对当前跟踪目标和背景更有针对性的分类网络。在跟踪过程中,对当前帧采用粒子滤波方式提取一批候选的 patch(相当于检测中的 proposal),将这些 patch 输入分类网络中,置信度最高的成为最终的预测目标。

(3)在目标跟踪非常重要的模型更新策略上,采取限定阈值的方式,即当所有粒子中最高的置信度低于阈值时,认为目标已经发生了比较大的表观变化,当前的分类网络已经无法适应,需要进行更新。

DLT 作为第一个将深度网络运用于单目标跟踪的跟踪算法,首先提出了"离线预训练 + 在线微调"的思路,很大程度上解决了跟踪中训练样本不足的问题,在 CVPR 2013 上提出的 OTB50 数据集上的 29 个跟踪器中排名第 5。但是 DLT 本身也存在一些不足:

（1）离线预训练采用的数据集 Tiny Images Dataset 只包含 32×32 大小的图片,分辨率明显低于主要的跟踪序列,因此 SDAE 很难学到足够强的特征表示。

（2）离线阶段的训练目标为图片重构,这与在线跟踪需要区分目标和背景的目标相差甚大。

（3）SDAE 全连接的网络结构使其对目标的特征刻画能力不够优秀,虽然使用了 4 层的深度模型,但效果仍低于一些使用人工特征的传统跟踪方法。

2. SO-DLT

SO-DLT 是在 2015 年发表于 arXiv 网站,延续了 DLT 利用非跟踪数据预训练加在线微调的策略,以解决跟踪过程中训练数据不足的问题,同时也对 DLT 存在的问题做了很大的改进。

如图 7－5 所示,SO-DLT 使用 CNN 作为获取特征和分类的网络模型,使用类似 AlexNet 的网络结构,但是有几大特点:①针对跟踪候选区域的大小将输入缩小为 100×100,而不是一般分类或检测任务中的 224×224;②网络的输出为 50×50 大小、值在 0~1 之间的概率图,每个输出像素对应原图 2×2 的区域,输出值越高则该点在目标边界框中的概率也越大。这样的做法利用了图片本身的结构化信息,便于直接从概率图确定最终的边界框,避免向网络输入数以百计的 proposal,这也是 SO-DLT 结构化输出得名的由来;③在卷积层和全连接层中间采用 SPP-NET 中的空间金字塔采样来提高最终的定位准确度。在离线训练中使用 ImageNet 2014 的检测数据集使 CNN 获得区分物体和非物体的能力。

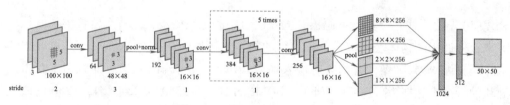

图 7－5　SO-DLT 的网络结构

SO-DLT 在线跟踪的流程如图 7－6 所示:

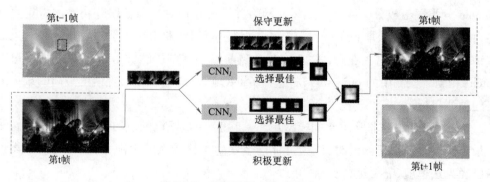

图 7－6　SO-DLT 在线跟踪流程

（1）处理第 t 帧时,首先以第 t－1 帧的预测位置为中心,从小到大以不同尺度的剪切区域放入 CNN 当中,当 CNN 输出的概率图的总和高于一定阈值时,停止剪切,以当前尺度作为最佳的搜索区域大小。

(2)选定第 t 帧的最佳搜索区域后,在该区域输出的概率图上采取一系列策略确定最终的边界框中心位置和大小。

(3)在模型更新方面,为了解决使用不准确结果微调导致的问题,使用了长期和短期两个 CNN,即 CNN_s 和 CNN_l。CNN_s 更新频繁,对目标的表观变化做出及时响应;CNN_l 更新较少,对错误结果更加健壮。两者结合,取置信度最大的结果作为输出。

SO-DLT 作为大规模 CNN 网络在目标跟踪领域的一次成功应用,取得了非常优异的表现:在 CVPR 2013 提出的 OTB50 数据集上准确度达到了 0.819,成功率达到了0.602,远超当时其他的技术。

SO-DLT 有几点值得借鉴:

(1)针对跟踪问题设计了有针对性的网络结构。

(2)应用 CNN 和 CNN_l 解决更新的敏感性,特定参数取多值做平滑,解决参数取值的敏感性。这些措施目前已成为跟踪算法提高评分的杀手锏。

但是 SO-DLT 离线预训练依然使用的是大量无关联图片,笔者认为使用更贴合跟踪实质的时序关联数据是一个更好的选择。

7.2.2 FCNT 和 HCFVT 算法

2015 年以来,利用现有大规模分类数据集来预训练 CNN 网络,提取特征,在目标跟踪领域兴起了一股新的浪潮。这类方法直接使用在 ImageNet 等大规模分类数据库上训练出的 CNN 网络获得目标的特征表示,之后再用观测模型进行分类获得跟踪结果。这种做法既避免了跟踪时直接训练大规模 CNN 的样本不足的困境,也充分利用了深度特征强大的表征能力。这类方法在 ICML 2015(国际机器学习大会)、ICCV 2015(国际计算机视觉大会)、CVPR 2016(计算机视觉和模式识别领域顶级会议)上均有出现。

1. FCNT(ICCV 2015)

全卷积网络视觉跟踪算法(Visual Tracking with Fully Convolutional Networks,FCNT)是应用 CNN 特征于目标跟踪的代表之作,它的亮点之一是深入分析了利用 ImageNet 预训练得到的 CNN 特征在目标跟踪任务上的性能,并根据分析结果设计了后续的网络结构。FCNT 主要对 VGG-16(结构参见 2.3.3 节)的 Conv4_3 和 Conv5_3 层输出的特征图做了分析,并得出以下结论:

(1)CNN 的特征图可以用来做跟踪目标的定位。

(2)CNN 的许多特征图存在噪声或者与目标跟踪区分目标和背景的任务关联较小。

(3)CNN 不同层的特征特点不同。高层(Conv5_3)特征擅长区分不同类别的目标,对目标的形变和遮挡健壮性很强,但是对类内目标的区分能力非常差;低层(Conv4_3)特征更关注目标的局部细节,可以用来区分背景中相似的干扰物,但是对目标的剧烈形变健壮性很差。

依据以上分析,FCNT 最终形成了如图 7 - 7 所示的框架结构。

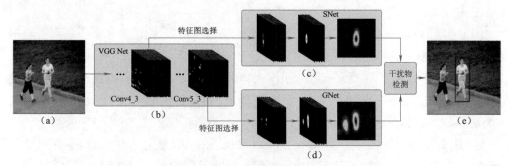

图 7 - 7　FCNT 框架结构

（1）对于 Conv4_3 和 Conv5_3 特征分别构建特征选择网络 sel-CNN（1 层 dropout 加 1 层卷积），选出和当前跟踪目标最相关的特征映射通道。

（2）对筛选出的 Conv5_3 和 Conv4_3 特征分别构建捕捉类别信息的 GNet 和区分背景相似物体的 SNet（都是两层卷积结构）。

（3）在第 1 帧中使用给出的边界框生成热度图（heat-map）回归训练 sel-CNN、GNet 和 SNet。

（4）对于每一帧，以上一帧预测结果为中心剪切出一块区域，之后分别输入 GNet 和 SNet，得到两个预测的热度图，并根据是否有相似物决定使用哪个热度图生成最终的跟踪结果。

FCNT 根据对 CNN 不同层特征的分析，构建特征筛选网络和两个互补的 heat-map 预测网络。达到有效抑制相似物，防止跟踪器漂移，同时对目标自身形变更加健壮的效果。在 CVPR 2013 提出的 OTB50 数据集上准确度达到了 0.856，成功率达到了 0.599。实际测试中 FCNT 对遮挡的表现不是很健壮，现有的更新策略还有提高空间。

2. HCFVT（ICCV 2015）

HCFVT（Hierarchical Convolutional Features for Visual Tracking）算法思想很简单，就是通过预先训练好的深度神经网络来提取特征，利用多层特征来共同定位，浅层特征位置准确，深层特征包含语义信息，在线学习部分使用当下最受欢迎，又快又好又简洁的相关滤波器（Correlation Filter）。这种思想其实是相当不错的，但是用了深度学习就不得不面对庞大的参数和 GPU 加速处理。HCFVT 是最简洁有效的利用深度特征进行跟踪的方法，其思路如图 7 - 8 所示。图 7 - 9 所示是算法跟踪效果图。

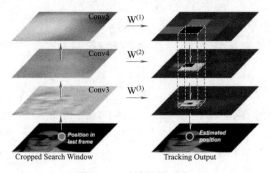

图 7 - 8　HCFVT 思路

图 7-9　HCFVT 算法跟踪效果图

VGG-19 特征(Conv3_4,Conv4_4,Conv5_4)在目标跟踪上的特性和 FCNT 有异曲同工之处,即:

(1)高层特征主要反映目标的语义特性,对目标的表观变化比较健壮。

(2)底层特征保存了更多细粒度的空间特性,对跟踪目标的精确定位更有效。

基于以上结论,得到一个粗粒度到细粒度的跟踪算法:

(1)第 1 帧时,利用 Conv3_4、Conv4_4、Conv5_4 特征的插值分别训练得到 3 个相关滤波器。

(2)之后的每帧,以上一帧的预测结果为中心剪切出一块区域,获取 3 个卷积层的特征,做插值,并通过每层的相关滤波器预测二维的置信度值。

(3)从 Conv5_4 开始算出置信度值最大的响应点,作为预测边框(bounding box)的中心位置,之后以这个位置约束下一层的搜索范围,逐层向下做更细粒度的位置预测,以最低层的预测结果作为最后输出。

(4)利用当前跟踪结果对每一层的相关滤波器进行更新。

这种算法针对 VGG-19 各层特征的特点,由粗粒度到细粒度最终准确定位目标的中心点。在 CVPR 2013 提出的 OTB50 数据集上准确度达到了 0.891,成功率达到了 0.605,相较于 FCNT 和 SO-DLT 都有提高,实际测试时性能也相当稳定,显示出深度特征结合相关滤波器的巨大优势。但是这篇文章中的相关滤波器并没有对尺度进行处理,在整个跟踪序列中都假定目标尺度不变。在一些尺度变化非常剧烈的测试序列上最终预测出的 bounding box 尺寸大小和目标本身大小相差较大。

以上两种方法都是通过应用预训练的 CNN 网络提取特征来提高跟踪性能的成功案例,说明利用这种思路解决训练数据缺失和提高性能具有很高的可行性。但是分类任务预训练的 CNN 网络本身更关注区分类间物体,忽略类内差别。目标跟踪时只关注一个物体,重点区分该物体和背景信息,明显抑制背景中的同类物体,但是还需要对物体本身的变化健壮。分类任务以相似的一众物体为一类,跟踪任务以同一个物体的不同表观为一类,使得这两个任务存在很大差别,这也是两篇文章融合多层特征来做跟踪以达到较理想效果的动机所在。

7.2.3 MDNet 算法

这种算法利用跟踪序列预先训练深度模型,在线跟踪时进行微调。前面介绍的解决训练数据不足的策略和目标跟踪的任务本身存在一定偏离,有没有更好的解决办法呢? VOT 2015 冠军多域网络(MDNet,Multi-Domain Network)给出了一个示范。该方法在 OTB50 上也取得了准确度 0.942,成功率 0.702 的惊人得分。

意识到图像分类任务和跟踪之间存在巨大差别,MDNet 提出直接用跟踪视频预训练 CNN 获得通用的目标表示能力的方法。但是序列训练也存在问题,即不同跟踪序列跟踪目标完全不一样,某类物体在一个序列中是跟踪目标,在另外一个序列中可能只是背景。不同序列中目标本身的表观和运动模式,环境中光照、遮挡等情形相差甚大。这种情况下,想要用同一个 CNN 完成所有训练序列中前景和背景区分的任务,困难重重。

最终 MDNet 提出多域(Multi-Domain)的训练思路,以及如图 7 – 10 所示的多域网络。该网络分为共享层(Shared Layers)和区域特定层(Domain-specific Layers)两部分。将每个训练序列当成一个单独的域,每个域都有一个针对它的二分类层(fc6),用于区分当前序列的前景和背景,而网络之前的所有层都是序列共享的。这样共享层达到了学习跟踪序列中目标共有特征表达的目的,而区域特定层又解决了不同训练序列分类目标不一致的问题。

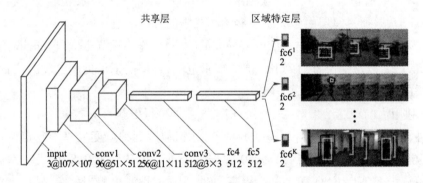

图 7 – 10　MDNet 的网络结构

具体训练时,MDNet 的每个子集(mini-batch)只由一个特定序列的训练数据构成,只更新共享层和针对当前序列的特定 fc6 层。这样共享层中获得了对序列共有特征的表达能力,如对光照、形变等的健壮性。MDNet 在测试 OTB100 数据集时,利用 VOT 2013 – 2015 的不重合的 58 个序列来做预训练;测试 VOT 2014 数据集时,利用 OTB100 上不重合的 89 个序列做预训练,这种交替利用的思路也是第一次在跟踪研究中出现。

在线跟踪阶段针对每个跟踪序列,MDNet 主要有以下几步:

(1)随机初始化一个新的 fc6 层。

(2)使用第 1 帧的数据来训练该序列的 bounding box 回归模型。

（3）用第 1 帧提取正样本和负样本，更新 fc4，fc5 和 fc6 层的权重。

（4）之后产生 256 个候选样本，并从中选择置信度最高的，做 bounding box 回归得到最终结果。

（5）当前帧最终结果置信度较高时，采样更新样本库，否则根据情况对模型做短期或者长期更新。

MDNet 有两点值得借鉴之处：

（1）MDNet 应用了更为贴合跟踪实质的视频数据来做训练，并提出了创新的 Multi-domain 训练方法和训练数据交叉运用的思路。

（2）此外 MDNet 从检测任务中借鉴了不少行之有效的策略，如困难反例挖掘（hard negative mining）、bounding box 回归等，通过重点关注背景中的难点样本（如相似物体等）显著减轻了跟踪器漂移的问题。这些策略也帮助 MDNet 在 OTB100 数据集上准确度从 0.825 提升到 0.908，成功率从 0.589 提升到 0.673。

但是也可以发现 MDNet 的总体思路和 RCNN 比较类似，需要前向传递上百个 proposal，虽然网络结构较小，速度仍较慢。且 bounding box 回归也需要单独训练，因此 MDNet 还有进一步提升的空间。

7.2.4　RTT 算法

近年来递归神经网络（Recurrent Neural Network，RNN），尤其是长短期记忆网络（Long Short-Term Memory，LSTM）、GRU（Gated Recurrent Unit）等在时序任务上显示出了突出的性能。不少研究者开始探索如何应用 RNN 来解决现有跟踪任务中存在的问题。RTT（CVPR16）利用二维平面上的 RNN 来建模和挖掘对整体跟踪有用的可靠的目标部分，最终解决预测误差累积和传播导致的跟踪漂移问题。其本身也是对基于部件的跟踪方法和相关滤波方法的改进和探索。RTT 的整体框架如图 7-11 所示。

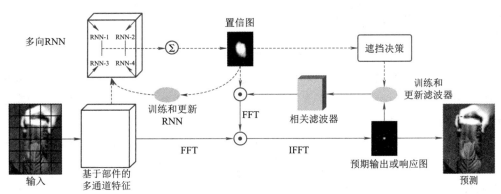

图 7-11　RTT 的整体框架

（1）首先对每一帧的候选区域进行网状分块，对每个分块提取 HOG 特征，最终相连获得基于块的特征。

（2）得到分块特征以后，RTT 利用前 5 帧训练多方向 RNN 来学习分块之间大范围的空间关联。通过在四个方向上的前向推进，RNN 计算出每个分块的置信度，最终每个块的预测值组成了整个候选区域的置信图。受益于 RNN 的递归结构,每个分块的输出值都受到其他关联分块的影响,相比于仅仅考虑当前块的准确度更高,避免单个方向上遮挡等的影响,增加可靠目标部分在整体置信图中的影响。

(3)由 RNN 得出置信图之后,RTT 执行了另外一条传递路径(pipeline)。即训练相关滤波器来获得最终的跟踪结果。值得注意的是,在训练过程中 RNN 的置信图对不同块的滤波器做了加权,达到抑制背景中的相似物体,增强可靠部分的效果。

(4)RTT 提出了一个判断当前跟踪物体是否被遮挡的策略,用其判断是否更新。即计算目标区域的置信度,并与历史置信度和移动平均数(Moving Average)做一个对比,低于一定比例,则认为受到遮挡,停止模型更新,防止引入噪声。

RTT 是第一个利用 RNN 来建模跟踪任务中复杂的大范围关联关系的跟踪算法。在 CVPR 2013 提出的 OTB50 数据集上准确度为 0.827,成功率达到了 0.588。相比于其他基于传统特征的相关滤波器算法有较大的提升,说明 RNN 对关联关系的挖掘和对滤波器的约束确实有效。RTT 受制于参数数目的影响,只选用了参数较少的普通 RNN 结构(采用 HOG 特征其实也是降低参数的另外一种折中策略)。结合之前介绍的解决训练数据缺失的措施,RTT 可以运用更好的特征和 RNN 结构,效果还有提升空间。

●●●●●● 7.3 图像跟踪应用 ●●●●●●

图像跟踪系统广泛应用在教育、会议、医疗、庭审以及安防监控等各个行业。视频目标跟踪是视频监控中一个主要的应用方向。在社会各个领域中几乎都能够找到视频监控技术的身影,其优势就在于能够在监视器上实时观测到监控区域的情况,能够直接获得运动目标的信息,因此十分直观可靠。

7.3.1 图像跟踪应用概述

视频跟踪技术近年来引起越来越多的关注,这主要是以下两方面的原因:一方面,计算和存储成本的大幅度下降使得以视频速率或近似视频速率采集存储图像序列成为可能;另一方面,视频跟踪技术的极为广阔的市场应用前景也是推动此研究的主要动力。与视频序列跟踪技术有密切关系的应用主要有:

(1)智能视频监控。智能视频监控是利用计算机视觉技术对视频信号进行处理、分析和理解,并对视频监控系统进行控制,从而使视频监控系统具有像人一样的智能。智能视频监控在民用和军事上都有着广泛的应用,它可用于银行、机场、政府机构等公共场所的无人值守,这些系统的一个特点是减少对人工的依赖,系统自动完成对感兴趣目标的分析与描述,而对感兴趣目标的持续跟踪是其中的主要环节,是基于视频的运动分析、行为理解等后续工作的基础。

(2)基于视频的人机交互。传统的人机交互是通过计算机键盘和鼠标进行的,然而人们期望有更简洁的、智能化和人性化的人机交互方式。计算机无接触式地收集人类在计算机前的视频信号,利用计算机视觉的相关理论分析视频信号,做到分辨人类的动作,明白人类的意图,即我们希望计算机能尽可能地"理解"我们。实现这一目标的可能方式之一是使计算机具有识别和理解人的姿态、动作、手势等能力,跟踪是完成这些任务的关键一步。

(3)机器人视觉导航。视觉传感器是智能机器人的一种十分重要的信息源,为了能够自主运动,智能机器人需要能够认识和跟踪环境中的物体。在机器人手眼应用中,跟踪技术用于安装在机器人身上的摄像机所拍摄的物体计算其运动轨迹,选择最佳姿态抓取物体。

(4)虚拟现实。虚拟环境中的交互和虚拟人物角色的动作模拟,直接得益于视频人体运动分析的研究成果,可以给参与者提供更加丰富的交互形式。从视频中获取人体运动数据,就可以用新的虚拟人物或具有类似关节模型的物体替换原始视频中的人物,这样会得到意想不到的特殊效果。其中的关键技术是人体运动跟踪分析。

(5)医学诊断。超声波和核磁共振技术已被广泛应用于病情诊断。跟踪技术在超声波和核磁序列图像的自动分析中有着很广泛的应用前景。由于超声波图像中存在的噪声经常会淹没单帧图像中的有用信息,使静态分析十分困难,如果利用序列图像中目标在几何上的连续性和时间上的相关性,则得到的结果将更加准确,如跟踪超声波序列图像中心脏的跳动,为医生诊断心脏病变提供准确可靠的信息;跟踪核磁共振视频序列中每一帧扫描图像的脑半球,可将跟踪结果用于脑半球的重建。

7.3.2 交通视频车辆跟踪

在道路交通视频图像序列中对车辆图像进行跟踪,主要是通过视频图像序列获取车辆的特征信息,如车辆形状、颜色、阴影部分,统计车辆模型等,并进行车辆的特征识别。提取视频图像中车辆的过程是对图像中车辆的分割过程,而车辆在连续的图像序列中的基本特性是不变的,如车牌、车前灯、车前挡风玻璃等。图像中车辆识别的过程就是在图像序列中找出车辆的特征点,并把图像中车辆的特征点所表现出来的差异信息统计出来。在图 7－12 中,利用 Camshift 算法实现了对目标的跟踪,并且可以根据人因离镜头的远近产生的变化来调节跟踪窗口的大小。

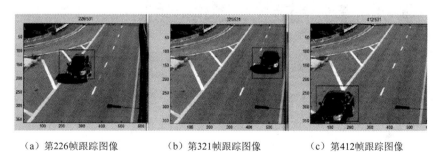

(a)第226帧跟踪图像　　　(b)第321帧跟踪图像　　　(c)第412帧跟踪图像

图 7－12　道路交通视频图像序列车辆图像跟踪效果图 1

图 7－13 所示是对交通视频图像利用 Kalman 滤波器进行跟踪的效果图,图 7－13(a)

和(b)为对 Blob ID 009、010 车辆的跟踪效果,图 7 –13(c)和(d)对 Blob ID 020 车辆进行的跟踪效果。

（a）725 帧 （b）765 帧

（c）1434 帧 （d）1511 帧

图 7 –13 道路交通视频图像序列车辆图像跟踪效果图 2

图 7 –14 展示了七种跟踪算法在 Car4 视频序列中的跟踪结果。图像中目标车辆在有光照变化的环境中行驶,先是从明亮处运动到天桥下面,环境变得阴暗,又从阴暗处运动到明亮处,同时从马路的左边行驶到马路右边。在目标移动过程中,LSK、MTT 及 L1APG 算法都发生了漂移,其他算法一直都能对目标车辆进行稳定地跟踪。

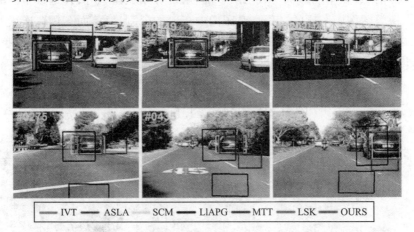

—— IVT —— ASLA —— SCM —— L1APG —— MTT —— LSK —— OURS

图 7 –14 Car4 视频序列的跟踪结果比较

图 7 –15 展示了七种跟踪算法在 CarScale 视频序列中的跟踪结果。视频中的目标汽车刚开始时很小,随着车辆驶近,慢慢变大。当目标车辆在行驶过程中被树木遮挡时,MTT 和 L1APG 算法发生了漂移,从目标上偏移到树上。其他跟踪器虽然能够一直定位目标对象,但它们不能很好地处理车辆尺度和方向的变化。

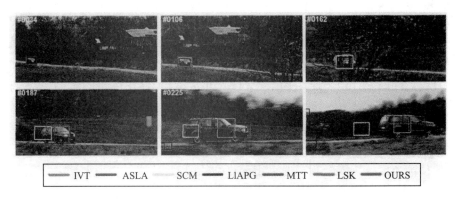

图 7-15　CarScale 视频序列的跟踪结果比较

7.3.3　街景视频行人跟踪

街景视频行人跟踪首先涉及行人检测问题(Pedestrian Detection),在此基础上进行行人跟踪。

1. 行人检测

行人检测是计算机视觉中的经典问题,也是计算机视觉研究中的热点和难点问题。和人脸检测问题相比,由于人体的姿态复杂,变形更大,附着物和遮挡等问题更严重,因此准确地检测处于各种场景下的行人具有很大的难度。

行人检测要解决的问题是:找出图像或视频帧中所有的行人,包括位置和大小,一般用矩形框表示,和人脸检测类似,这也是典型的目标检测问题。行人检测技术有很强的使用价值,它可以与行人跟踪、行人重识别等技术结合,应用于汽车无人驾驶系统、智能机器人、智能视频监控、人体行为分析、客流统计系统、智能交通等领域。

由于人体具有相当的柔性,因此会有各种姿态和形状,其外观受穿着、姿态、视角等的影响非常大,另外还面临着遮挡、光照等因素的影响,这使得行人检测成为计算机视觉领域中一个极具挑战性的课题。如图 7-16 所示,行人检测要解决的主要难题是:

图 7-16　行人检测场景

(1)外观差异大。包括视角、姿态、服饰和附着物、光照、成像距离等。从不同的角度看过去,行人的外观是很不一样的。处于不同姿态的行人,外观差异也很大。由于人穿的衣服不同,以及打伞、戴帽子、戴围巾、提行李等附着物的影响,外观差异也非常大。光照的差异也导致了一些困难。远距离的人体和近距离的人体,在外观上差别也非常大。

(2)遮挡问题。在很多应用场景中,行人非常密集,存在严重的遮挡,我们只能看到人体的一部分,这对检测算法带来了严重的挑战。

(3)背景复杂。无论是室内还是室外,行人检测一般面临的背景都非常复杂,有些物体的外观和形状、颜色、纹理很像人体,导致算法无法准确地区分。

(4)检测速度。行人检测一般采用了复杂的模型,运算量相当大,要达到实时非常困难,一般需要大量的优化。

早期的算法使用了图像处理、模式识别中的一些简单方法,准确率低。随着训练样本规模的增大,如 INRIA 数据库、Caltech 数据库和 TUD 行人数据库等的出现,出现了精度越来越高的算法;另一方面,算法的运行速度也被不断提升。行人检测主要的方法是使用人工特征 + 分类器的方案,以及深度学习方案两种类型。使用的分类器有线性支持向量机、AdaBoost、随机森林等。

自从 2012 年深度学习技术被应用于大规模图像分类以来,研究人员发现基于深度学习学到的特征具有很强的层次表达能力和很好的健壮性,可以更好地解决一些视觉问题。因此,深度卷积神经网络被用于行人检测问题是顺理成章的事情。基于深度学习的通用目标检测框架,如 Faster-RCNN、SSD、FPN、YOLO 等都可以直接应用到行人检测的任务中,相比之前的 SVM 和 AdaBoost 分类器,精度有显著的提升。以下根据 Caltech 行人数据集的测评指标,选取几种专门针对行人问题的深度学习解决方案进行介绍。

1)Cascade CNN

如果直接用卷积网络进行滑动窗口检测,将面临计算量太大的问题,因此必须采用优化策略。用级联的卷积网络进行行人检测的方案借鉴了 AdaBoost 分类器级联的思想。前面的卷积网络简单,可以快速排除掉大部分背景区域;后面的卷积网络更复杂,用于精确地判断一个候选窗口是否为行人。通过这种组合,在保证检测精度的同时极大地提高了检测速度。这种做法和人脸检测中的 Cascade CNN 类似。

2)JointDeep

这是一种混合的策略,以 Caltech 行人数据库训练一个卷积神经网络的行人分类器。该分类器是作用在行人检测的最后的一级,即对最终的候选区域做最后一关的筛选,因为这个过程的效率不足以支撑滑动窗口这样的穷举遍历检测。

研究人员用 HOG + CSS + SVM 作为第一级检测器,进行预过滤,把它的检测结果再使用卷积神经网络来进一步判断,这是一种由粗到精的策略。

3)SA-Fast RCNN

研究人员分析了 Caltech 行人检测数据库中的数据分布,提出了以下两个问题:行人尺度问题是待解决的一个问题;行人检测中有许多的小尺度物体,与大尺度物体实例在外观特点上非常不同。

该方法针对行人检测的特点对 Fast R-CNN 进行了改进,由于大尺寸和小尺寸行人提取的特征显示出显著差异,因此分别针对大尺寸和小尺寸行人设计 2 个子网络分别进行检测。利用训练阶段得到的 scale-aware(尺度敏感)权值将一个大尺度子网络和小尺度子网络合并到统一的框架中,利用候选区域高度估计这两个子网络的 scale-aware 权值,总体设计思路如图 7-17 所示。

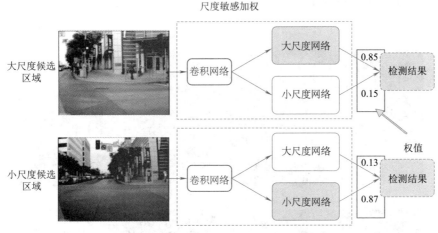

图 7-17 SA-Fast RCNN 设计思路

与人脸检测相比,行人检测难度要大很多,目前还远称不上已经解决,遮挡、复杂背景下的检测问题还没有解决,因此还需要学术界和工业界的持续努力。

2. 行人跟踪

图 7-18 展示了七种跟踪算法在 Caviar2 视频序列中的跟踪结果。该视频序列显示的是商场走廊视频监控中的场景,视频中有多个行人在走动,各行人间的差异性不明显,目标显著性不明显。而且目标在行走过程中发生遮挡,其中 ASLA、LIAPG、MTT 及 LSK 算法发生了漂移,完全丢失了目标。目标由远走近,尺寸不断变大,IVT 算法虽然能够一直跟踪目标,但不能完全适应目标的尺寸变化;SCM 算法能自始至终精确地定位目标。OURS 算法采用增量子空间学习的方法适应目标模板的外观变化,减少了遮挡对目标模板的影响,有效削减了遮挡的影响。

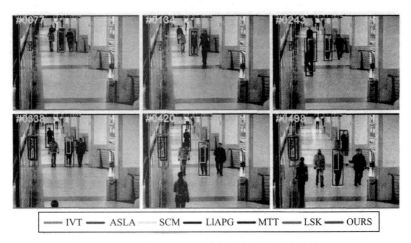

图 7-18 Caviar2 视频序列的跟踪结果比较

　　图 7－19 是对立交桥下的监控进行目标跟踪的效果图。从图 7－19(a)中看出当前帧中有 3 个运动目标,Blob ID 分别为 016、017、018;图 7－19(b)中有新的目标出现,但是由于只是部分出现所以并未立即检测出;图 7－19(c)中当目标明显出现时立即检测出并标记新的 ID019;图 7－19(d)中显示了对 ID 为 016、017、018、019 的跟踪效果。

(a) 检测出的三个目标　　　　　　　　　(b) 对目标进行跟踪

(c) 新目标ID: 019被检测出　　　　　　(d) 跟踪的四个目标

图 7－19　立交桥下运动目标跟踪效果图

第 8 章

智能目标行为分析

目标检测、识别、跟踪的目的最终在于分析和理解目标的行为意图,本章介绍智能目标行为分析及其应用,首先介绍智能视频分析的基本概念、智能视频分析的实现方式、智能视频分析功能;之后分别阐述人体行为分析和行人异常行为分析概念、方法及其应用;最后介绍手势识别和多人视频中的关键事件识别。

●●●●●● 8.1 智能视频分析概述 ●●●●●●

8.1.1 智能视频分析的基本概念

视频监控系统的研究和应用一直是近年来的热点,已在人们的日常生活中得到了广泛的应用。视频监控系统的发展经历了传统视频监控和智能视频监控时代。传统的视频监控系统只具有监视和查看的功能,对监测目标及场景的判断、报警必须由人来完成,已不能适应现代环境对视频监控系统的要求。

传统的视频监控只是作为一个记录的工具和事后查询的工具。视频监控所获得的视频数据,都是一些未经加工的原始数据,如有异常也不能实时反映,只有等到有异常情况发生后再回到这些原始视频中去查看,且需要人来对视频监控中的异常进行主观的分析判断,由于监控人员对视频中异常情况的反应时间较长,大大限制了对事件的及时处理。而且随着视频监控设备的增加,使得监控视频数据呈海量增长,这就意味着不可能通过人工手动地对视频数据进行处理或者依靠人力长时间监控视频图像。由此可见,实现视频监控系统的智能化分析变得越来越重要。

近年来,随着智能视频分析(Intelligent Video Analytics,IVA)技术的研究和发展,视频监控系统进入了智能化的时代,并开始广泛应用于军事、金融、交通、公安及其他重要场所。智能视频分析技术是计算机视觉与人工智能领域研究的一个分支,融合了图像处理技术、计算机视觉技术、计算机图形学、人工智能、图像分析等多项技术。它能够在图像或图像序列与事件描述之间建立映射关系,从而使计算机能够通过数字图像处理和分析来理解视频画面中的内容,从纷繁的视频图像中分辨、识别出关键目标的行为,过滤掉用户不关心的信息。其实质是自动分析和抽取视频源中的关键信息。

从概念上来讲,视频分析技术是对采集到的视频上的运动物体进行分析,判断出物体的行为轨迹、目标形态变化,并通过设置一定的条件和规则,判定物体的异常行为。

智能视频分析模块可嵌入到摄像机、矩阵、数字视频录像机(Digital Video Recorder,DVR)、编码器等设备的数字信号处理器(Digital Signal Processor,DSP)中运行,从而使它们具有智能视频分析的能力,可以对视频中的画面进行自动监控,增强传统视频监控的自动检测能力,提升警戒强度,提高监控效率和自动响应报警,从而实现全天候的持续监控或者针对重要时段的无人值守监控。

智能视频分析是一种基于目标行为的智能监控技术,它首先将场景中的背景和目标分离,识别出真正的目标,去除背景干扰(如树叶抖动、水面波浪、灯光变化),进而分析并追踪在摄像机场景内出现的目标行为。智能视频分析与传统视频移动侦测(Video Motion Detection,VMD)技术的本质区别是它可以准确识别出视频中真正活动的目标,而 VMD 只能判断出画面变化的内容,无法区分目标和背景干扰。所以智能视频分析相对于移动侦测,抗干扰能力有质的提高。

使用智能视频分析技术,用户可以根据实际应用,在不同摄像机的场景中预设不同的报警规则,一旦目标在场景中出现了违反预定义规则的行为,系统会自动发出报警。报警方式有多种形式,包括本地驱动报警设备和向后端监控中心发送报警数据,由监控工作站控制以弹出视频、自动弹出报警信息、驱动报警设备等形式报警。用户可以通过单击报警信息,实现报警的场景重组并采取相关措施。

智能视频分析的技术原理是接入上述各种视频设备,并且通过智能化图像识别处理技术,对各种安全事件主动预警,通过实时分析,将报警信息传到综合监控平台及客户端。具体来讲,智能视频分析系统通过摄像机实时"发现敌情"并"看到"视野中的监视目标,同时通过自身的智能化识别算法判断出这些被监视目标的行为是否存在安全威胁,对已经出现或将要出现的威胁,及时向综合监控平台或后台管理人员通过声音、视频等形式发出报警。

智能视频监控在不需要人为干预的情况下,利用图像分析技术对摄像机拍录的图像序列进行自动分析,实现对动态场景中目标的定位、识别和跟踪,并在此基础上分析和判断目标的行为,得出对图像内容含义的理解以及对客观场景的解释,从而指导和规划行动。智能视频分析技术主要包括运动目标检测、目标分类、目标跟踪、行为理解等方面,其中目标跟踪与目标检测是智能视频分析技术的低级部分,目标分类和行为理解是智能视频分析技术的高级部分。图 8-1 给出了智能视频监控系统的一般处理框架。

一般情况下,智能视频分析的基本过程是从给定的视频中读取每帧图像,并对输入图像进行预处理,如滤波、灰度转换等,然后判断输入图像中是否有运动目标,接下来判断运动目标是否为

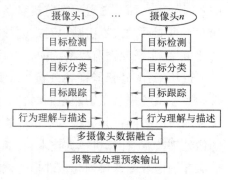

图 8-1 智能视频监控
系统的一般处理框架

监控目标,最后对该目标根据需求进行监控、跟踪或是行为理解等分析。目标行为分析是计算机视觉和模式识别研究领域中备受关注且具有挑战性的一个研究课题,它是运动视觉分析和理解的高级处理环节,属于更高一层的视觉任务。

按照智能分析算法实现的方式进行区分,可以概括为以下几种类型的智能分析:

(1)识别类分析。该项技术偏向于对静态场景的分析处理,通过图像识别、图像比对及模式匹配等核心技术,实现对人、车、物等相关特征信息的提取与分析。如人脸识别技术、车牌识别技术及照片比对技术等。

(2)行为类分析。该项技术侧重于对动态场景的分析处理,典型的功能有车辆逆行及相关交通违章检测、防区入侵检测、围墙翻越检测、人体行为分析、人群异常行为分析、物品偷盗检测、客流统计等。

(3)图像检索类分析。该技术能按照所定义的规则或要求,对历史存储视频数据进行快速比对,把符合规则或要求的视频浓缩、集中或剪切在一起,这样就能快速检索到目标视频。

(4)图像处理类分析。主要是对图像整体进行分析判断及优化处理以达到更好的效果或者将不清楚的内容通过算法计算处理达到看得清的效果。如目前的视频增强技术(去噪、去雾、锐化、加亮等)、视频复原技术(去模糊、畸变矫正等)。

(5)诊断类分析。该项分析主要是针对视频图像出现的雪花、滚屏、模糊、偏色、增益失衡、云台PTZ失控、画面冻结等常见的摄像头故障进行准确分析、判断和报警,如视频质量诊断技术。

8.1.2 智能视频分析的实现方式

智能视频分析系统构成如图8-2所示,智能分析的实现方式有前端智能分析和后端智能分析两种。

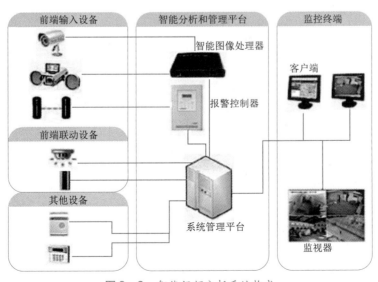

图8-2 智能视频分析系统构成

后端智能分析方式如图8-3所示,它是利用后端计算机以纯软件的方式进行分析,前端摄像机只具备基本的视频采集功能。视频图像信号全部传输给后端的视频图像处理软件进行处理,后端软件系统需要完成所有的视频分析工作,从目标提取到生成目标数据信息,再进行目标数据分析,根据判断结果产生报警,并进行联动录像、报警输出等。

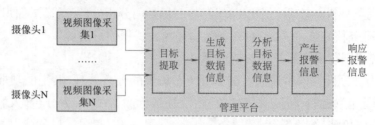

图8-3 后端智能分析方式

这种方式的优点是可以在后台管理平台进行大量的视频图像分析和处理,也方便后台管理人员的监控和信息查询。但是视频智能分析对图像的分辨率和帧率要求较高,对系统图像传输能力的要求也较高,需要从前端摄像设备传送大量的实时视频信息给图像处理终端。后端软件对系统硬件的要求非常高,需要购买价格昂贵的高端服务器,而每一台服务器能够处理的视频图像非常有限,所以一般适用于对少量的视频信息进行分析,只能控制若干关键的监控点。

前端智能分析方式如图8-4所示,它是在前端摄像设备中对视频图像信号进行处理,摄像设备嵌入了微处理器,其中的图像处理软件直接提取目标图像,生成、分析目标数据信息。所有的目标跟踪、行为判断、报警触发都是由前端智能分析设备完成的,根据判断结果产生报警事件,同时把报警关联视频一同传给后端的监控中心,监控中心对报警事件采取相应的措施。

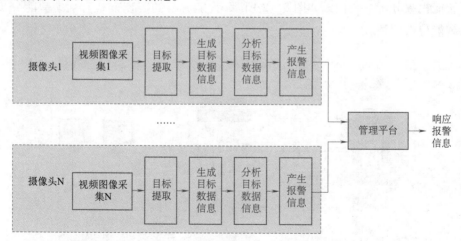

图8-4 前端智能分析方式

这种方式的优点是实时性高,并且后端只有前端发送过来的预/报警事件及其关联画面显示,这样不仅节省了视频图像的传输成本、存储成本,还减轻了监控中心工作人员的工作压力,使监控中心工作人员能够很轻松地完成关键节点的监控,提高了工作效率。因此这种方式是下一步智能监控系统方案实现的主要方式。

8.1.3 智能视频分析功能

未来的监控系统将能够实现智能化监控处理,自主分析摄像机捕捉到的视频图像目标,还能够跟踪、分析和理解目标的行为模式,根据运动目标所做出的不同行为,识别出异常行为,并发出警报从而使异常事件能够得到妥善处理。智能视频分析支持的功能主要有:

1. 智能检测

智能检测是通过对监控图像序列的处理和分析,自动检测视频场景内的可疑入侵行为,如越线、进入或离开禁区、逆行、徘徊等,并对检测目标进行标记和跟踪,实时输出智能分析的结果,对有潜在危险的行为进行报警,以避免危险事故的发生。

智能检测应用范围可安装于小区、别墅、厂矿、仓库、货场、校园、企业、军事基地周边等各类需要对周界入侵行为进行防范的场所,对越线、禁区、逆行等各类周界入侵行为进行检测和预警。入侵检测一般使用虚拟围栏设置,将关键设施的周边设置为虚拟围栏(检测区域),在这些区域上进行如下检测,检测到可疑目标时即触发报警:

(1)进入/离开检测:检测是否有目标进入/离开指定的检测区域。

(2)出现/消失检测:检测是否有目标在指定检测区域内部出现/消失。

(3)徘徊检测:检测目标在指定检测区域内徘徊的时间是否超过设定的时间。

(4)尾随检测:检测是否有目标尾随其他目标通过指定的检测区域。

(5)停留检测:检测目标是否在指定的检测区域内停留超过设定的时间。

(6)方向检测:检测目标是否在指定的允许方向范围内前进。

(7)速度检测:准确测量目标的实时速度。

(8)分类检测:准确判断目标的分类,如车辆、人、人群、小动物等。

(9)高度检测:测量目标的实际高度。

(10)颜色检测:检测目标的颜色属性,判断目标的某种颜色所占比例是否超过设定比例。

(11)遗弃物检测:检测是否有物体遗留在指定的检测区域内。

(12)物品搬移检测:检测指定区域内是否有物体被搬走。

(13)火焰/烟雾检测:检测指定区域内是否有明火/烟雾产生。

(14)遮挡检测:检测摄像机方向是否被改变、是否被遮挡、焦距是否被改变。

(15)移动侦测:检测画面内容是否改变。

(16)目标密度检测:检测指定区域内是否有大量人群聚集。

2. 智能识别

智能识别主要包括轨迹识别、身份识别、车牌号识别等。轨迹识别主要包括虚拟警戒线、虚拟警戒区域、人数统计、车流统计、物体出现和消失、人员突然奔跑、人员突然聚集等;身份识别包括人脸识别、车辆类型识别、船只识别、红绿灯识别等。识别类的智能视频分析技术,最关键的要求是识别的准确率,最好保证在98%以上,这样就能够较好地满足绝大多数监控类客户的需求,这是目前比较常见的智能分析目的。

3. 智能跟踪

对可疑的人或物体进行目标锁定,同时摄像机跟随目标转动并报警,也可以将报警信号上传至远程客户端。常见的应用区域有小区、非有关人员禁入区域、重要保护区域等。

4. 智能分析

1）越界分析

功能:通过设置虚拟围篱,对周界进行侦测。当发现可疑人员或者物体穿越围篱,即触发报警,并将报警信号上传至监控管理中心,同时可将报警画面通过网络上传至远程监视用户。

应用:交通马路人行横道或斑马线,厂区重点区域围墙,学校、看守所围墙等。

2）入侵分析

功能:通过在监视画面上设置某一区域（可设置任意形状）为警戒状态,当有物体非法闯入警戒区后触发报警,同时对闯入物体进行分析。比如当有人进入警戒区时即报警有人非法闯入禁区;当有汽车进入警戒区时即报警有非法车辆闯入禁区。

应用:某些重点保护区域,如银行金库、景点区域、易发生危险地带、军事禁区、博物馆、码头、医院等。

3）丢失分析

功能:通过在监控画面上画出一块存有重要物品的区域作为警戒区域,只要此物品离开警戒区域,即触发报警,同时将报警上传至远程客户端。

应用:重点保护区域,如博物馆、展览厅、拍卖会、金银店等。

4）方向分析

功能:在实际监控中,人们可能关心的只是人流的方向和车流的运动方向,通过方向的识别可以判断目标是否为不合法走动或行驶,如果出现逆向行为,目标将会被自动锁定,并同时报警。

应用:单向行驶的道路、重要出入口等。

5）滞留分析

功能:对于特定区域内逗留的人或物体进行分析,当目标超过设定的时间,系统会认为是可疑物体,并同时报警,也可以将报警上传至远程客户端。

应用:所有重要的监控区域,非有关人员禁入区域。

上述部分功能在本书前面章节已有所体现,如目标检测、识别、跟踪,以下分析人体行为、行人异常行为、手势识别、多人视频中的关键事件识别等。

●●●●●● 8.2　人体行为分析 ●●●●●●

8.2.1　人体行为分析概述

基于视频的行为分析是从视频图像序列中提取出描述动作行为特征的显著视觉

信息,然后通过机器学习与模式识别算法进行理解和分类,来完成对动作行为模式的识别。它是在实现运动目标检测、跟踪和特征提取的基础上,完成运动目标的行为分析和理解,属于更高一层的视觉任务,是计算机视觉和模式识别领域中极具挑战性的一个研究课题。

基于视频的人体行为分析是通过从视频中检测出人体,并对人体的动作行为相关特征进行分析,从而智能地完成人体行为的识别,如估计出人体姿态,理解人体行为的含义,如起立、坐下、拥抱、跑步等动作。由于人体形态和人体动作的多样性、摄像机摆放位置及运动场景的复杂性等各种因素,使得人体行为的识别至今仍然是计算机视觉研究领域中的热点与难点。

本质上,行为识别是一个人工智能问题,计算机智能地识别不同类别的行为,其关键是检测视频序列中运动目标,分类并跟踪运动目标,对其行为进行理解和描述。人体行为识别所要解决的问题是判断给定图像中的人体在做什么动作或者说人的姿态代表什么意思。行为识别问题是图像理解、目标跟踪、人机交互、智能监控等研究领域的一个基础问题。

人体行为分析具有广阔的应用前景,可以广泛应用于安全监控、高级视频会议、基于内容的智能检索等人机交互领域,还可以应用于虚拟现实、运动技能训练以及医疗诊断等其他领域。特别是它可以提供学校、交通、大型商场以及军事基地等各种重要场所的安全视频监控。

智能视频监控行人检测与跟踪技术主要完成行人运动目标检测、行为识别、目标跟踪和后期行为分析如行人计数。人体目标检测是通过对视频中的连续图像进行分析,提取人体运动目标在图像中的区域,通过前述的运动目标检测方法实现。由于人体是非刚体,每个人姿势多样化、形状大小等都具有差异性,而且人体运动具有高度的主观随机性,再加上背景干扰及摄像头角度等引起的噪声的影响。此外,当前景图像与背景图像接近时往往被误认为是背景图像,以上因素极大地影响了目标提取的精度。

计算机视觉与图像处理技术的不断发展完善,极大地促进了人体行为识别算法研究。但由于行为主体的差异、行为本身的可变性以及各种复杂场景的干扰,人体行为识别依然面临如下挑战:

(1)行为类内差异与类间变化。对于同一类行为,行为的主体不同,执行方式也会不同,不可能存在两个人以完全一样的方式执行同一类行为,如行为幅度、背景、主体之间的差异。对于不同行为,行为之间存在明显的差异,但有可能由于观察角度等因素而被误以为属于同一类行为。

(2)场景的复杂多变。在场景不受限的自然环境下拍摄的视频,往往存在遮挡、背景干扰等问题。当运动人体被部分遮挡时,会导致行为数据的不完整,影响行为识别效率与判别准确性。当视频中出现多个运动人体时,可能引起遮挡与交互行为,使得跟踪并识别人体行为非常困难。复杂背景将严重影响运动人体的检测分割。

(3)视频拍摄干扰。在很多场景中,摄像机的视角不是固定的,从而产生运动的背景,从运动背景中无法快速准确地分割出运动人体,使人体行为识别受到严重影响。视频拍摄角度会影响行为的表象特征,影响行为识别的稳定性和识别率。

行为表征与行为分类是行为识别的关键技术,人体行为表征即行为特征提取与建模,合理的行为表征是提取具有较强描述能力的行为特征的关键。行为表征方式可大致分为以下几类:

(1)基于外观特征的行为表征。依赖于每一时刻获取的准确的外观信息,如人体轮廓、剪影。连续视频序列的轮廓形成轮廓隧道,轮廓隧道使运动目标与背景对光照、颜色、纹理具有不变性。

(2)基于运动特征的行为表征。运动特征是指行为的动态属性,如光流信息、运动轨迹、时空特征点。

(3)基于几何特征的行为表征。人体几何模型的核心是检测和跟踪人体运动的关键部位,描述其行为。

(4)基于兴趣点特征的行为表征。提取时空或变换域内的局部或全局点特征,例如,基于 Gabor 滤波器和 Gaussian 滤波器的特征检测子可以检测局部周期运动,并获得视频中兴趣点的稀疏分布;在时空域中使用 Harris 角点检测定位可以突出局部变化的像素点。

(5)动态模型。核心思想是将每个静态姿势定义为一个状态,使用状态空间转换来描述行为的动态过程。

8.2.2　人体行为分析方法

Weizmann 数据库是一个相对较简单的行为数据库,许多优秀的方法都在该数据库上进行过实验。Weizmann 数据库中包含十种行为视频,包括行走(walk)、双脚跳(jump)、双手挥手(wave2)、弯腰(bend)、单脚跳(skip)等,共计 20 段视频。每种行为由九个不同的人完成。Weizmann 数据库分辨率较低,为 180×144,部分视频示例如图 8-5 所示。下面在此数据库基础上进行这些行为的分析。

| 弯腰 | 抬起 | 跳 | pjump | 跑 |
| 侧身 | 跳跃 | 走路 | 挥手1 | 挥手2 |

图 8-5　Weizmann 数据库

图 8-6 为行走行为的二值图像,图 8-7 为轮廓图像。

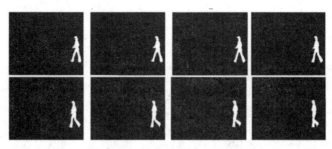

图8-6 行走行为的二值图像

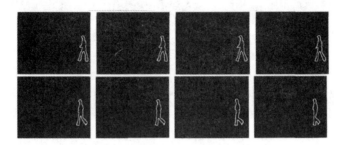

图8-7 行走行为的轮廓图像

1. 下蹲行为检测

图8-8为下蹲行为检测图,包含下蹲行为的红外图像、二值化图像和运动能量历史图。从图中可以清楚地观测到人体从直立到蹲下的整个过程,而且还能判断出动作发生的先后顺序。距离当前帧越近,则人体目标的灰度值越高,也就是在图像中显示最亮的区域;反之,距离当前帧越远,则人体目标的灰度值越低,也就是图像中比较暗的区域,如图8-8(c)中最上方人体处于站立姿势,刚开始做下蹲动作的这一时刻。

该下蹲行为识别过程首先在运动历史图中进行局部梯度方向直方图的特征向量提取,而后将该特征向量送给神经网络分类器做出相应的动作预测。

（a）下蹲的红外视频　　（b）下蹲的二值图像　　（c）下蹲的运动历史图

图8-8 下蹲行为检测

2. 挥手行为检测

图8-9所示为挥手行为检测图,包含挥手行为的红外图像、二值图像和运动能量历史图。如图8-9(c)所示,由于人体做挥手动作时,除了手臂会左右挥动外,其他身体部位基本保持不动,所以其身体对应位置为黑色。而手臂挥动的部位则显示为高亮区域。

在该运动能量历史图上进行局部梯度方向直方图的特征向量提取,将该特征向量送给神经网络分类器做出相应的动作预测。

（a）挥手的红外视频 　　（b）挥手的二值图像 　　（c）挥手的运动历史图

图 8 - 9 　挥手行为检测

3. 挥拳行为检测

图 8 - 10 为挥拳行为检测图,包含挥拳行为的红外图像、二值图像和运动能量历史图。从图 8 - 10(c)中可清楚地观测到人体发生运动的区域,由于挥拳时,主要是人体的双臂进行左右出拳的动作,所以该区域是高亮区域。而除双臂外的头、躯干、腿等其他身体部位基本保持不动,所以这些区域在图中与背景一样是黑色的。这样凸显出了挥拳的运动特征,使得特征提取更加准确。

（a）挥拳的红外视频 　　（b）挥拳的二值图像 　　（c）挥拳的运动历史图

图 8 - 10 　挥拳行为检测

4. 踢腿行为检测

图 8 - 11 所示分别为踢腿行为的红外图像、二值图像和运动历史图。从图中可以观测到人体发生运动的区域,由于踢腿时,主要是人体的腿部发生动作,所以该区域是高亮区域。从该运动历史图中提取运动特征,将该特征向量送给神经网络分类器做出相应的动作预测。

（a）踢腿的红外视频 　　（b）踢腿的二值图像 　　（c）踢腿的运动历史图

图 8 - 11 　踢腿行为检测

5. 跑动行为检测

图 8 – 12(a)所示为奔跑行为的红外图像,8 – 12(b)所示为其对应的二值图像。由于奔跑的移动速度比正常行走速度快,因此利用下式计算两帧图像人体移动的距离,当距离大于给定阈值时,则判定为奔跑行为:

$$\frac{|x_{i+1} - x_i|}{t} \geqslant k$$

式中,t 为帧率;$|x_{i+1} - x_i|$ 为两帧图像人体移动距离;k 为速度阈值,取值与帧率和帧大小相关。

(a) 奔跑行为的红外视频　(b) 奔跑行为的二值图像

图 8 – 12 跑动行为检测

因为奔跑行为用速度来判断,与另外四个动作的判断方式不同,其识别的区分度比较大,正确率非常高。另外四组行为主要取决于视频信号的采集特征,而在某些动作采样时会出现采集特征的相似性,所以会出现一定的误判,其中下蹲行为与挥手、挥拳、踢腿行为差别略大,所以下蹲行为正确率相对较高。而踢腿行为、挥手行为和挥拳行为相似度较高,所以它们的误检率相对较大。

6. 行人计数

行人计数的基本原理如图 8 – 13 所示,分别统计视频图像中左右两边进入视频的人数。具体步骤如下:首先把大小为 M × N 的视频图像分成四个区间,左右两侧是方向标志区域,中间两个为行人计数区域。设置左侧的标志符为 0,右侧标志符为 1,当检测到行人右侧进入视频,则标志符为 1,当行人前进到右侧的计数区域时相应的计数器加 1;若为左侧进入时同理。

图 8 – 13 行人计数原理图

8.2.3 人体行为分析应用

人体行为分析在智能监控、运动分析、视频检索与分析、人机交互、虚拟现实、智能家居、智能会议、运动训练以及医疗诊断和监护中都具有重要的应用价值。

1. 虚拟现实

虚拟现实是指使用计算机模拟生成一个三维立体的虚拟空间,在这个虚拟的世界中使用视觉、触觉、听觉等感官特征的模拟,使得用户产生一种身临其境的感觉。同时可以为用户提供实时的、没有限制地观察三维空间世界的机会。如今虚拟现实已经广泛应用于医学、娱乐、军事航天、应急推演、生物力学等领域。例如,在应急推演虚拟反恐演习和娱乐中,如果可以高效地分析画面中人体行为并做出下一步判断,就可以避免很多不必要的损失,并节省大量的人力和物力。同时,人体行为分析也可以应用于视频会议、动画、虚拟工作室等虚拟现实场合,实现人与虚拟世界的友好交互,例如对用户在现实空间中的姿态和行为动作进行有效分析、理解和判断。

2. 智能监控

智能监控系统主要广泛应用在需要特殊保障公共安全的场合,如商场、银行、停车场、机场、公交车、人流比较密集的路口等。随着社会发展和科技进步,视频监控系统的布设日益广泛,包括学校、工厂、银行、公路等重要场所。智能监控系统可以通过计算机辅助,对一定环境下的人的行为进行检测分类识别,对于异常情况采取相应措施,在提高监控效率的同时节约人力资源。

3. 增强现实

增强现实是离人们的日常工作、生活和娱乐等比较接近的一个应用。所谓增强现实技术就是通过将计算机生成的虚拟对象、场景或系统提示信息等叠加到现实场景中,从而增强用户对现实世界感知的技术。其最常见的一个应用就是视频会议。目前的视频会议还仅仅停留在音频、视频传输的基础之上,通过增强现实技术,可以实时地对各个端点的用户的姿态、动作、表情等进行估计分析、重新建模,然后将其投影到本地。即便是参会的人员远在世界各地,也能够像在同一个会议室中一样,清楚地观测到每一个人的动作、神态,轻松、方便地实现无距离、无障碍的实时交流。利用这样的技术,还可以轻松实现远程手术操作。

4. 智能人机交互

人类之间交流主要通过自然语言和肢体语言完成。肢体语言是很重要的一个部分,它包含表情、手势及其他身体运动。肢体语言不易受噪声影响,而且具有方便性和语义的通用性。因此,计算机可以通过对人体行为分析获取信息,理解人的意图,实现智能化的人机交流。

未来会有越来越多的来自各个领域的人们需要使用计算机来辅助工作、研究。我们期望未来我们的计算机能够理解我们的动作、姿态所表示的含义,并且能够通过这些来控制计算机操作。在未来,我们可以通过手势、点头或摇头,或是人眼目光的聚焦等多种更加灵活、方便,更加符合人类交互习惯的人机交互方式来控制计算机操作。

5. 病人监护

在医学上,通过步态分析可以辅助医生对一些疾病进行辅助诊断、治疗与康复。英国爱丁堡大学与玛嘉烈医院合作,通过对步态分析,了解病人的病程和恢复情况。

此外,步态识别还可应用于身份识别,其具有非接触、远距离和不易伪装等优点。目前,我国的医疗状况有了很大的提升,但是病人的监护问题却一直没有得到很好的解决,智能病人监护系统的需求正日益增加。通过对人体行为进行分析,可以随时判断病人此时的行为是否异常,如摔倒,并发出警报通知医护人员及时救治。通过这种方法,不仅为医护人员减轻了工作压力,同时也为病人家属节省了大量的人力和物力的成本。

6. 运动员辅助训练

运动分析是行为分析的一种,即分析人体的运动特性。对人体的运动分析,可以运用于舞蹈、体育训练中,采用视觉方法创建训练系统,自动分析评判训练过程,提供科学的、直观的训练数据并指导纠正训练者动作。运动分析可以自动解析运动赛事,辅助裁判裁决。

以往运动员的训练和锻炼都是由专门的指导教练进行指导,随着科技的进步,如今人们越来越注重科学合理的训练方法,逐步摒弃以往不科学的训练手段。人体行为识别和分析在运动员的辅助训练中有着非常广泛的应用前景。它可以很好地运用于各项体育运动训练中,通过提取运动员各项技术参数,如关节位置、姿态、角度和角速度等,通过分析判断这些数据所包含的有用信息,指出运动员动作的缺陷和不规范的动作,为运动员的训练提供指导,使其动作更加合理和标准。例如,在舞蹈、体操、跳水等训练中,通过分析关节的运动来指导、纠正练习;通过对整个过程中姿态的判断和分析,指出没有达到技术标准的动作。很多时候瞬间动作的不标准,人眼不能很好地察觉出来,但是通过这套智能系统却可以高效地指出瞬间动作的不规范。这种科学的训练方式对于运动员的成长和进步是至关重要的。

7. 基于内容的图像、视频检索

传统的视频检索主要依赖于标签与文字描述的匹配度,比较耗时且受主观影响比较大。行为往往是视频中最重要的信息,因此更好的视频检索技术可以基于行为匹配,使输出视频具有与输入视频最相似的行为。这样能够在海量视频中对行为进行分析,使基于内容的视频检索变得更加快捷和准确。不同于基于文本标签的检索,它融合了计算机视觉、图像处理和数据库等多个领域的技术成果。由于图像视频中多数包含人体,对人体行为的分析有助于计算机对图像视频信息做出正确的分类,从而提高检索精度和正确率。

●●●●● 8.3　行人异常行为分析 ●●●●●

在车辆辅助驾驶系统、智能视频监控、人体行为分析、机器人开发、高级人机接口及虚拟现实中的人体动作建模等应用领域中,人群异常行为分析具有巨大的经济价值、社会价值及商业价值。另外,相比于其他物体检测,行人目标具有其独特性,人体有良好的柔韧性同时又兼具一定的刚性,且穿着、姿势千变万化,因而研究行人检测有助于更好地研究其他物体。实际应用中的行人检测,由于人体姿态各异、服饰变化,且场景中通常存在的光照变化、背景相似、景物遮挡及成像模糊等因素,使得行人检测不仅成为计算机视觉领域中一个具有研究价值的热门课题,同时也是一个极具挑战性的课题。

8.3.1 行人摔倒行为分析

在不同的应用中,行人检测的工作也可能有所差异,可结合工作对象的某些性质来减轻工作难度,甚至于提高检测工作的效率和准确度。例如,对于来自于固定监控摄像机的视频图像,可利用帧差来获取目标的运动信息;或者在智能车辆和军事用途方面,通常兼有高级设备的辅助(红外线、雷达等),会有更多可利用的信息来协助检测工作。对场景中的特定异常行为进行分析是智能视频分析中的最基本功能,而摔倒检测是异常行为检测领域中的重要应用之一。在摔倒检测人体模型中,引入以下几个特征用于摔倒分析:

1. 人体宽高比

在摔倒检测人体模型中,引入关于人体的最小外接矩形以及人体宽高比这两个概念。把环绕人体面积最小的矩形框称作最小外接矩形;场景中人体最小外接矩形框对应的宽度与高度的比率称为人体宽高比 WH – Ration。当人站立时,高度将比宽度大很多,所以宽高比就远小于 1(实际应用中可根据具体情况调节宽高比阈值)。假设出现人体摔倒事件,人体的宽度将远大于高度,这个时候宽高比将远大于 1。理想条件下,在这两个特征的基础上就可以判断出人体的行为状态。但是在一些特定场景下,例如健身房中运动员的身体姿势经常改变,单独使用人体宽高比很容易导致误判。

2. 有效面积比

为了克服以上问题,在上述算法的基础上引入有效面积比特征。有效面积比是指最小外接矩形中,人体面积和整体矩形面积的比值,即 EA – Ration = $S_{人}/S_{矩形}$。其中,EA – Ration 代表有效面积比;二值化图像中,$S_{人}$代表矩形框中灰度值为 1 的像素点数目;$S_{矩形}$代表矩形框中全部像素的个数总和。当人体面积占有矩形框的面积越大时,代表有效面积也越大;反之,有效面积越小。当人体进行健身活动或者剧烈运动时,会出现宽高比远大于 1 的情况,此时利用宽高比来判断很容易产生误判。在这些场景下,会出现最小外接矩形框明显变大时,人体的有效面积反而变小。在宽高比的基础上,利用有效面积比的这个特点,能够有效减少类似错误判断。

3. 中心变化率

设 A、B 分别是图像序列中连续人体的中心点,A、B 两点的坐标依次定义为(x_0, y_0),(x_1, y_1),A 与 B 两点之间连线的斜率被称为中心变化率,公式如下:

$$K = |(y_1 - y_0)/(x_1 - x_0)|$$

当人体摔倒事件出现时,中心点会产生很大的变化率。摔倒发生的瞬间,连续两帧图像中的人体之间的中心点距离差别很大,斜率也同时发生了改变。从理论上进行分析,此时的斜率是无限接近于负无穷大的。作为相反过程,人体摔倒后站立过程中,人体之间中心点的距离差别也很大,斜率无限接近于正无穷大。为了对突然下蹲以及摔倒后立刻站立等行为进行正确判断,在宽高比和有效面积比的基础上同时考虑中心变化率。

联合上述特征来判断一个人的行为状态,能够使摔倒误判结果得到有效修正。

8.3.2　人群异常行为分析

以下对视频中人群的异常四散逃离行为进行检测与识别,运动对象为人群整体。基于视频的异常行为检测的基本流程如图8-14所示。

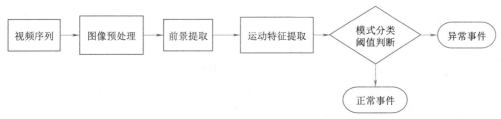

图8-14　异常检测流程图

1.人群异常行为检测特征

公共场所中人群异常行为的检测需要对运动对象的特征进行建模,常用的特征包括速度和加速度。

1)速度特征

大部分对公共场所中人群异常行为的检测方法是以速度作为运动对象的主要特征进行建模的。然而,真正的公共场所中的人群状态多种多样,仅仅单个个体在同一场景的不同区域中的移动速度都是时刻变化的,这些都会对以速度特征为基础的检测方法带来影响。例如,人群中存在快速行走或是匀速跑的人,这种情况就容易被误认为异常,这就造成基于视频图像中的速度特征的检测方法误差率相对较大。

2)加速度特征

相对速度特征存在的上述问题,采用加速度特征能够更有效地反映异常事件发生时人群整体受到惊吓后的最直接的运动状态的变化。利用加速度特征来对人群异常四散逃离行为进行检测是十分合理的。

2.人群异常行为检测步骤

由于异常行为表现多种多样,不同场景下异常的定义不同,假设设置一组正常行为的样本图像序列,异常行为就是不同于正常行为的行为。对于任意描述人群行为的视频图像,采用加速度和速度矢量对其序列进行描述时,人群异常逃离行为检测的基本步骤如下:

(1)通过图像预处理方法对给定的视频图像进行平滑处理,去除噪声。

(2)对经过处理的灰度图像序列计算出速度和加速度矢量。

(3)应用基于最优阈值的分类方法对给定的视频序列进行异常行为判定。大于阈值的,认为存在异常情况;反之,认为正常视频帧。

人群异常行为检测主要是针对广场上人群遇到危险发生四散逃离行为这种情况，此时正常速度和异常速度大小存在一定的差别。在真实的视频图像中，人群悠闲地在向着想要去的方向行走。但是当有出乎人们意料之外的事件发生时，人们会因为心理惊慌而四散奔跑，此时人们通常会快速远离危险。这就导致人体速度和加速度变化非常明显，因此运动对象的运动幅度也很大。然而有一种情况忽略不考虑，就是速度变化不断增大，例如训练中的人群，由于需求的原因使得人群运动加速度增加。这里需要说明一点，无论是正常行为还是异常行为的发生都是连续的，不可能在某一时刻出现，然后立即消失。因此，我们认为在正常视频帧中不间断的、偶尔发生的短暂的异常帧仍认为是正常视频帧，而在异常视频帧中偶然出现的几帧正常帧判定为异常视频帧。为了避免以上现象引起误判，判定当异常持续发生时断定确实有异常发生。

3. 人群异常行为数据集

UMN（University of Minnesota）群体异常数据集和 PETS 2009 基准数据集是研究人群异常行为领域使用最多的数据集。UMN 数据集中共包含 11 段视频，包括三个不同拍摄场景，分室内和室外两种情况，分别划分为 2 个、6 个和 3 个拍摄情景。每个场景中人群都是正常的一般活动状态变为恐慌逃散状态。这个数据集一共有 7 740 帧，其中非正常运动的视频帧为 1 431，其视频图像分辨率为 320×240。视频为人群异常检测提供了充足的用例图像。图 8 − 15 展示了 UMN 数据集不同环境中拍摄的视频图像。

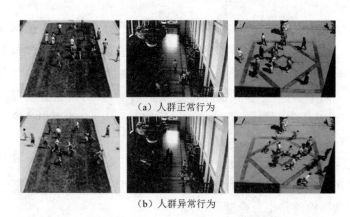

（a）人群正常行为

（b）人群异常行为

图 8 −15　UMN 数据集视频帧

PETS 2009 数据集包含丰富的视频序列，数据集中包括多个拍摄场景，每个场景由四段图形序列分别从不同时间拍摄并且场景中涉及的人数大约为 40 人。数据集这样采集的原因主要是为了能够应用不同角度拍摄的相同情况的视频对算法进行验证，充分验证算法的适应能力。其视频图像分辨率为 768×576。下文选择数据集中涉及人群惊慌逃散的两个场景进行算法的实验，这两个场景都是从不同视角描述人群从不同方向聚集到一起，之后迅速四散逃跑的行为。图 8 − 16 中展示了 PETS 2009 数据集中的部分视频图像实例。

（a）人群正常行为

（b）人群异常行为

图 8－16　PETS 2009 数据集 Time14-33 视频帧

　　某参考文献结合人群分布和加速度信息作为特征,使用不同数据集进行了人群异常行为检测。首先利用只包含正常行为的视频进行统计分析,得到各种场所内人们正常活动时的加速度阈值大小;然后利用得到的加速度阈值,针对不同数据集进行人群异常行为检测。

　　1）UMN 数据集上的结果

　　在 UMN 视频库中选取不同场景进行测试,绘制运动目标的运动特性变化曲线。如图 8－17 所示,图中主要显示了每个视频序列中每一帧图像所对应的加速度与速度变化曲线。

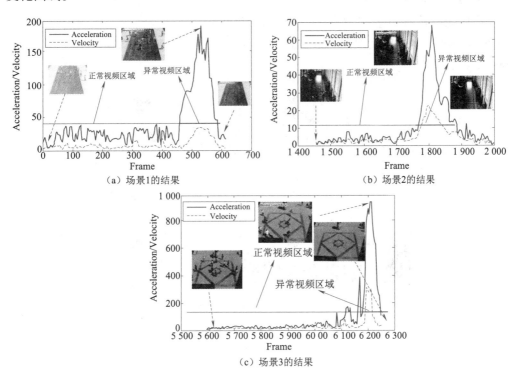

（a）场景1的结果

（b）场景2的结果

（c）场景3的结果

图 8－17　UMN 数据集人群异常行为检测结果

从图 8-17 中可以看到 UMN 数据集在不同场景下的检测结果,每个场景中都有正常视频区域和异常视频区域,当加速度大于阈值时断定为异常情况;当加速度小于阈值时断定为正常情况。也就是说当人群惊慌四散逃离时算法可以很好地检测出人群异常行为,说明算法在不同场景下具有健壮性。

2)PETS 2009 数据集上的结果

图 8-18 显示了 PETS 2009 数据集中涉及人群四散逃离行为场景的检测结果。从图中的结果曲线趋势可以看出视频中人群开始处于正常状态,一段时间后开始四散逃离视野直至整个视频结束,通过对这段视频的实验结果可以看出检测结果与实际情况完全相符。

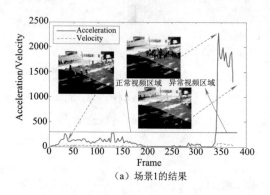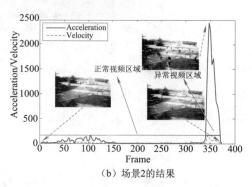

（a）场景1的结果　　　　　　　　　　　　　（b）场景2的结果

图 8-18　PETS2009 数据集人群异常行为检测结果

视频中其他位置检测结果如图 8-19 和图 8-20 所示。从图中可以看出,使用加速度信息能够检测出全部异常,且在不同场景中检测准确度都较高。图中"Ground Truth"表示地面的实际情况。在"Ground Truth"上用浅色表示正常人群行为,用深色表示异常人群行为。

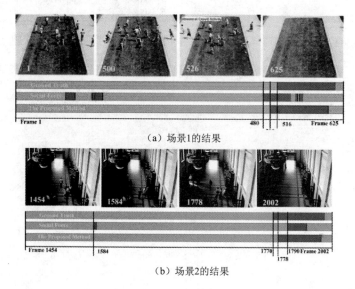

（a）场景1的结果

（b）场景2的结果

图 8-19　UMN 视频库的部分检测结果

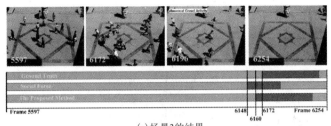

(c)场景3的结果

图8-19　UMN视频库的部分检测结果(续)

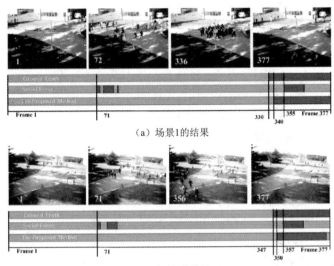

(a)场景1的结果

(b)场景2的结果

图8-20　PETS 2009视频库的部分检测结果

●●●●● 8.4　手 势 识 别 ●●●●●

　　人机交互(Human-Computer Interaction,HCI)是人与计算机之间以一定的交互语言和交互方式来完成信息交换的过程。这个信息交换过程包括用户到系统和系统到用户两个部分。"系统"可以是各式各样的机器,如电视机、手机、计算机等;"用户"可借助各类穿戴设备,如数据手套、眼动仪、压力笔、数据服饰、操纵杆等,通过声音、手势、姿势或者肢体运动、眼睛甚至是脑电波等向系统传递信息;与此同时,系统可通过显示器、音频设备等输出设备向用户传递信息。在理想状态下,人与计算机交互可以不再需要依赖机器语言,在抛却了鼠标、键盘、触摸屏等中间设备的情况下实现真正的自然和自由交互,也由此可以实现人们物质世界和虚拟网络的融合。

8.4.1　手势识别概述

　　人机交互的核心问题在于基于视觉的接口问题,即通过计算机视觉来实现人机交互。在众多的人机交互方式中,手势既生动形象又非常直观,实时动态手势的识别及应用可以把我们的双手从鼠标、键盘中解放出来,使得人机交互更加自然和人性化,是未来人机交互发展的趋势。然而,人手是一种复杂的非刚性体,且手势自身又具有多样性、多义性和不确定性,很容易受到外部光照、背景等因素的干扰,因此手势识别是一个非常具有挑战性的研究课题。其研究涉及心理学、模式识别、人工智能、数字图像处理、计算机视觉等多个学科领域,是当前的热点研究领域和课题。再者,由于应用环境和文化背景的差异,造成了手势识别研究难以整合成一个完整的框架,使得理论和技术距离一个完整的体系尚相差甚远。

随着人机交互逐渐从以计算机为中心转化为以人为中心,基于视觉的手势识别正是顺应了这一潮流。韩国首尔大学的 Jong Shill Lee、Young Joo Lee 等人从复杂的背景中分割出手的区域,并采用链码的方法检测出手的区域的轮廓,从而计算出从手形区域的质心到轮廓边界的距离,再对其进行手势识别。该系统可识别六种手势,且平均识别率达到 95% 以上。Chenglong Yu 等人将手的周长、面积、重心、长宽比和面积比等特征相结合,对手势进行识别,使得识别率得以提升。印度研究者 Meenakshi Panwar 在视觉手势识别的基础上提出了一种基于结构特征的手势识别算法,通过背景去除、方向检测、拇指检测和手指数量检测来最终识别手势。

此外,许多公司也加入研发行列,成功实现了利用手势操作消费类的电子产品。在 2009 年的 E3 大展上,微软正式公布了 XBOX360 体感周边外设 Kinect,它彻底颠覆了游戏的单一操作,使得人机互动的理念更加彻底地展现出来。它利用两个摄像头实现带有景深数据的图像输入,并同时导入动态捕捉、影像辨识、语音识别、麦克风输入等功能。2012 年,三星推出智能电视新品 ES8000,该款电视机将人脸识别、手势识别和语音识别结合起来,用户通过语音或者简单的手势便可完成开关机、调节音量、换台等基本操作,同时还能够实现上网和搜索关键字等一系列复杂操作。同年,微软研究院联合华盛顿大学研发出了一种名为 Soundwave 的系统,该系统可利用计算机内置的麦克风和扬声器,提供与 Kinect 类似的对象识别及手势识别功能,该系统利用多普勒效应来侦测计算机附近的运动和手势,其原理与潜艇对声纳的应用方式基本相同。PointGrab 公司开发的 PointSwtch 是一颗植入家电的芯片,内置了手势识别算法,它会同步识别用户的视线位置和手指指向。若用户手指着一盏台灯,便可上下移动手指来调节灯的亮度。

随着手势识别技术的成熟,相应的消费类产品也开始在国内市场上出现。2011 年,腾讯公司推出"QQ 手势达人"款通过摄像头捕获用户手势来控制 PPT 播放的软件;2012 年,腾讯又发布另一款名为 flutter 的应用,它通过摄像头捕获的用户手势可控制音乐播放器。同年,康佳公司推出国内首款手势交互式电视。不久之后,长虹、TCL等电视厂家也相继推出带有手势交互功能的电视。

手势识别方法可分为基于数据手套的方法和基于视觉的方法。目前,数据手套(见图 8-21)在人机交互的许多领域都有应用。数

图 8-21　数据手套

据手套可以反馈各个关节的数据,然后经过一个位置跟踪器返回人手所在的三维坐标,从而测量出人手在三维空间中的位置信息和手指关节的运动信息。该系统能够直接获取人手在三维空间中的坐标和手指运动的参数,并具有很高的精确度和识别率。其缺点是操作者要穿戴复杂的数据手套和位置跟踪器等,给用户带来不便,并且相关的设备都比较昂贵。这种方式通常采用基于神经网络的识别算法,神经网络可用于静态手势和动态手势输入,权值可以视情况调整,很适合快速、交互的方式进行训练,因而该方式适合于对实时性要求高且具备一定设备条件的情况。它的缺点是对设备的依赖性高,一旦需要更换数据手套,则须重新训练网络。

8.4.2 基于视觉的手势识别

1. 基于视觉的手势识别概述

基于视觉的手势识别利用摄像头作为输入设备来采集手势信息,再经过计算机对图像数据进行处理和分析后进行手势识别。由于普通的摄像头价格较为低廉,因此相比基于数据手套的手势识别,该方法的系统设备成本更低、也更为便捷,学习和使用简单灵活,并且不会对用户造成额外干扰,是一种更加自然的人机交互方式。不过从软件的计算过程来说也要复杂一些,并且识别率和实时性还有待提高。随着摄像头在消费电子产品中的普及,基于视觉的手势识别彰显了愈加广泛的应用前景,并且随着计算机视觉技术的研究和发展,有关算法和系统的识别率和实时性得到了不断的提高和改善。当前,较为成功的手势识别系统大多是从手的轮廓提取出几何特征来完成识别的,如手的重心及轮廓、手指的形状和方向等,或是依据手的其他特征,如运动轨迹、手的肤色及纹理等。

基于视觉的手势识别通常利用单个或多个摄像头作为输入设备,基于单目视觉的手势识别是通过单个摄像头或者摄像机来采集图像数据,利用采集到的数据建立手势特征的参数模型并进行手势的分类和识别。这种方法的优点是设备和建模简单、数据量小;缺点是视角限制比较多,很难对超出二维画面的旋转角度进行识别。而基于多目视觉的手势识别是通过两个或两个以上的摄像头来实现图像的采集和数据处理,如此便能在空间范围内建立手势的模型,对其进行 3D 空间上的识别。这种方法能够更加精确地提取手势的角度和距离信息等,使人机交互更为灵活和自然,但由于三维模型比二维模型复杂许多,其在数据处理和分析的阶段也就会相应地复杂许多,对硬件设备的计算速度要求也就会更高,从另一方面来说也降低了系统的实时性。

根据人们日常生活习惯来分类,手势可分为静态手势和动态手势两类。静态手势不包含运动信息,适用于表达持续性的动作或指令;动态手势则由手的运动序列构成,适用于表示一次性完成的动作或指令。相对于静态手势,动态手势的表达更为丰富,这也是为什么我们平时讲话时都会伴随着肢体语言,这是因为它包含着我们此时此刻的情绪。

2. 静态手势识别

将手势图像经过预处理和分割后,可以得到手的二值化图像,并可进一步从中提取出二值化图像的轮廓,在这些信息中包含着许多能够表征和区分手势特征的数据。而静态手势的基本任务便是从这些数据中提取最有效的部分,目前常用的手势特征包括手势的轮廓特征、统计特征和结构特征等。

(1)手势的轮廓特征是对手势轮廓进行傅里叶变换从而提取其轮廓特征。

(2)手势的统计特征则包括手势图像的归一化转动惯量和不变矩等。在手势的轮廓特征和统计特征中常用的方法有 Hu 矩、Zemike 矩、傅里叶轮廓矩和小波矩。Zemike 矩主要用于图像恢复,其优点在于能够构造任意的高阶矩、对噪声不敏感,但总体来说计算量大且实时性不够好。傅里叶算子对轮廓的描述能力较好,但对细节特征非常敏感,容易造成误识率;小波矩的优点是能达到很高的识别率,但在具体应用中计算过程非常复杂,计算量过大,且需要对图像进行归一化处理。

(3)手势的结构特征是组成手的手指和手掌部分的关系和结构,包括手势外接矩形的长宽、手势轮廓的周长面积比、指尖的数量等。在这个过程中,兼具简单高效和可靠性是研究的方向。

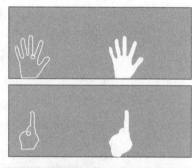

3. 动态手势识别

动态手势的识别过程相对于静态手势复杂许多。常见的动态手势识别方法有模板匹配法、神经网络法和隐马尔可夫模型法。

(1)模板匹配法是将手势的动作看作是由静态手势组成的一个序列,然后将手势模板与该序列进行匹配从而识别出手势。图 8-22 所示是三种手形的模板匹配效果。

图 8-22 三种手形的
模板匹配效果

(2)神经网络法具有分类特性和抗干扰性,并且具备模式推广能力,但其对时间序列的处理能力目前还不够好。隐马尔科夫模型是一种统计模型,用该模型建模的系统具有双重随机过程,包括状态转移和观察值输出的随机过程。该方法具有较强的描述手语信号的时空变化能力,在动态手势识别领域中占有主导地位,但由于其拓扑结构的一般性使得其过于复杂,在训练和识别的计算量上比较大。

如果背景静止并且很简单,想要分割出完整的手形不是一件难事。但是在实际生活和应用环境中,手势的背景环境并不是很纯净的,例如人脸常常会出现在摄像头中,人脸这个不可避免的"噪声"存在两个最大的干扰元素:其一是颜色的干扰,其二是运动的干扰。颜色干扰很容易理解,人脸和人手同为肤色系,且对同一个人来说,这两者的颜色非常相近;而运动干扰则是由于人脸不可能一直保持静止不动,它就像人手一样,存在不定时的运动,而这常常是前景与背景分割过程中的一个重要特征。因此,基于视觉的手势识别是需要进行深入研究的。

●●●●● 8.5 多人视频中关键事件识别 ●●●●●

由于大规模数据集和模型的引入,目前视频图像目标识别和检测任务已经取得了较大的成功。然而,这主要限于单人行为,或者虽然人物很多但他们的行为可以视为一个整体的群体行为,并且视频中的参与者只完成一个主要的活动。而在实际应用场景中,很多情况下需要进行多人视频中的事件识别。例如在体育场、商场或者其他户外捕捉到的视频通常包含多人之间的互动,大部分人都在做着什么事,但并不是所有人都涉及主要事件,主要时间由一小部分人主宰着。像篮球比赛等多人场景,画面中可能有十到上百人,但是,只有少数人值得关注。

多人事件识别是一项具有挑战性的任务,场景里面总是包含有多个人物,但只有少数人对实际事件有影响。谷歌与斯坦福大学合作研究了在同时有多人场景的视频中跟踪关键目标。他们提出的方法能够在篮球比赛视频中让计算机识别出场上最应该注意的球员。篮球中的投篮仅由一或两个人决定,图 8 - 23 中球员手中没有球,关注他是没有意义的;图 8 - 24 中球员拿着球,基于投手以及球员传球的行为就能轻松识别出这是一个“2 分球”事件。事实上在多人事件中关注错误的人是毫无意义的,我们需要确定事件识别任务中的关键人物,即在视频中关注到正确的人。

图 8 - 23 在多人事件中关注错误的人是毫无意义的

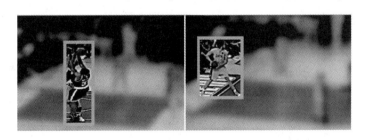

图 8 - 24 在多人事件中关注关键人物

识别事件中的有关人物本身是一件非常有趣的任务。然而,获取这样的注释成本是非常昂贵的,因为很难获得关于这些人物是谁或者在哪里这样的明确注释。因此,在训练和测试过程中,只能使用不需要注释的模型来识别这些关键人物,这是一个弱监督的关键人物识别问题。

谷歌与斯坦福大学的研究人员利用递归神经网络设计了一个计算机视觉系统,利用注意力决定哪几个人物与视频中表现出的行为最为相关。这个"注意力模式"（attention Mask）随时间发生变化，因此结合了时间和空间上的注意力。在人物检测从一帧变化到另一帧的同时对其进行注解，全跟踪过程中不同帧的注解能连接到一起。图8-25就是计算机查看每一帧画面时的注意力模式。图中细框标注场上球员，五角星代表篮球，持球运动员则用粗框表示。经过训练后，这个系统不仅能够识别出当前画面中的关键目标，也可以预测接下来即将成为关键目标的是什么，这样画面与画面之间的动作变化则将前后的关键部分连接起来。

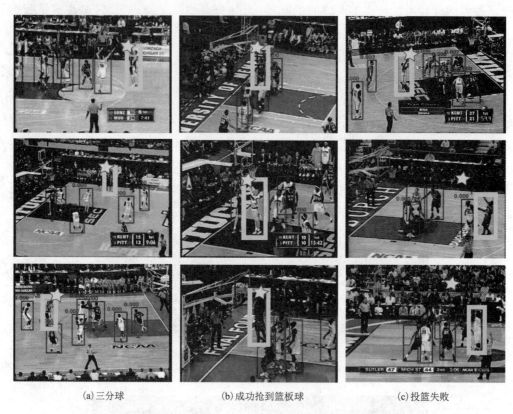

（a）三分球　　　　　　　　（b）成功抢到篮板球　　　　　　　（c）投篮失败

图8-25　三分球、成功抢到篮板球和投篮失败的场景

为了评估他们提出的模型，需要大量多人视频事件。而目前大部分的活动或事件识别数据集专注于一到两个人的行为，多人数据集的视频数量很有限。因此，在他们的研究中还收集了自己的数据集，一个新的带有时间标识的篮球事件数据集，包含257场篮球比赛的视频数据集，14 k个事件注释，每个时长1.5 h，对应于11个不同事件分类。从注释数量上考虑，这个数据集可相比于THUMOS检测数据集，但包含多人背景方面的更长的视频。在此数据集上，他们的模型优于之前最先进的事件分类和检测方法，此外，该关注机制能够始终定位在关键球员上。

总而言之，谷歌与斯坦福大学的这项研究贡献如下：首先，介绍了一个新的大规模篮球事件数据集，它带有长视频序列的密集时间注释；第二，提出了一种在多人视频中进行事件分类和检测的注意力模型，在标准任务中，比如独立片段分类，对更长的未经整理的视频中的事件进行时间定位,该方法超越了最顶尖的成果;第三,该方法会学习注意相关的球员,即使是在训练集中没有告诉模型哪个球员是相关的。

这项研究能够在没有利用这样注释进行明确训练的情况下,识别出与事件有责任关系的关键人物,该方法可以推广至任何多人设定中。它不仅能显示某个准备上篮的球员很重要,而且会显示最重要的防守球员。利用这种方法可以智能整理拥挤的镜头,在机场、车水马龙的大街等环境下有着重要的意义。

第 9 章

智能图像融合

图像融合利用多幅图像信息,可以获得更为准确、全面和可靠的信息,是智能图像处理的发展方向之一。本章介绍智能图像融合及其应用,首先介绍图像融合的基本概念和处理层次,并对图像融合的基本方法进行分类介绍;着重介绍基于卷积神经网络的智能图像融合方法;最后介绍图像融合在医学、遥感、交通、军事领域的应用。

●●●●●● 9.1 图像融合概述 ●●●●●●

9.1.1 图像融合的基本概念

图像融合处理是智能图像处理的发展方向之一,从单图像传感器发展到多传感器(多视点)的融合处理,可更加充分地获取现场信息。还可以融合多类传感器,如图像传感器、声音传感器、温度传感器等,共同完成对现场的目标定位、识别和测量。

图像融合是多源信息融合的重要分支,是在多测度空间综合处理多源图像和图像序列的技术。一般而言,图像是在某种意义上对客观实际的一种反映,是一种不完全、不精确的描述,图像融合通过提取和综合两个或多个多源图像信息,充分利用多幅图像中包含的冗余信息和互补信息,以获得对同一场景或者目标更为准确、全面和可靠的图像,使之更加适合于人眼感知或计算机后续处理。图像融合不同于一般意义上的图像增强,它是计算机视觉和图像理解领域中的一项新技术。

随着信息技术、传感器技术和图像处理技术的发展,图像融合已成为一个热门的研究方向。图像融合将描述同一场景的多个图像合成一幅新的图像,这些图像可以是不同成像传感器获得的,也可以是单个成像传感器以不同方式获得的。即融合源图像可能来自多个传感器同一时间段的图像,也可能来自单个传感器不同时间段的图像序列。图像融合充分利用多幅图像资源,通过对观测信息的合理支配和使用,把多幅图像在空间或时间上的互补信息依据某种准则进行融合,从而得到比单一图像更为丰富和有用的信息,使融合后的图像比参与融合的任意一幅图像更优越,更精确地反映客观实际,以提高对场景描述的完整性和准确性。图像融合已广泛应用于机器视觉、目标识别、医疗诊断和遥感遥测等多个领域。

所谓的图像融合技术,是指将由不同成像设备所摄取到的、关于同一场景的图像,通过不同的手段,经过一定的转换处理,实现影像信息优势互补,以便得到对这一目标更有价值的图像描述。融合过程充分发挥多元化待融合图像中所包含的互补和冗余信息的作用,互补信息可使融合后的图像蕴含更细致的纹理信息,增加图像信息量,而冗余信息可以优化信噪比,提高融合图像的精准性、可靠性以及健壮性。

以一个经典的故事——盲人摸象来解释图像信息融合:五个盲人从来没见过大象,他们无法用眼睛观察,希望用手触摸感觉来认识和了解大象,每个人事先被告知触摸大象整体的一部分(鼻子、耳朵、身体等),五个盲人把各自获得对象的局部特征信息进行综合,就可能获得对大象正确的整体认识。不同的影像设备就如五个盲人,能够有针对性地提取整体图像的不同特征信息,对来自不同成像设备的图像进行融合有助于更全面地了解目标整体信息,便于对目标的进一步观察和处理。

总之,当单一成像设备获得图像不能满足用于部位识别或场景表达的充足信息时,或者在不利的环境情况下(如低照明、模糊、低配准等)难以得到清晰的图像展示时,通过融合技术可得到较满意的图像描述。

鉴于综合了来自不同成像设备的多源图像,融合后图像对目标的描述比任何单一源图像更加准确、全面,具有更强的健壮性,即使个别成像设备出现故障也不会对研究目标产生较大影响,更能满足人和机器的视觉习惯,有利于诸如图像分析理解、目标增强、特征分割等进一步的图像处理。

9.1.2 图像融合的处理层次

根据融合处理所处的阶段不同,图像融合通常可划分为像素级融合、特征级融合和决策级融合,如图 9 - 1 所示。融合的层次不同,所采用的算法、适用的范围也不相同。

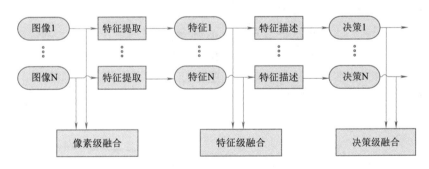

图 9 - 1 图像融合层次结构

1. 像素级融合

像素级融合属于低层次的融合方式,在图像像素点数据层次进行融合,对原始图像进行图像配准,之后融合形成一幅新的图像。像素级融合的方法简单,适用范围广泛。像素级融合方法增加了图像中每个像素的信息内容,保留了尽可能多的原始信息,能够提供其他融合层次所不能提供的更为丰富、精确、可靠的信息,这样有利于图像的进一步分析、处理与理解,进而提供最优的决策和识别性能。

在实施像素级融合之前,需要对参与融合的原图像进行预处理,包括精度达到像素级的图像配准,如果参与融合的图像具有不同的分辨率,则需要在图像相应区域做映射处理。

像素级融合方法因其针对对象为像素点,所需处理信息量巨大,处理信息速度相对较慢。

对像素级图像融合方法的基本要求是:

(1)融合图像尽可能多地加入图像互补信息。

(2)模式保持。融合图像应包含各个源图像中所具有的有用信息,不破坏图像的色彩信息,也不能丢失图像的纹理信息,以便获得一个既有光谱信息又有空间信息的图像。

(3)最小限度地引入赝象。合成图像中应尽量少引入人为的虚假信息或其他不相容信息,以减少对人眼以及计算机目标识别过程的干扰。

(4)对配准误差和噪声具有一定的健壮性。融合算法对配准的位置误差和噪声不应该太敏感,融合图像的噪声应降到最低程度。

(5)在某些应用场合中应考虑算法的实时性。

2. 特征级融合

特征级融合属于中间层次的融合方式,首先提取各图像的主要特征,然后对特征进行融合,建立合成特征。新的特征相对于融合之前的特征,维度之间具有更低的相关性,去除了冗余和相关因素。特征级融合对配准要求不高,因此拥有更高的灵活性和实用性。但是相比像素级图像融合来说,特征级融合丢失了很多纹理、细节信息。

3. 决策级融合

决策级融合处于信息融合的最高层次,是对来自多幅图像的信息进行逻辑推理或统计推理的过程。相比像素级融合和特征级融合,其对原始图像的要求最低,对一定的错误可以进行纠正,处理损耗低,因此可在广泛的范围内使用。

决策级融合不需要考虑传感器对准问题,如果传感器图像表示形式差异很大或者涉及图像的不同区域,那么决策级融合或许是融合多个图像信息的唯一方法。用于融合的符号可以源于系统中传感器提供的信息,也可以来自环境模型或系统先验信息的符号。

以上三个融合分别在不同的层次上进行,主要区别在于对图像数据的抽象程度不同。例如,决策级融合只需对信息进行识别关联,而像素级和特征级融合不仅需要对多源数据进行关联,还要对其进行配准等操作,需要注意的是,它们关联和识别的顺序是存在差异的。相比较而言,像素级图像融合是摄取信息最丰富、检测性能最好、最广泛适用、对设备要求最高的一种,也是最基础、最重要的融合方法,是特征级和决策级融合的基础。

不同层次图像融合算法的特点如表 9-1 所示。

表 9 - 1　不同层次图像融合算法的特点

特点	像素级融合	特征级融合	决策级融合
传感器信息类型	多幅图像	从信号和图像中提取的特征	用于决策的符号系统和模型
信息的表示级别	介于最低级和中级之间	中级	高级
传感器信息模型	含有多维属性的图像或者像素上的随机过程	可变的几何图形、方向、位置以及特征的时域范围	测量值含有不确定因素的符号
图像数据的空间对准精度级别	高	中	低
图像数据的时域对准精度级别	中	中	低
数据融合方法	图像估计或像素属性组合	几何上和时域上相互对应,特征属性组合	逻辑推理和统计推理
图像融合带来的性能改善	使图像处理任务的效果更好	压缩处理量,增强特征测量值精度,增加附加特征	提高处理的可靠性或提高结果的正确率

●●●●●● 9.2　图像融合方法 ●●●●●●

9.2.1　图像融合方法概述

9.1.2 节讲述的三个层次图像融合采取的融合算法不同,像素级融合方法主要有像素灰度值取大、像素灰度值取小、像素灰度值加权平均。

特征级融合方法主要有以下三类:

(1)简单的特征组合,按照串行或者并行的方法将针对某一类型的图像提取的所有特征组合起来,构成新的特征向量。这种方式比较简单,但形成的新的特征维度比较高,且冗余比较大。这是比较初级的特征融合方法,也是经典的特征融合。

(2)将几种不同模态的特征向量映射到新的维度空间,然后将其融合为一种新的特征向量。这种融合算法充分挖掘了特征向量之间的关系,将其在新的投影空间进行组合,既降低了特征的维度,又去除了融合后特征的冗余性。典型的算法有经典相关分析(Canonical Correlation Analysis,CCA)、小波变换法(Discrete Wavelet Transform Method,DWT)、拉普拉斯金字塔变换法(Laplace pyramid transform method,LAP)等。这些较流行的算法,理论推导比较完善,在特征融合方面也具有比较好的效果。

(3)基于神经网络的特征融合方法,比较流行的有深度神经网络(Deep Neural Network,DNN)、卷积神经网络(Convolutional Neural Network,CNN)和递归神经网络

（Recurrent Neural Network）。其特征融合主要通过自动提取局部特征，以达到类似于生物神经网络的学习模型效果也是目前图像识别领域比较好的算法。深度神经网络和递归神经网络都是在卷积神经网络的基础上通过改变网络层次结构和深度来实现的。但基于神经网络的算法具有共同的特征，即需要大量的训练数据，同时需要强大的硬件如 GPU 的支持，模型训练比较复杂，一般的硬件设备难以满足其需求。

决策级融合可以利用表决法、Bayes 理论、D-S 证据理论等，集成算法也属于决策级融合的典型算法，如随机森林（Random Forest）、决策树（Decision tree）和 Bagging 算法。

这些算法也可划分为基于空间域、变换域和智能域的图像融合三大类。

1. 基于空间域的方法

基于空间域的方法是最早采用的融合方法，融合过程是对两幅或者多幅配准好的源图像在同一像素灰度空间下做算术运算处理，运算的方法有直接在图像的空间坐标下进行像素灰度值加权平均、比较大小，以及形态运算、逻辑运算符滤波、对比度调制等。该种方法的操作过程简单、直观，但是融合精度往往较低，效果有待改善。因此，常用于对精度要求不高的场合，或者作为进一步融合的基础。

经典的基于空间域图像融合的方法主要有逻辑滤波法、灰度值加权平均法、亮度-色度-饱和度变换法（Intensity-Hue-Saturation transform method，HIS）、主成分分析法、数学形态法、图像代数法以及模拟退火法等。逻辑滤波方法是一种利用逻辑运算将多个像素的数据合成为 1 个像素的直观方法，例如当多个像素的值都大于某一阈值时，"与"滤波器输出为"1"。图像通过"与"滤波器而获得的特征可认为是图像中十分显著的成分。同样，"或"逻辑操作可以十分可靠地分割一幅图像。颜色空间融合法是利用图像数据表示成不同的颜色通道。简单的做法是把来自不同传感器的每幅源图像分别映射到一个专门的颜色通道，合并这些通道得到一幅假彩色融合图像。该类方法的关键是如何使产生的复合图像更符合人眼视觉特性及获得更多有用的信息。

2. 基于变换域的融合方法

到了 20 世纪 90 年代，随着金字塔方法和小波方法的提出，变换域方法开始投入使用，并取得了很好的效果。变换域方法是将源图像首先做空间频域的转换，接着对处理得到的系数根据一定规则结合，获取融合系数，最后采用逆变换方法重建融合图像。最早的变换域方法是多分辨率金字塔，该方法对源图像做滤波处理，得到一个塔形构造，对分解后不同塔层执行不同算法做数据融合，进而得到一个复合式的塔状构造，然后对得到的塔式结构进行逆变换操作以获取融合后的图像。这类方法生成的数据存在冗余现象，而且不同层的数据之间有关联，效果虽好，但是过程相对较复杂。

1）基于主成分分析的融合方法

该方法首先求得多个图像间的相关系数矩阵，由相关系数矩阵计算出特征值和特征向量，进而求得各主分量图像；然后将高空间分辨率图像数据进行对比度拉伸，使之与第一主分量图像数据具有相同的均值和方差；最后用拉伸后的高空间分辨率图像代替第一主分量，将其同其他主分量经 PCA 逆变换得到融合的图像。该方法可以很好地保持图像的清晰度。

主成分分析法主要的作用是降低计算维数。数字图像处理中运用主成分分析法的目的就是为了提高图像数据的处理速度。基于 PCA 变换的图像融合算法具体步骤如下：

（1）图像的预处理。

（2）图像进行主成分分析，通过计算求出变换矩阵特征值和特征向量。

（3）排列特征值，求出新的主分量，将第一主分量与全色图像进行直方图匹配。

（4）用上面求得的匹配图像代替第一主分量，进行图像融合。融合后得出的主分量进行逆变换得到最终融合图像。

主成分分析法对图像融合的基本原理是能提取图像的主分量，通过图像的主要特征对图像进行融合，其降维的处理办法能大大提高数字信号处理的速度，而缺点就是在变换的提取过程中图像的部分信息会丢失，导致最后的融合图像的分辨率降低。

2）基于多尺度变换的融合方法

基于多尺度变换的融合算法的优点是它能提供对人眼的视觉比较敏感的强对比度信息，以及它在空间和频域的局部化能力。概括地说基于多尺度变换的融合方法包括三个主要步骤：多个传感器源图像分别进行多尺度分解，得到变换域一系列子图像；采用一定的融合规则，提取变换域中每个尺度上最有效的特征，得到复合的多尺度表示；对复合的多尺度表示进行多尺度反变换，得到融合后的图像。

根据多尺度变换形式的不同，基于多尺度变换的图像融合算法可分为基于图像金字塔变换的融合方法和基于小波变换的融合方法。基于图像金字塔变换的融合方法包括拉普拉斯、比率低通、梯度、形态学等金字塔变换。

以基于小波变换的图像融合方法为例。小波变换是傅里叶分析的继承与发展，但又有傅里叶分析无法比拟的优越性。傅里叶变换是整个时间轴上的平均，不能很好地反映信号的局部特性，而 20 世纪 80 年代发展起来的小波变换技术则是空间（时间）和频率的局部变换，因而能有效地从信号中提取有用信息，实现对信号的多尺度细化分析。其在时域和频域同时具有良好的局部化特性和多分辨率特性，常被誉为信号分析的“数学显微镜”。近年来，小波分析的理论和方法在信号处理、语音分析、模式识别、数据压缩、图像处理等领域得到了广泛应用。

图像的小波变换是一种图像的多分辨率、多尺度分解。分辨率不同，图像特征的表现也不同。由于无法确定何种分辨率下提取的特征最能代表目标且最有利于目标的分类，因而需要将图像变换到不同分辨率下分别提取特征。

由于小波分解的层次结构所形成的数据量是一个逐级减少的塔状结构，故称其为金字塔结构，基于小波变换的图像融合正是在这一结构的基础上进行的。基于小波变换的多尺度图像融合等效于将原始图像分解到一系列的频率通道中，再利用金字塔结构在图像的不同空间频带内分别进行融合处理，这样就有效地将不同图像的细节融合在了一起，而且边缘不突兀。

基于小波变换的图像融合过程如图 9-2 所示。其基本步骤为：①对每一幅源图像分别进行小波分解，获得不同分辨率下的小波系数图；②选择恰当的融合规则，分别对小波每一分解层的每一系数图进行合成,获得合成的小波系数分解图;③对融合后所得的小波金字塔进行小波逆变换,所得重构图像即为融合图像。

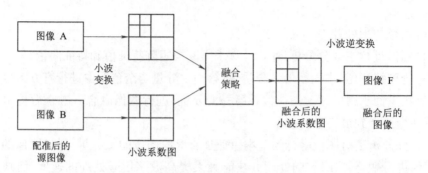

图9-2 基于小波变换的图像融合原理图

在图像融合过程中,融合规则及融合算子的选择对融合质量至关重要。为了获得细节更丰富突出的融合效果,采用的融合规则及融合算子描述如下:①对分解后的低频部分,即图像的"粗像",采用加权平均融合规则或灰度值选择融合规则;②对于高频分量,采用基于区域特性量测的选择及加权平均算子;③对于三个方向的高频带,分别选用不同的特性选择算子。

这里以两幅图像的融合为例,对多幅图像的融合方法可由此类推。设 A,B 为同一目标在两个不同视角下的图像,并且已经配准,F 为融合后的图像。其融合处理的基本步骤如下:

(1)对每一幅预处理后的图像做二维离散小波分解,得到 3 个细节子带图像和 1 个低频子带图像。

(2)采用基于像素级的融合方法或基于区域特性的融合方法,分别对小波每一分解层的每一系数图进行合成,获得合成的小波系数分解图。

(3)对融合后所得的小波金字塔进行小波逆变换,得到的重构图像即为融合图像。

3. 基于智能域的融合方法

近年来,图像融合技术的研究呈现多元化,在对经典变换域方法优化改进的基础上,越来越多的人工智能方法发挥着其特有的优势,结合传统图像处理方法,有效改善了经典方法应用到复杂图像的情况,取得了较好的发展前景。智能域方法是以模拟人工智能处理方法来实现对图像的目标分析和信息融合。常见的智能域方法包括蚁群算法、模糊推理、神经网络、粒子群算法、粒计算、云模型等,目前已经应用到图像分割、配准、融合、压缩以及图像重建等领域。

总之,上述图像融合方法具有各自的优缺点。基于空间域的融合方法,以直接处理灰度值的方式进行,它的优点是简单易行,但是融合精度往往不高;基于变换域的融合方法首先对图像做空间频域的变换,然后按照某种规则获取融合系数,最后进行逆变换得到输出图像,它的融合精度虽高,但融合过程复杂;智能域方法涉入图像融合领域还处于发展起步阶段,算法不够成熟,但已显现出很多优良特性。

9.2.2　基于卷积神经网络的图像融合方法

基于卷积神经网络(CNN)的识别方法是一种端到端的模型结构,使图像可以直接作为网络的输入,避免了传统识别算法中复杂的特征提取和数据重建过程。多层的卷积结构设计使得该网络对平移、比例缩放、倾斜或者其他形式的形变具有高度不变性。如前面章节所述,该方法在图像分类、目标检测、显著性分析等众多计算机视觉领域已取得了突破性的进展。Krizhevsky 等提出的 AlexNet 模型在图像分类挑战赛中赢得了当年的第一名,证明了 CNN 在复杂条件下的有效性,并使用图形处理器(GPU)使大数据训练在可接受的时间范围内得到了结果。在此基础上 He 等将 CNN 的模型深度扩展到 152 层,使得 ImageNet 大规模视觉识别挑战赛(ILSVRC12)的目标分类识别率已经达到甚至超越了人类的识别能力。以下给出一个基于卷积神经网络的图像融合方法的例子。

如图 9-3 所示,其融合识别流程为:①将同一目标的多幅图像并行送入几个相同的神经网络进行特征提取,这里利用改进的 AlexNet 网络对同一目标的三幅图像进行并行特征提取;②利用某种特征选择方法(这里采用基于互信息的特征选择方法)对串联的融合特征进行降维,去除无关的特征向量,得到融合的特征;③网络的全连接层和输出层对网络进行回归训练(这里采用 2 个全连接层和 1 个输出层),得到目标识别分类结果。

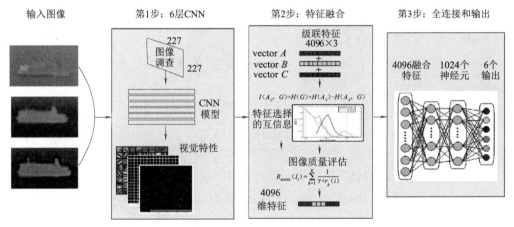

图 9-3　基于卷积神经网络的图像融合方法流程

1. 特征融合网络结构

将改进的 AlexNet 作为特征提取融合的基本结构,将来自某一目标不同来源的三幅图像并行输入三个相同的 6 层神经网络中进行特征提取,网络结构如图 9-4 所示。其中,4 个卷积层,2 个全连接层,1 个输出层。

根据神经网络的迁移学习能力,将 ILSVRC12 中训练好的模型作为网络的初始化参数,再利用实际应用的数据集进行微调。这里给出一组网络的具体参数,如表 9-2 所示,每层结构略有不同但都包含待学习参数。

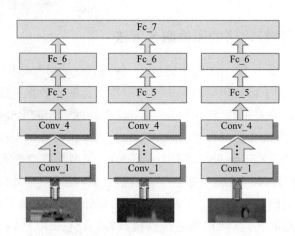

图 9 - 4 特征融合网络结构

表 9 - 2 网络参数

Parameter	Structure of network					
Layer	Conv_1	Conv_2	Conv_3	Conv_4	Fc_5	Fc_6
Structure	C + R + L + P	C + R + P	C + R + P	C + R + P	F + R + D	F + R + D
Input	$227 \times 227 \times 3$	$27 \times 27 \times 96$	$13 \times 13 \times 256$	$13 \times 13 \times 384$	$6 \times 6 \times 256$	4 096
Neuron	96	256	384	256	4 096	4 096
Kernal size	11×11	5×5	3×3	3×3	1×1	1×1
Stride	4	2	1	1		
Pooling	3×3	3×3		3×3		
Pooling stride	2	2		2		
Train parameter	$96 \times (11 \times 11 \times 3 + 1)$	$256 \times (5 \times 5 \times 96 + 1)$	$384 \times (3 \times 3 \times 256 + 1)$	$256 \times (3 \times 3 \times 384 + 1)$	$4\ 096 \times (3 \times 3 \times 256 + 1)$	$4\ 096 \times (4\ 096 + 1)$

表 9 - 2 中 C 表示卷积层,通过卷积运算,可以使原图像特征增强,并且降低噪声。R 表示非线性激活函数(Rectified Linear Units,ReLU),与传统的 sigmoid 激活函数相比,ReLU 可以加速收敛过程,使得网络自行引入稀疏性,等效于对网络进行无监督学习的预训练。L 表示局部响应标准化,在提取底层特征时增加网络的泛化能力。P 表示最大池化操作,计算特征图中的局部最大值,相邻的池化单元通过移动一行或者一列从小块上读取数据,减少表达的维度并使数据具有平移不变性。F 表示全连接层,D 表示 dropout 正则技术,该方法随机地将某些单元隐藏,隐藏的单元不参与 CNN 的训练过程。因此,当每次有输入时,网络采样一个随机结构,该方法降低了神经元之间的共适应性,可有效防止网络发生过拟合。

在训练过程中,针对不同尺寸的输入图像,需要将其映射为 227×227 像素的矩形,以适应网络结构的输入。不同的映射方法对识别率有不同的影响,例如采用双线性插值法,将输入图像减去像素均值后利用 CNN 进行训练,通过前向传播逐层提取特征,在第6层得到4 096维的特征向量,记为向量 A。同理,利用相同的 CNN 对其他来源的两幅图像进行特征提取,分别得到向量 B 和 C。将3组向量按顺序进行串联组成融合特征向量,该向量包含了不同图像来源的目标的特征信息。

2. 互信息特征选择

原始图像中通常缠绕着高度密集的特征,如果能够解开特征间缠绕的复杂关系,转换为稀疏特征,则特征具备稳健性。此外,如图9-5所示,深度神经网络中每层待优化参数主要集中在全连接层。利用合理的降维方法去除高维特征向量中的冗余和噪声信息,在减小计算量的同时还可以提高识别的准确率。

特征压缩是通过投影将所有信息进行压缩,保留的信息仍含有一定的冗余和噪声,而特征选择的过程是通过舍弃冗余信息而保留对分类贡献较高的有用信息。采用基于互信息特征选择的方法对串联特征进行降维,并按照重要性进行排序,该方法可根据需要任意设定阈值,选择不同维度的特征向量,而不再需要重新计算。上述串联融合的特征在降维过程中3幅图像的特征向量彼此互不干扰。特征的排序与选择仅在同一幅图像的特征向量中进行。

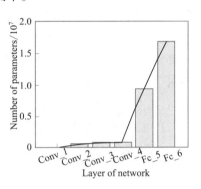

图9-5 不同层网络参数对比

利用基于互信息的特征选择方法计算维度和标签之间的互信息是一种基于监督的方法,以图像特征向量 A 为例,数据集中所有图像的第i维向量为 $A_{.i}$,标注的图像类别标签为 G,其互信息为 $I(A_{.i}, G)$。一般来说,互信息越大,则这一维向量用于分类越有效。互信息的值是对每一维向量重要性的评估,根据互信息的值按照降序对所有 N 维向量进行排序,若要将 N 维向量降到 D 维,只需取互信息排序前 D 名的向量即可。

3. 目标识别分类

串联后的图像特征为4 096维,选择后的特征利用网络中全连接层及输出层,对融合后的特征向量进行回归训练,输出不同目标的类别概率,其中全连接层每层包含1 024个神经元,输出层利用 softmax 函数对不同类别目标进行分类。

●●●● 9.3 图像融合应用 ●●●●●

9.3.1 多模态医学影像融合

1895 年,德国物理学家伦琴得到了人体的第一张 X 射线图像,开启了医学成像技术,并渗透到医学诊断的各个领域中。医学成像技术是临床研究的主要途径,是医学图像处理的基础手段。一百多年以来,多维图像可视化技术和高性能计算机技术实现了质的飞跃,医学成像技术也从静态、平面、形态成像阶段发展到了多维、动态、功能成像阶段。随着影像工程学的发展,医学领域中不断更新的影像成像设备在丰富图像模态形式的同时也在极大程度上提高了图像显示的精确性,使临床病症的诊断更加可靠。诸如超声、CT、MRI、电子内窥镜、数字减影等医学成像图像,都可针对人体某一特定部位提供直观图像信息,但是由于在成像原理和成像设备的差异,这些图像所具备的特征也各不相同。图像融合能够很好地集成不同图像的信息,使得临床医学诊断和治疗更精准完善。

医学影像融合的目的是为了充分利用来自不同影像设备的医学图像信息,将它们进行综合分析以获取有价值的信息,方便医疗工作人员快速定位病变部位。与普通图像相比,医学图像在采集过程中可能存在图像显著特征不明显,纹理信息不清晰,以及噪声引起的干扰等现象,这很大程度上降低了图像的人眼视觉效果。因此,医学应用对图像融合方法以及规则提出了更高的要求:一方面,融合后的医学图像应最大程度地准确保留源图像蕴含的数据信息,避免出现丢失源图像大量细节信息的现象,以保证医学工作人员在临床上的正确判断;另一方面,融合后图像尽可能地满足人眼的视觉特性,具有良好的对比度,能够更好地展示关键信息或者详细的病变部位信息。

1. 医学图像融合的意义及应用

现代医学成像技术为临床医学诊断提供了计算机 X 射线摄影(X ray photography, X-Ray)、超声成像(Ultrasonic Imaging, UI)、计算机断层成像(Computer Tomograph, CT)、数字减影血管造影(Digital Subtraction Angiography, DSA)、单光子发射断层成像(Single-Photonm Emission Computed Tomography, SPECT)、核磁共振成像(Magnetic Resonance Imaging, MRI)、正电子发射断层成像(Positron Emission Tomography, PET)、功能核磁共振图像(functional Magnetic Resonance Imaging, fMRI)等不同模态的医学影像。图 9 - 6 列举了常见的 CT、SPECT、MRI、PET 四种模态的医学图像。

根据医学图像所提供的信息内涵,上述医学图像可分为两大类:解剖结构图像(如 X-Ray、CT、MRI、B 超等)和功能图像(如 PET、fMRI、SPECT 等)。这两类图像各有其优缺点:解剖图像具有分辨率较高的优点,主要描述人体形态信息,能清晰地提供脏器的解剖形态信息,但无法反映脏器的功能情况;功能图像能够提供脏器功能代谢信息的优势是解剖图像所不能取代的,但它的分辨率较差,无法清晰地刻画出器官或病灶的解剖细节。例如,为了给病灶部位提供

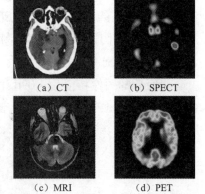

(a) CT　　　　(b) SPECT

(c) MRI　　　　(d) PET

图 9 - 6　四种模态的医学图像

较为精确的定位参照,CT 图像的密度分辨率较高,使得由计算机重建的图像可不与临近体层的影像重叠,进而得到清晰的骨骼图像,但在软组织成像方面 CT 所成图像的对比度较低。在不同的成像技术中,MRI 图像的组织分辨率较高,可清晰分辨心肌、心内膜等组织器官,使心腔与血流、心肌之间形成良好的组织对比度,但其存在所成图像钙化点不敏感的问题,且在受到磁干扰后极易出现几何失真现象。

由此可见,不同成像技术的优缺点各不相同,同一解剖结构所得的多种医学图像在形态功能上的描述有较大差异,且单一的图像特征信息无法准确反映出图像包含的全部生物体征信息。因此,为使病理研究与诊断更加严谨,需充分利用不同成像技术的优势,融合来自于多个医疗设备的医学图像,将两个或两个以上不同类型的图像信息进行融合,有助于为疾病的诊断与治疗提供更加准确与丰富的信息,保证临床病症诊断与疾病治疗的正确性。

不同医学影像设备呈现出不同模态的图像,从各种侧面和角度反映了人体的状况,为医学诊断和治疗提供了精准、全面的信息。然而不同成像设备所成图像都只能反映人体某些方面的信息,比如 CT 成像是利用精确准直的 X 线束、超声波等,与敏感度极高的探测器一同围绕人体的某一器官做一个个的断面扫描,所成图像以不同的灰度来表示,反映器官和组织对 X 线的吸收程度;而 MRI 是通过磁共振现象从人体中获得电磁信号,并重构出人体信息,但空间分辨率不如 CT。单一影像设备所提供的图像信息往往不足以得出准确、全面的医学结论或治疗方案,所以临床诊断上常对同一模式进行多次成像,或者对同一病变部位采取多种影像设备成像。虽然目前解剖影像设备和功能影像设备的技术已经得到较快的发展,图像的空间辨识度和图像质量也得到很大提升,但是不同影像设备的成像原理不同,导致各模态的图像信息存在局限性,因此,单独使用某一种模态的成像技术,效果都不太理想,若想同时运用多种模态图像的信息,就只能寄希望于医生的想象力、经验和推理来综合处理,这局限于很多主观因素的影响。医学影像学不断试图寻求一种新的影像处理方法,而图像融合技术便是该想法的产物。

近年来,图像融合技术在医疗领域影像诊断、可视化手术、肿瘤放射治疗等临床应用中起到了极好的辅助作用。图像融合技术把各种医学图像的信息有机地结合起来,不仅可以优势互补,还有可能发现新的有价值的信息。如 CT 提供的骨骼信息,MRI 提供的软组织信息、血管信息等,在有骨骼的地方选择 CT 属性,在其他有软组织的地方选择 MRI 属性,融合各信息用于制订手术计划。

目前,对图像融合方面的研究主要集中在提高融合精准度与三维重建显示技术的发展与应用方面。其中,三维重建显示技术是根据 CT、MRI 等二维图像中获得的人体信息在虚拟现实环境中构建人体立体仿真模型,医生可从计算机显示屏上直接观察病灶部位与病变特征,并可通过旋转、平剖等操作模拟手术过程。

在未来,基于图像融合的数字可视化与虚拟现实技术相结合,可望创造一个虚拟环境,帮助医生制定最有效、最安全的手术方案。在信息处理技术不断完善的过程中,以更高速、精准的形式融入医用领域,将为医疗事业的进步提供更多的信息支持,为临床诊断、远程监护、可视化手术等提供更加丰富且精确的信息。

在医学影像设备的发展中,功能成像和解剖成像的结合是一个发展契机,多模态医学图像融合技术能够实现两者的有效综合,在临床诊断治疗、肿瘤的准确定位以及癌症的早期预测方面发挥着重要的作用。图像融合技术作为图像数字信息研究的基础,已经普遍应用于遥感、自动目标识别、军事、机器人、计算机视觉等方面,随着功能成像设备和解剖成像设备杂交技术的出现,图像融合技术将实现进一步的飞跃,在病

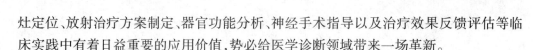

灶定位、放射治疗方案制定、器官功能分析、神经手术指导以及治疗效果反馈评估等临床实践中有着日益重要的应用价值,势必给医学诊断领域带来一场革新。

2. 医学图像融合技术

单一模态医学图像在图像分析分解时提供的信息具有局限性,解决该问题的最佳途径就是利用多模态医学图像融合技术。

综上所述,多种先进的医学影像设备的出现,为医学研究和临床治疗提供了更多模态的图像信息,不同模态的医学图像反映了身体器官(如脑、胸、肺等)和病变部位的不同信息,体现出不同的优势。融合过程能够充分将不同影像设备获取的图像信息有机联合起来,融合后图像的特点相互印证、综合呈现,使人体内部的解剖结构、器官功能等各方面的医学信息同时呈现在一幅图像上,有助于全方位地认识痛变的类型以及与周围组织的解剖关系。

图像融合是指整合两个或多个来自不同模态的场景信息,以获得对目标更为准精、全面、可靠的图像表达。将不同模态的图像进行有机融合后可为医学研究提供比单一模态更为丰富的诊断信息。医学图像融合是将来自于相同或不同成像方式的医学图像进行空间配准和叠加,这些图像经过必要的变换处理,使它们的空间位置、空间坐标达到匹配,叠加后获得互补信息及增加信息量,把有价值的生理、生化信息与精确的解剖结构结合在一起,给临床医学诊断提供更加全面和准确的资料。

医学领域的图像融合分类如下:按图像融合对象的来源可分为同类图像融合(innermodality,如 SPECT-SPECT、CT-CT 等)和异类图像融合(inter-modality,如 SPECT-CT、PET-MRI 等);按图像融合的分析方法可分为同一病人的图像融合、不同病人间的图像融合和病人图像与模板图像融合;按图像融合对象的获取时间可分为短期图像融合(如跟踪肿瘤的发展情况时在 1~3 个月内做的图像进行融合)和长期图像融合(如进行治疗效果评估时进行的治疗后 2~3 年的图像与治疗后当时的图像进行融合)。

医学图像的融合希望尽可能保留原始图像信息,因此一般采用数据级融合方法,分三个主要步骤完成。首先,需先对图像源信息进行去噪声、增强对比度或分割区域等预处理操作,预处理过程中针对不同种类应用所采用的处理方法也不尽相同,一般是分割目标或者将目标对象进行视觉增强处理,用以进一步突出目标细节。其次,进行图像配准操作,不同的图像源信息需要在位置关系上找到相互对应的点,使图像源信息在空间上达到一致,然后进行信息的融合与显示处理。

如图 9-7 所示,医学图像处理主要包括图像增强(图像预处理)、图像配准、图像融合、图像分割等,各个领域环环相扣、相互依存。比如,医学图像配准是实现两幅或多幅待处理图像在同一空间坐标下的像素能够表达目标的同一空间位置,配准操作是融合的前提,若图像融合前没有进行配准操作,多半会导致融合结果出现错位现象。而融合是配准的直接目的之一,它整合了来自不同模态的图像信息,有效提升了图像信息的利用效率。医学图像融合将多源成像设备所摄取到的关于同一场景的描述信息经过整合分析和计算机处理等,尽可能多地提取各成像设备的有利信息,有效地转换成一幅高质量的图像,以提高信息的利用率,供临床医学研究应用。

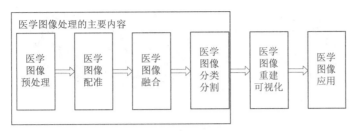

图9-7 医学图像处理主要内容

3. 多模态医学图像融合

假设有来自 MRI-T1 和 MRI-T2 传感器的一对脑部图像,如图9-8(a)和图9-8(b)所示,依次采用灰度值取大(Max)、灰度值取小(Min)、灰度值取平均(AVG)、主成分分析法(PCA)、小波变换法(DWT)、云模型法(Cloud)融合方法,结果如图9-8(c)~图9-8(h)所示。

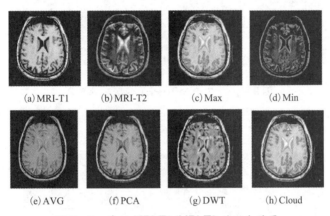

(a) MRI-T1　　(b) MRI-T2　　(c) Max　　(d) Min

(e) AVG　　(f) PCA　　(g) DWT　　(h) Cloud

图9-8 基于 MRI-T1/MRI-T2 的融合结果

主观地从视觉上看,基于云模型的融合方法得到的图像对比度增强,显著特征更明显,对骨组织与软组织等脑部信息都有很好的体现。

图9-9和图9-10则显示了灰度图像 MRI(Magnetic Resonance Imaging)与彩色图像 PET(Positron Emission Tomography)的融合结果。彩色图像中红色部分为激活区域,可以看到基于云模型的融合方法生成的融合图像,该区域更明显,边缘信息更清晰。充分表明基于云模型的多模态医学图像融合方法不但能在灰度图像融合中取得好的成绩,在彩色图像融合的过程中也达到了很好的效果,融合图像更好地综合了不同多模态的器官信息,相比其他方法的融合图像获得了更精准、全面、可靠的图像描述,以利于对脑部图像的进一步分析与研究。

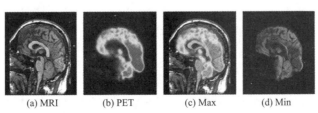

(a) MRI　　(b) PET　　(c) Max　　(d) Min

图9-9 基于 MRI/PET 的融合结果1

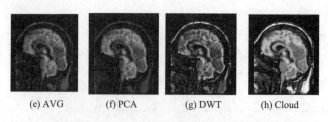

(e) AVG　　　　(f) PCA　　　　(g) DWT　　　　(h) Cloud

图 9-9　基于 MRI/PET 的融合结果 1（续）

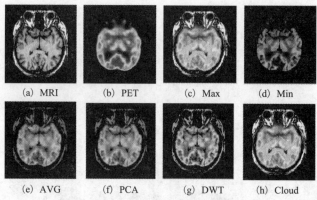

(a) MRI　　　　(b) PET　　　　(c) Max　　　　(d) Min

(e) AVG　　　　(f) PCA　　　　(g) DWT　　　　(h) Cloud

图 9-10　基于 MRI/PET 的融合结果 2

以另外两种模态的医学图像 MRI 和 SPECT 作为输入源图像，得到的融合结果如图 9-11 所示。

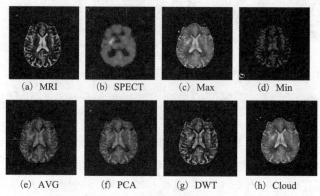

(a) MRI　　　　(b) SPECT　　　　(c) Max　　　　(d) Min

(e) AVG　　　　(f) PCA　　　　(g) DWT　　　　(h) Cloud

图 9-11　基于 MRI/SPECT 的融合结果

9.3.2　多元遥感图像融合

多传感器图像融合技术最早应用于遥感图像的分析和处理中。1979 年，Daliy 等人首先将雷达图像和 Landsat-MSS 图像的复合图像应用于地质解释，其处理过程可认为是最简单的图像融合。20 世纪 80 年代中期，图像融合技术开始引起人们的关注，并逐渐应用于遥感多谱图像的分析和处理中。80 年代末，人们开始将图像融合技术应用于一般的图像处理中。近年来，随着光学、电子学、数学、摄影技术、计算机技术等学科的发展，处理器、存储器和显示设备性能的提高，且价格不断下降，使得数字图像处理技术迅速发展起来。而传感器技术的不断发展，使人们获取图像的途径越来越多。因此图像融合技术的研究不断呈上升趋势,应用领域也遍及遥感图像处理、可见光图像处理、红外图像处理、医学图像处理等。

遥感图像融合是将关于同一目标的不同波段、不同光谱分辨率、空间分辨率和时间分辨率的遥感图像进行信息融合,以得到结合多种优势的遥感资料。

(1)融合可以提高被观测目标的分辨率,弥补单一遥感图像的缺陷,从而在光谱信息保持和空间分辨率增强方面具有优势。

(2)遥感图像分类是通过对各类地物的特征进行分析来选择特征参数,将特征空间划分为互不重叠的子空间,然后将影像内各个像元划分到对应的子空间中去而实现分类。传统遥感图像分类效果受到遥感图像本身的空间分辨率及"同物异谱""异物同谱"等因素的影响,易出现较多的错分、漏分,使得分类精度不高。

商业和情报部门用图像融合技术对旧照片、录像带进行恢复、转换等处理。在卫星遥感领域,星载遥感用于地图绘制、多光谱/高光谱分析、数据的可视化处理、数字地球建设等,图像融合是必不可少的技术手段。美国陆地资源卫星(LANDSAT)用多幅光谱图像进行简单的数据合成运算,取得了一定的噪声抑制和区域增强效果。随着遥感技术的发展,获取遥感数据的手段越来越丰富,各种传感器获得的影像数据在同一地区形成影像金字塔,图像融合技术实现多源数据的优势互补,为提高这些数据的利用效益提供了有效的途径。

随着图像获取设备的多样化,在遥感领域的图像融合处理的图像种类也越来越多,如雷达与红外图像融合、红外图像与可见光图像融合、雷达与雷达图像融合、不同波段红外图像融合、单传感器多谱图像融合、单传感器图像序列的融合、图像与非图像的融合等。

1. SAR 图像/可见光/红外图像融合

由于成像方式及波谱接收段的不同,SAR 图像、可见光图像和红外图像所反映的信息有很大差异,且各有优缺点。合成孔径雷达(SAR)图像是一种利用微波进行感知的主动传感器,与红外、光学等传感器相比,SAR 成像不受天气、光照等条件的限制,可对感兴趣的目标进行全天候、全天时的侦察。另外,利用微波的穿透特性,还可实现对隐蔽目标的探测,SAR 图像对成像场景中的人造目标(特别是金属目标)形成的角散射体等十分敏感。其缺点是,SAR 图像为雷达相参成像,对场景的纹理边缘描述不完整,图像中的边缘纹理是离散的,同时图像中存在较大的相干斑噪声;可见光成像分辨率较高,与 SAR 图像、可见光图像相比,可提供更多的目标细节,但是它受距离、天候的影响很大;红外图像的特点是,由于目标内有较大的温度梯度或背景与目标有较大的热对比度,因此低可视目标在红外图像中很容易看到,但是它无法提供清晰的目标细节。

将 SAR 图像与可见光图像、红外图像进行融合,将其他图像获得的场景中较为完整的纹理边缘信息加入到 SAR 图像中,既可以保持 SAR 图像的频率特性,又可使融合图像的边缘纹理更加完整,从而获得空间分辨率和频率分辨率都较高的融合图像,增加对实际场景的描述能力。

图 9－12 所示为某机场不同分辨率的 SAR 图像、光学图像、红外图像,以及 SAR

图像/可见光/红外图像融合结果。在设计融合算法时,在融合图像中保留了 SAR 图像的谱信息,融合图像的低频部分采用了 SAR 图像的低频信息,在融合图像中加入了光学图像的边缘纹理信息,融合后图像中机场跑道及道路的边缘得到加强,机场的建筑结构更加清晰明了,图像更利于判读。在 SAR、红外和光学图像中很难看出停在机场的飞机目标,但融合结果图中椭圆圈出的飞机却很清楚地显露出来。

（a）5 m分辨率SAR图像

（b）1 m分辨率光学图像

（c）5 m分辨率红外图像

（d）融合结果

图 9 – 12　SAR 图像/可见光/红外图像融合

2. 多谱图像融合

不同波段对同一场景所成的图像具有不同的特点。例如,低波段 SAR 具有很强的穿透能力,可以探测到树林中或地表下的隐蔽目标;高波段 SAR 可以得到场景清晰的轮廓和更细节的特征。多谱图像融合是把多波段的图像信息综合在一张图像上,在此融合图像上,各波段信息所做的贡献能最大限度地表现出来。可对源图像各波段像素亮度值做加权线性变换,产生新的像素亮度值,或将多个波段的信息集中到几个波段上,如红、绿、蓝色波段。多谱图像融合也可通过亮度、色度和饱和度变换(IHS 变换)、主成分分析(PCA)和高通滤波(HPF)等方法进行。为了得到更好的融合结果,可将已提取的目标信息加入到变换公式中,根据先验信息对图像参数进行修正。基于已知特征的融合方法可以针对不同的要求,灵活改变信息特征的提取方法,用微分几何法将多谱图像变换为可视图像可能会成为有前途的方法。

采用来自不同电磁波段的 2 个通道,如 $3 \sim 5~\mu m$、$8 \sim 14~\mu m$ 波段的红外传感器,得到的目标背景信息增加了 1 倍,同时采用融合技术,可提高系统的探测距离和识别能力。该方法在地下探矿、人造目标探测和航空遥感等方面有广泛应用。两波段红外图像融合后可得到彩色融合图像或单色图像。如何利用多波段 SAR 图像准确快捷地判断出目标的总体数量和方位等信息,并提高目标检测性能,是现代战场侦察亟需解决的一个问题。图9-13所示为某一场景P波段、X波段和两个波段融合的SAR图像,场景的目标设置为7辆卡车和10个角反射器。从图中可以清楚地看到,所有目标都准确地融合到一幅图中。

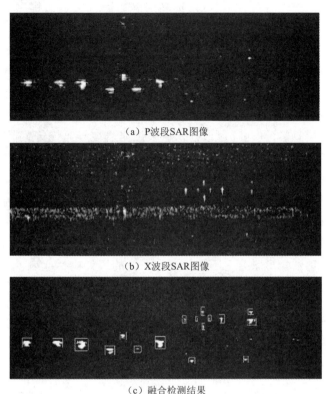

（a）P波段SAR图像

（b）X波段SAR图像

（c）融合检测结果

图9-13　P波段和X波段SAR图像融合

9.3.3　多源交通图像融合

智能交通系统最重要的部分是视频检测系统对路况信息的采集与监控,但是由于交通图像在采集过程中受外界因素的影响很大,采集的图像的关键信息往往不够清晰。如天气因素,日照、暴雨、雾霾、风沙等均会降低画面清晰程度;车速因素,车辆、行人等监控对象均处于相对运动状态,会出现运动模糊现象;其他,如路况、拍摄角度等也会影响成像质量。因此,将多位视频监控设备采集的模糊视频画面进行融合可以整合成较清晰的图像。

再者,智能交通系统的图像采集传感器依据职能分工,所拍摄图像的特征信息也不同。例如,往往一个传感器不能完全拍摄出交通事故现场关键事故车辆的违章信息,这就需要多方传感器多个角度的拍摄。例如,有的传感器架设在高架桥上,有的传感器架设在十字路口,距离和光线问题会造成不同传感器所采集的图像特征信息质量高低不一,有的是近景传感器负责抓拍近距离的车辆和行人,有的是远景传感器负责监控整条马路车流量及拥堵路况,把近景图像和远景图像进行融合,由于图像关键信息的互补,可以得到适合交通部门需要的高质量图像。

此外,不同摄像机的成像原理、优缺点不同,如红外摄像机受雾霾、暴雨、强风等恶劣天气的干扰程度低,但对比度不理想;普通摄像机成像虽拥有丰富的细节呈现,但受恶劣天气影响度高,一旦遇到恶劣天气,普通摄像机的成像效果便会大打折扣。通过对两者拍摄的图像进行融合,不仅可以提高抗恶劣天气影响的程度,也可增加图像的细节,提高清晰度和质量。

总之,通过多传感器图像融合,可以获得清晰度及信息量较高的成像,大大降低恶劣天气及路况环境对系统采集图像的影响程度,使采集的画面更加清晰,有效改善交通事故排查,车辆、行人检测等的使用效率,为交管部门在处理如违法停车、逆行以及车辆超速等违章事件提供质量较高的有效证据。通过融合技术处理过的交通视频画面可提供较多的信息量,同时通过该技术将多位交通视频监控传感器所传回的数据融合在一起大大减少了对资源的浪费,加快了智能交通系统的发展。

交通图像融合处理的过程如图9-14所示。通过图像预处理,完成图像增强、滤波、分割等,通过图像像素级融合提高图像质量,通过特征级融合进行交通流量预测、行程车速预测、行程时间预测,通过状态级融合实现交通拥堵判别、突发事件识别等任务。最后将高质量的信息传输到智能交通处理数据库中,这样才能提高系统的运行质量和效果。多传感器信息融合对于智能交通系统的好处概括起来说就是:提高数据可信度、客观度、检测、覆盖效果以及系统性价比等。

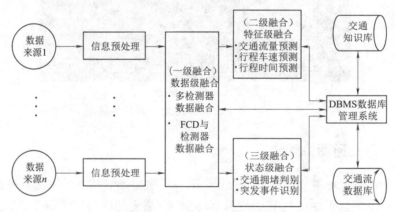

图9-14 交通图像融合处理过程

图9-15所示为小波图像融合方法得到的交通图像融合结果。

（a）交通源图像　　　　　　　　（b）交通源图像模糊

图9-15 交通图像融合结果

(c) 重构新的 I 分量　　　　　　　　(d) 小波融合

图 9 - 15　交通图像融合结果(续)

9.3.4　多波段舰船图像融合

随着海洋环境的开发和利用日渐增多,海上舰船目标的准确识别无论在军事还是民用领域都得到广泛的应用,如海上搜救、渔船监控、精确制导武器以及多方面的潜在海洋威胁等。可见光图像分辨率高,细节纹理清晰,并且对目标的区分度好;红外图像不受光照情况影响,可满足夜间无光情况下的工作需要,若能利用不同传感器成像的优点进行融合识别,可以有效扩展复杂条件下多波段图像目标识别的适用范围,并提高识别率。

在单波段图像无法获得精细成像的情况下,可以对多波段舰船目标进行融合识别。已有一些特征融合方法用以提高识别率、消除冗余信息、提高计算效率。例如,针对港口中的舰船目标,提取目标候选区域,利用超快区域卷积神经网络(Faster-RCNN)方法进行训练提取目标特征,可同时识别多种舰船目标及背景。还有研究建立了可见光/长波红外双波段数据集,采用牛津大学视觉研究组提出的 VGG-16 神经网络,在单波段图像无法获取目标时,利用另一种波段图像对目标进行识别。通过足够多转换的组合,可以学习到更加复杂的函数表达。

下面利用深度 CNN 在目标分类上的优势,利用 9.2.2 节介绍的基于卷积神经网络的图像特征融合方法,设计合理的网络模型对三波段图像进行特征提取并进行有效融合,从而实现多波段舰船目标图像特征融合。将同一目标的三波段图像并行送入三个相同的神经网络进行特征提取,利用相同的 CNN 对中波红外和长波红外图像进行特征提取,分别得到向量 B 和 C。网络结构和参数设置见 9.2.2 节。

利用具有共视轴的三轴经纬仪对海上舰船目标进行拍摄,采样帧频均为 1 s,同一时刻拍摄的三波段图像作为一个整体进行存储。可见光图像分辨率为 1 024 × 768,中波传感器工作波段为 3.7 ~ 4.8 μm、图像分辨率为 320 × 256,长波传感器工作波段 8 ~ 14 μm、图像分辨率为 640 × 480。拍摄海面上行驶的舰船在不同时刻、不同背景下的图像,构建多波段舰船图像目标数据库(图 9 - 16 为数据集中三种波段不同目标的示例图片),共包括 6 类目标,5 187 幅图像。数据库中包括游轮 A 354 × 3 幅,游轮 B 337 × 3 幅,铁路轮渡 208 × 3 幅,货船 236 × 3 幅,小型渔船 291 × 3 幅,某型军舰 303 × 3 幅。在训练之前需要对数据集中的目标进行类别标注,并按照随机采样的方式将其按照 50%、20% 和 30% 的比例划分为训练集、验证集和测试集。网络训练采用随机梯度下降方法,批处理尺寸 $m = 32$,冲量为 0.9,权重延迟为 $0.000\ 5$,初始学习率为 0.01,当代价函数趋于稳定后学习率降低为 0.001,学习周期为 100。采用深度学习框架进行网络的构造和训练,在迭代 105 次的情况下,训练时间约为 $4\ h$。

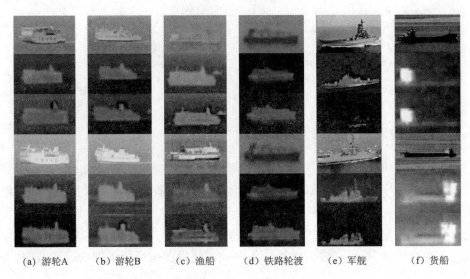

(a) 游轮A   (b) 游轮B   (c) 渔船   (d) 铁路轮渡   (e) 军舰   (f) 货船

图 9 - 16　目标识别数据库示例图片

实验验证分为两部分:1)验证不同维度的融合特征向量对识别率的影响,确定选取的融合特征维度;2)利用 9.2.2 节介绍的基于卷积神经网络的图像特征融合方法,对三波段图像进行特征提取并进行有效融合,从而实现多波段舰船目标图像特征融合。

三波段图像的融合特征维度直接影响融合算法的识别率和计算时间,通过实验确定融合特征的特征维度 $F_{3\text{CNN}}$。串联后的三波段图像串联特征共 $12\ 288$ 维,从 $F_{3\text{CNN}} = 2\ 048$ 开始,以 256 维间隔选取一次,共取 41 个不同的串联维度测试模型的识别率。如图 9 - 17 所示,横坐标为串联的特征向量维度,上方曲线表示不同维度下的识别率,对应左侧纵坐标,下方直方图表示不同维度特征向量所对应的全连接层神经元数量,对应右侧纵坐标。

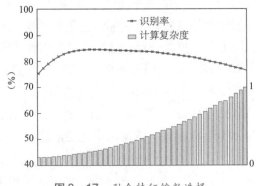

图 9 - 17　融合特征维数选择

由图 9 - 17 可以看出,随着串联特征维度的增加,识别率趋于平缓,甚至出现逐渐下降的趋势。这是由于串联的特征向量中包含的无用噪声信息对识别造成了干扰,若不进行有效的特征筛选,识别效果与单波段识别类似,达不到融合识别的目的。综合考虑特征维度对识别率和计算量的影响,选取 $F_{3CNN} = 4\,096$ 作为三波段图像融合特征的维度。

利用构建的多波段舰船目标数据集进行融合实验,图 9 - 18 所示为识别每一类目标的识别概率,对角线表示识别率,其余位置为误识别率。单波段识别为不经过特征选择、直接利用 6 层网络提取的特征进行识别的概率。显然红外波段图像的目标识别率普遍低于可见光图像的识别率,这是因为拍摄的红外图像分辨率相对较低,细节纹理等特征不如可见光图像明显,单独对其进行识别,识别率不高。融合识别结果优于各单波段识别结果。

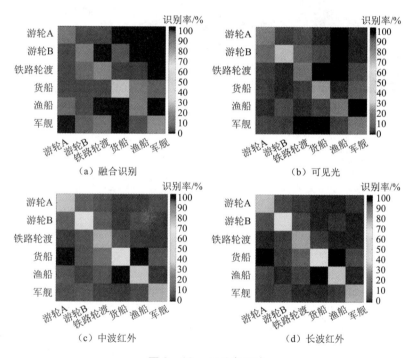

图 9 - 18 识别率矩阵

可见光无法获得精细成像的情况:在测试的数据集中,可见光图像受海上水雾及光照影响,存在大量噪声且细节纹理特征缺乏,红外图像可用信息较少难以进行分类识别。图 9 - 19 所示为部分误识别图像,右侧为判断该类目标的概率值,直方图表示将该目标识别为各类目标的概率。从图像中进行直观的分析可知,主要有两方面原因导致误识别:

(1)舰船目标在航行过程中因转弯、掉头而产生部分遮挡时,由于训练图片过少或设计的特征向量维数较低,不能充分描述舰船在不同角度下的特征,导致匹配失效;

(2)某波段图像出现模糊等情况时会影响识别的准确率。

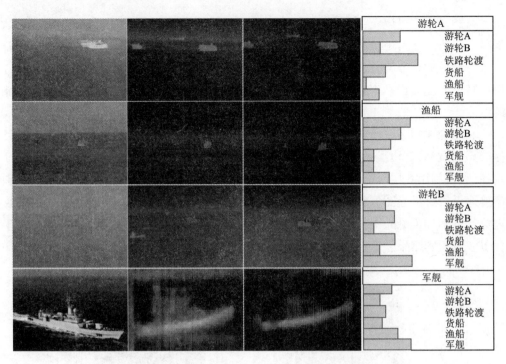

图 9 −19　部分误识别图像

第 10 章

智能图像处理应用实例

智能图像处理是人工智能的一个重要应用领域,在智慧城市、医疗领域、机器视觉、智能交通、智能安防、军事等领域都具有广泛的应用。本章列举了其中部分实际应用,内容涵盖身份鉴别、智能安防、机器视觉、人机交互几个方面。

●●●●● 10.1 身 份 鉴 别 ●●●●●

智能图像处理技术在身份鉴别中的应用是比较成熟的,有很多实际应用,如手机人脸识别、门禁系统、上下班打卡等。

10.1.1 苹果手机刷脸解锁

从工业革命、电气革命、数字革命到智能化时代,我们已经步入了人类赋予机器智慧的新时代。随着人工智能技术的突破和发展,面部识别应该属于普及最快的领域之一。在我国,已经可以在火车站、银行、考勤机、手机 APP 等很多地方体验到这项技术,"刷脸"已经成为人们生活中的日常事务,从移动支付、解锁手机到学校、公司、小区门禁等,都运用了人脸识别技术。人脸识别技术产品已广泛应用于金融、司法、军队、公安、边检、政府、航天、电力、工厂、教育、医疗及众多企事业单位等领域。

人脸识别在手机终端行业中,掀起了人脸识别解锁技术热潮。在手机同质化的困境中,人工智能技术被看成行业可能的突破点。当各生产厂商生产的手机差异化越来越小时,驱动着新的创新技术诞生,而人工智能正成为各大手机厂商新的竞争点,人工智能一跃而起成为手机圈中的"香饽饽"。从按键解锁到指纹解锁,再到如今的刷脸解锁,手机解锁方式不断创新,解锁速度也越来越快,人脸解锁和指纹解锁已然成为手机圈中最热的技术。各大手机厂商蜂拥而入,其中最有影响力的便是苹果公司 iPhone X 的 Face ID。

2017 年 9 月 13 日凌晨,苹果公司在全新的苹果公园召开新品发布会,新品包括 Apple TV、Apple Watch Series 3、iPhone 8、iPhone 8 Plus。十周年纪念版 iPhone X 是苹果史上最贵的 iPhone,它一亮相就被指人工智能的时代已经开启了。这位明星旗舰 iPhone X 可谓集黑科技于一身,这是定位于未来的产品,它身上到底被赋予了多么强大的黑科技？iPhone X 备受关注的脸部识别就是其中之一。这次苹果公司发布的新 iPhone X 取消了指纹识别和 home 按键，手机解锁全部交由脸部识别来完成。

iPhone X 启用全新的 Face ID，iPhone X 解锁时，用户只需看它一眼即可，用户在戴帽子、戴眼镜情况下人脸识别依然可以使用。但用户闭着眼睛时不会解锁，也不能利用照片去解锁。苹果的 Face ID 在二维图像上叠加了一层深度信息，由于有了 3D 信息，对于人脸识别中用照片蒙骗系统的问题，可以得到解决，这样可以保证人脸识别更安全。

Face ID 采用了 TrueDepth 相机技术及其配置的相应子系统，其中包括红外传感器、照明器、点阵投影仪、距离传感器和环境光线传感器等各种传感器设备。当用户看着手机时，它会向面部投射 30 000 个不可见的红外点，红外线是不可见光，人的肉眼是无法捕捉到的，但红外接收器无论是在暗处还是在亮处都能完整地接收红外线。相机中的传感器读取这些红外点反射回来的深度信息，然后将其与存储的面部图像进行对比，系统就能够扫描出人脸的结构。

这一切都是实时发生的。该功能整合了神经网络技术以及其他传感器技术，能够有效区分不同面部，并且辨别手机前的人像是否只是一张照片，也可以检测到用户是否戴着口罩。

在设置 Face ID 过程中，用户需将脸部置于手机屏幕中的圆圈范围内(见图 10 - 1)，然后就像设置指纹识别 Touch ID 那样，确保脸的所有角度都能被设备记录下来。此外，Face ID 可以在识别到用户正在看着屏幕时，保持设备不会变暗。

图 10 - 1　iPhone X 脸部识别解锁

为了满足快速人脸识别的需要，iPhone X 搭载了全新 A11 处理器，性能可以比肩计算机。A11 处理器运行速度比 A10 处理器快了 25%，采用了 6 核处理器、64 位架构，全新的 GPU 也比前代处理速度快 30%。这款芯片最主要的是能够快速完成人脸识别，从而使用 Face ID 功能完成手机解锁和手机支付，其实，早在 2017 年 5 月，彭博社就曾报道过苹果正在开发一款将用于 iPhone 上的人工智能芯片，只是不确定这款芯片能否应用在 2017 年的新 iPhone 上，这次，在新 iPhone 上安装了人工智能专业化的芯片，意味着主芯片将减少运算量，这可以提高电池的寿命，否则如果使用同一块芯片同时进行识别和摄像，或许会很快烧掉电池。

不过，人脸识别的共性问题还需要大家多注意，比如你有一个双胞胎姐妹或者打算整容，这还是会难倒 Face ID 的，苹果提醒，有双胞胎姐妹时建议使用密码解锁。

10.1.2 刷脸的生活应用

"刷脸"即人脸识别技术,研究始于20世纪60年代。随着人脸识别技术的不断发展,刷脸逐渐从金融、安防等行业走向大众,出行、支付等生活场景中将越来越多出现人脸识别技术,刷脸应用的场景越来越多,刷脸考勤、刷脸进站、刷脸门禁、刷脸支付、刷脸取钱、刷脸开门禁、刷脸解锁手机、刷脸安检登机、刷脸认证办事……刷脸时代已深入生活的方方面面。以下列举几个刷脸的生活应用。

1. 支付宝刷脸支付

在2015年的汉诺威电子展上,马云向德国总理默克尔与我国国务院副总理马凯演示了蚂蚁金服的Smile to Pay扫脸技术,为嘉宾从淘宝网上购买了1948年汉诺威纪念邮票。而这次是刷脸支付首次商用。手机登录淘宝,选择商品之后,进入支付系统,确认支付后出现了"扫脸"后台认证,然后像扫二维码一样扫一下用户人脸,即显示支付成功。

相比其他的验证方式,人脸识别显然更为便捷。因为用户有可能不记得自己的一些个人信息,如密码、身份证号、银行卡信息,也有可能因为各种原因,收不到校验码等验证信息;而人脸识别既不需要用户记忆任何信息,也不需要额外携带什么东西,只需要对着手机摄像头刷一下脸即可。

2017年9月,支付宝在杭州一家餐厅推出"刷脸支付"服务,用户开通该项功能后只需绑定手机号,通过支付平台刷脸即可完成交易,再也不用担心付款时手机没电了。

具体流程是这样的:在自助点餐机上选好餐,进入支付页面,选择"支付宝刷脸付",然后进行人脸识别,大约需要1~2 s,再输入与支付宝账号绑定的手机号,确认后即可支付。不用输入密码,也不需要掏出手机打开任何App,整个支付过程不到10 s。

2. 刷脸取款

在ATM机上单击"刷脸取款"按钮后,进入人脸识别界面,提示取款人正视摄像头,露出额头、免冠、面部无遮挡,并与摄像头保持50 cm内距离。脸部识别非常迅速,只有1~2 s。刷脸完成后,即要求取款人输入身份证号或手机号,再输入取款密码进入账户选择页面。选择账户后,即可取款,整个过程仅半分钟左右。

3. 出租车刷脸上岗

国内人脸图像识别公司一直都在努力把人脸识别商业化落地,中国人工智能领军企业旷视科技Face++和Uber联合推出了司机刷脸上岗功能。Uber的司机端加入刷脸的实名认证功能,由Face++提供人脸识别技术。第一个版本,Uber的司机注册时,需要上传身份证照和个人照片,系统通过对比确认司机本人和身份证照片相符,完成司机的注册。第二个版本是活体检测功能,不再用照片与身份证照作对比,而是要求注册者在摄像头前转转脸、点点头等,确保注册者与身份证照片上的人相同,且是真人亲自操作。

Uber加入刷脸实名认证的主要目的是出于安全考虑,确保注册司机和实际驾车司机是同一个人。人脸识别则可以帮助Uber提升工作效率。过去办理司机认证,需要司机提交身份证进行人工比对或现场办理,流程比较烦琐,现在司机只要用手机就可以完成整个实名制注册过程。平时 Uber 也会以刷脸的方式抽查,审核司机是否是本人。这项技术目前优先在中国推行,未来会拓展到其他国家的 Uber 上。

对 Face^{++} 而言,和 Uber 的合作是 Face ID 在出行领域的一个定制版本,在原金融领域外拓展了出行这样一个新领域。相比于金融,出行离大众更近,使用频次也更高。Face^{++} 表示目前 Face ID 已经每天有超过 1 600 万次的调用,这个数据肯定还会增加。Face^{++} 也在推进一些其他生活场景的落地,如票务、办公室签到、日常支付等。

4. 刷脸进站

目前火车站已迎来"刷脸"进站时代。2016 年年底以来,一些火车站相继配备人脸识别系统,乘客可刷脸进站,如北京西站、广州南站、武汉火车站等。人脸识别验证机配备了液晶面板和摄像头,有前后两道闸门。旅客站在第一道闸门外,只需按提示将二代身份证和蓝色磁卡车票插入读取识别槽,保持面部正对摄像头稍作停留进行识别,机器在快速确定车票、人、身份证相符后,验证通道立即打开,让乘客通过,最快 2 s 就可以刷脸进站一人。

5. 刷脸进考场

2018 年高考,广东省肇庆市迎来新突破,使用人脸识别技术,实行考生"刷脸"进考场。从肇庆中学试点实况来看,本次人脸识别技术的应用,极大提高了各环节效率。

以往高考身份审核方式为考务人员对考生本人、考生身份证及准考证进行对比和确认,随之再对考生进行指纹识别验证。而指纹验证效率还待提高,如对环境的要求较高,手指的湿度、清洁度等都很敏感;每一次使用指纹识别都会在指纹采集位置留下当前用户的指纹印痕,而这些指纹痕迹的存在将影响下一个使用者的使用。人脸识别技术的引入,可以有效地解决目前对考生身份审核流程存在的问题,进一步保证高考的公平公正。

从试点现场了解到,考务人员使用人脸识别终端对考生的人脸进行核验,刷脸后不到 1 s 便可反馈结果,实测结果显示,每名考生验证(安检 + 人脸核实)全流程时间只需 6 s。运用人脸识别技术核验,单个考场全部考生完成入场核身时间由原来指纹识别验证入场的 10 ~ 15 min 缩短至 3 ~ 4 min,极大地提升了效率。

事实证明,与指纹识别或人工审核相比,人脸识别技术极大地简化了核验流程,准确度也更高。人脸识别作为生物识别技术,具有唯一性、稳定性和精准性等优点,一般来说不会因为考生的发型、肤色等改变而造成识别错误。本次肇庆高考试点应用中,考生全部顺利通过验证。

同时,考生在人脸识别通过后,相关数据将上传到服务器终端,再由系统自动生成相关考试报表供主考人员了解考试入场情况。如出现相似度低于系统警报值情况时,会进行再次汇总和提醒,考务人员可对该考生进行人工验证。

6. 刷脸通关

目前许多国际机场都使用了自动通关服务,出境旅客最快 9 s 就能完成通关。出境旅客只需按照"扫登机牌、刷护照、按指纹拍照片"三个步骤,就完成了出境边检查验手续。

●●●●●● 10.2 智 能 安 防 ●●●●●●

全世界摄像头最多、最密集的领域就是安防监控,而且是不间断24 h运行。例如,在北京某大型银行的监控中心有一块巨大的屏幕,全北京2万多个摄像头依次展现,一次能够同时展示100部摄像机,每90 s轮换一次。在安防领域,国内的"极视角""格灵深瞳"、视在科技、深醒科技、"旷视(Face⁺⁺)科技""依图"中科视拓等公司具有领先地位。

10.2.1 格灵深瞳监控系统

"格林深瞳"人眼摄像机是世界上首款基于人眼工作原理的摄像机,它将计算机视觉与深度学习技术嵌入硬件设备,采用独创的像素动态瞬时分配技术,瞬间将局部画面的有效像素提升百倍以上,整体画面达到数亿级等效像素。"格林深瞳"可实现对多类型目标的检测与抓拍,兼具超高抓拍准确率与超低漏检率,就像望远镜一般,即使50 m外的目标都能看得一目了然。

人工智能技术使得格林深瞳摄像头既拥有广度又十分精确,宛如人眼,使得远距离、大广角等泛场景下的人脸和车辆识别变为现实。它也是我国自主研发的一项人工智能技术,能在1 s之内精准识别100张人脸,在检测、跟踪和识别领域世界领先。如图10-2所示,格灵深瞳对多人的运动轨迹和速度进行跟踪和判断。

图10-2 格灵深瞳对多人的运动轨迹和速度进行跟踪和判断

格林深瞳能够在传统图像式的监控之上,让计算机能够直接记录画面中的运动轨迹,从而看懂人类的行为。格林深瞳监控系统所用的摄像头拥有三个镜头,一是与普通安防摄像头一样的RGB摄像头,另外两个分别是激光发射器和接收器,能够每1/30 s发射36万束激光,实时扫描三维空间。格林深瞳可以做到对多人的运动轨迹和速度进行精确的跟踪和判断,并且能够监测拥挤、阻挡、穿插等动作。图10-3展示了格林深瞳的识别能力,在一个房间内,有15个人进行无规则行走,每个人的行走轨迹都能被精确识别和记录。基于这些技术，格林深瞳的监控系统可以发现人群的突然聚集和散开，还可以追踪到单人的突然奔跑、剧烈动作等，在事件发生瞬间向监控人员报警。另外，系统还能识别跌倒、呼救等动作，及时通知相关人员。

图 10 - 3　格灵深瞳监控系统能够自动识别出画面中有人跌倒

10.2.2　商汤科技智能人群分析

在节日、庆典、大型活动赛事举办时，人口密集地区常常会聚集大量人群，稍有管理不善，极容易发生意外甚至演变成严重事故。在上述场景中，技术手段能对人群状态进行有效监控，并及时采取有效干预措施，大幅度降低事故发生率。

目前，人群秩序管理主要依靠人工进行，重要活动举办时，常常需动员大量警察、协警、志愿者共同参与维持秩序。这一方式存在以下问题：

（1）事前无法及时发现事态趋势，并及时采取预防措施。

（2）事中难以快速掌握各点的情况，动态调配人力，造成兵力分散。

（3）事后查证需面对海量的视频数据，犹如大海捞针。

为解决这个困扰行业多年的问题，商汤集团推出可对监控视频中人群异常行为进行及时预警的"大规模人群分析系统"，通过先进的视频分析技术智能化地帮助公安人员维持大规模人群秩序。系统包含趋势分析、事件查询等功能，可分别为监控人员完成智能趋势预测、特征事件定位等任务，满足突发事件预防、可疑线索追查等需求。产品功能包含：

（1）行为监测。统计场景内的人数、跟踪人群的移动速度和方向、发现人群异常行为。

（2）智能报警。具有多种异常状态报警功能，如人群过密、异常聚集、滞留、逆行、奔跑等报警消息智能提醒。

（3）快捷查询。可根据监控人员查询需要，快捷完成历史事件追溯、关键帧快速定位、高级模糊检索等。

产品效果如图 10-4 所示。

人群运动跟踪

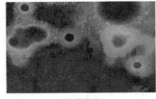

人群分布

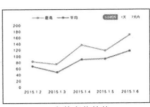

人数变化趋势

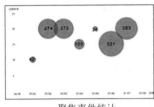

聚集事件统计

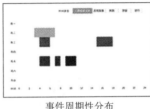

事件周期性分布

人群滞留检测

图 10-4 产品效果图

10.2.3 全球眼

"全球眼"(Mega Eyes)网络视频监控业务是中国电信于 2002 年推出的基于 IP 技术和宽带网络(互联网)的远程视频监控业务,实现图像远程监控、传输、存储、管理的增值业务。该业务系统利用中国电信无处不达的宽带网络,将分散、独立的图像采集点进行联网,实现跨区域、全国范围内的统一监控、统一存储、统一管理、资源共享,为各行业的管理决策者提供一种全新、直观、扩大视觉和听觉范围的管理工具,满足客户进行远程监控、管理和信息传递的需求,提高其工作绩效。同时,通过二次应用开发,为各行业的资源再利用提供了手段。图 10-5 所示是遍布大街小巷的"全球眼"摄像头。

图 10-5 遍布大街小巷的
"全球眼"摄像头

经过中国电信多年的拓展,"全球眼"已在各行各业中得到广泛的应用,如平安城市、保险行业车辆远程定损、旅游景点推介、检验检疫、商贸连锁等,总监控点数超过 50 万个。"全球眼"已经成为视频监控领域的一个卓越牌子。

1. "全球眼"整体架构

"全球眼"系统以网络为依托,以数字视频的压缩、传输、存储和播放为核心,将传统的视频、音频及控制信号数字化,以 IP 包的形式在网络上传输,实现了视频/音频的数字化、系统的网络化、应用的多媒体化以及管理的智能化。

如图 10-6 所示,"全球眼"系统由信息采集系统(监控点)、传输系统(接入及传输网络)、客户端应用系统(客户监控中心/控制点)、业务平台系统四个部分组成。

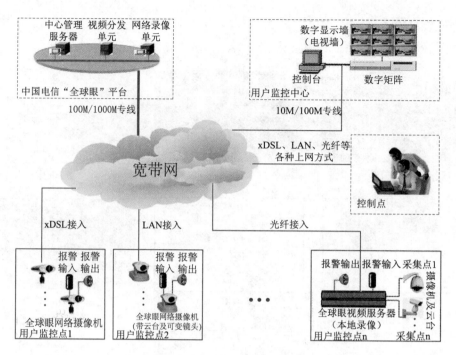

图 10 - 6 "全球眼"整体架构

2. 全球眼的功能

1) 网络化监控功能

监控采集点、客户监控中心、远程控制台和全球眼监控平台,通过 CHINANET 连接,满足任何时间、任何地点的远程监控需求。

2) 数字化存储功能

根据预先设定的存储时间,不间断地存储图像和相关数据,方便进行历史信息查询,为突发事件提供确切证据。

3) 远程图像实时调度

远程监控台通过单画面或多画面功能总揽全局,实时控制监控系统的开启、信息的存储和查询。

4) 现场语音控制传输

现场环境声音实时监听,点对点远程对讲通话,中心对多点语音广播。

5) 图像分发(广播)功能

对于并发访问量很大的公众监控热点,通过设置分发(广播)服务器,把采集到的图像进行全球眼实时转发,满足大量并发访问的需求。

6) 集中管理控制

集中管理控制所有监控点设备,向不同的管理者提供不同的监控级别和权限。

3. "全球眼"增值业务

"全球眼"业务系统可以根据客户的需要拓展相应的功能模块,为客户提供定制服务,满足客户的个性化需要。主要的个性化功能和服务包括广播、报警、图像辨识等。

1）广播业务

客户使用广播业务,可提高监控热点的并发访问用户的数量。根据监控热点数量、并发访问用户数量及广播时长等付费。

2）报警业务

通过与公安报警系统联动保障公共安全;通过温度、湿度探测器发出报警信息,适用于交通系统、煤矿系统、民航系统、石油系统等。

3）图像识别

通过图像识别软件实现金融行业需要的智能辨识,以及交通系统和交警系统需要的车牌辨识功能。也可个性化定制其他行业的需要。

4.“全球眼”应用

“全球眼”远程图像监控业务广泛适用于需要进行图像远程监控、传输、存储和全球眼管理的各行各业。

银行及金融系统:各营业网点及 ATM 机远程监控。

危险品仓库:危险环境、分散工作点的图像传输。

公共安全:网吧、娱乐场所、重点公众场所监控,突发事件应急指挥。

公路交通:高速公路各出入口的收费情况及收费站的图像传输;实时传输交通路况,让人足不出户而明察千里,为出行做好计划和安排。

环保行业:实时监测排污状况,监控环境污染情况。

电力系统:无人值守电站的遥视。

教育系统:远程教学、家教服务、幼儿园等场所的图像实时传输。

海关系统:重点地区的 24 小时监控。

连锁超市:公司管理层提高管理效率的全新工具、进行安全防范。

保险理赔:车辆理赔、维修监控,防止保险诈骗。

医疗机构:医院 ICU 的监控,手术图像传送,救护车车辆调度。

虚拟展厅:企业新产品通过互联网进行产品展示。

旅游景点:通过互联网进行名胜古迹、优美风景的展示。

房地产与物业管理:工程进度监控,物业管理统一监控。

10.2.4 智能视频监控产品

智能视频监控是为了监控视频中的异常行为和潜在危险,防范并应对突发状况,是公共安全防范与个人隐私保护的重要手段,广泛应用在机场、火车站等容易发生安全隐患的公共区域。智能视频监控在不同行业有着广泛的应用,以下对一些典型应用案例进行简单归纳,一览智能视频监控能为各行业提供的全方面的解决方案。

1.西北某机场应用智能视觉监控产品

该机场规模大、设备齐全、运输生产繁忙,是西北地区的航空客运、货运、邮政、快件中心,是西北的重要枢纽,也是全国主要的航空客货运集散中心,更是西北地区对外开放的门户和对外交往的窗口。同时机场作为能提供最迅速交通方式的地方,无论在军事还是经济上,战略意义都十分巨大。因此该机场对于安保措施的要求级别非常高。

该机场应用智能视觉监控产品,提高了周界防范系统的安全等级,还大大节省了机场安保人员的人力问题,智能视频监控系统在周界启用了两级安全防范级别的预警区和报警区,本身就无可挑剔,再加上脉冲电子围栏和主动红外报警系统,以及各种终端报警设备,机场周界犹如铜墙铁壁,无懈可击,做到了无缝覆盖(见图10-7)。

2.青藏铁路应用智能视觉分析产品

铁路作为社会的枢纽,无论是经济还是军事方面都有着非常重要的作用。一般铁路周界多用护栏和围墙来防止可能的破坏和物体的突然撞击,但由于青藏铁路本身的特殊性,没有做有形的周界设计,需要防范:①藏羚羊等珍贵野生动物突然横穿铁路的安全问题;②防止风沙覆盖路基;③防止特定人员的不良破坏。特别是在藏羚羊出没频繁的格尔木地区,这个问题显得更加突出。智能视觉分析产品(见图10-8)用于青藏铁路格尔木路段,可检测可疑物品的遗留和铁路附近的入侵检测,防范沿线野生动物穿越滞留,保证铁路的正常运行和安全行驶。

图10-7 机场智能视频监控系统　　　　图10-8 青藏铁路智能视频监控系统

3.田家湾核电站应用智能视觉监控产品

核电能源的安全运转及能源安全问题是十分引人关注的问题,也是核电建设中一件紧迫的课题。一点微小的疏忽都可能带来不堪设想的后果。田湾核电站(见图10-9)是中俄两国间迄今最大的技术经济合作项目,也是我国重点核电建设工程之一,其重要性不言而喻。为充分保障安全,核电站先后试用了多种解决方案,但是无论是误报率还是监控的范围上都不能令人满意。后来核电站决定应用智能监控产品,专家为田家湾核电站设计和安装了最佳的高科技安全解决方案,将被动监视转换为智能视频监视后,可自动监视整个核电站范围(不论是显示在屏幕上还是没有在屏幕上显示的威胁),昼夜不停地监视着整个30 000 m^{2}的周界范围和敏感的事件多发区(例如,在下班后监视主要建筑物的入口),当摄像头侦测到安全威胁时,摄像头会使用由程序控制的干触点激活报警器和喇叭。在正常工作时间之外侦测到状况时,警灯会打开,并发出20 s的报警声,一举解决了核电站头疼的误报问题。

4."神七"航天测量船基地智能监控安防系统

航天研发是具有高度保密性的工作,特别是"神七"作为我国第二艘载人航天飞船对我国的战略意义十分重大。"神七"远望号(见图10-10)担负着卫星、飞船和火箭飞行器全程飞行试验测量和控制任务,在"神七"升空过程中作用巨大。水域的安保工作跟陆地有很大的不同,易遭受的袭击和破坏也比陆地更加复杂,这就对项目的安保工作提出了全新的要求。智能监控系统用于监控停靠在码头的船只及船只周界水域的安全防范,为"神七"安全运行提供了可靠的保障。

图10-9　田家湾核电站总图

5. 莱芜商业银行综合安保方案

银行是需要高度安全保障的场所,不仅要求监控系统便于取证,更可以对危险的发生进行预警,需要打造高级别、预警与报警紧密结合的监控网。以莱芜市商业银行(见图10-11)为例,其营业大楼是具有高度智能化需求的大型建筑,需要综合入侵报警、视频分析监控等技术,建立多功能、全方位的技术防范体系,同时,技术防范应结合"人防"和"物防"措施,真正做到三防合一,更好地为保卫和管理服务。智能视频监控设备和智能视频分析设备安装在控制室内,位于摄像机后端,硬盘录像机前端,对某些重点区域的视频进行自主分析,判断是否存在入侵的目标。智能视频监控系统的应用有效增强了传统视频监控的自动检测能力,提升了警戒强度,提高了监控效率和自动响应报警,从而实现 7×24 小时全天候的持续监控或者针对重要时段的无人值守监控。系统还可与当地公安局电视监控网联网,在防盗报警主机上预留当地公安局报警联网的接口,全面提升了银行的安全程度。

图10-10　"神七"航天测量船基地

图10-11　莱芜商业银行综合安保方案

6. 城市轨道交通智能监控系统

随着公共交通事业的快速发展,轨道交通已成为人们方便快捷出行的最佳选择,轨道交通作为一个主要交通枢纽的公共场所,公共安全显得尤为重要。轨道交通的地域较大,人流集中而区域相对分散,因此,轨道交通的安全监控工作主要具有以下特点:

(1)轨道交通有较大的面积区域和广泛的周界,开阔的地域,复杂的场内交通,大量的出入口和围栏,使得轨道交通监控的摄像头数量众多。一般现代化的大型国际轨道交通拥有多个站台、多条轨道和车库位及其他相应的配套设施,监控环境复杂。

(2)轨道交通人和车流量大,作为城市重要的交通枢纽,轨道交通要求高级别的安全保护和地面安全,内部安全和周界安全等一体化安全对全实时、零延时的视频和控制提出了更加严格的要求。

(3)轨道交通的安全防范系统是一个综合性的多功能的监控系统,需要组成一个完整统一的管理和调度系统,由具有最高权限级别的监视指挥中心对各个子系统进行管理。

利用智能视频分析技术实现在轨道交通周界、建筑、设备周围或内部中异常行为的智能识别、提前发现和自动报警,从而减轻监控人员的工作负担,提高监测准确度,使轨道交通管理工作更加有效。智能视频监控系统可应用于轨道交通不同的实际场景:

1)物体丢弃或遗留

系统"物体滞留监测"功能可监控轨道交通站台、通道处是否有包裹或物品遗留,一旦出现类似包裹可疑物体,系统将立即发出警报通知监控人员。

2)周界监控

系统"物体移动监测"可监控轨道交通周界是否有物体靠近或进入,一旦在设置范围内发现移动物体将触发警报。

3)乘客活动区监控

对人流量较大的通道、自动扶梯等,系统采用定向移动监测、移动路径监测,监控人群的移动方向和路径。

4)车库监控

系统"物体移动监测"用于机车车库或其他非运营时期,对进入机车周围的移动物体进行监控与警报,监控人员可通过灯光、语言进行阻止和警告。

5)轨道监控

系统"突然出现监测",用于监测轨道交通轨道和滑行道是否有可疑人员出现,或有不明物体遗留。

6)站台监控

系统"物体徘徊监测",用于监测站台、工作区域或轨道周界所设定的敏感区域是否有可疑行迹。

智能视频解决方案是基于目前快速发展的计算机视频内容识别技术,用户可设置某些特定的规则,视频监测系统会识别目标行为是否符合这些规则,由此判断是否需要做出反应,如联动报警等。如果认为目标行为没有违反规则,系统将不做出反应。这样可有效减轻监控人员的工作负荷,提高工作效率。

●●●●●● 10.3 机 器 视 觉 ●●●●●●

10.3.1 百度机器人人脸识别

2017 年 1 月 6 日,江苏卫视《最强大脑》上演了一场精彩的人脸识别人机对决。人类出战代表是 90 后世界记忆大师,《最强大脑》名人堂轮值主席。机器一方则是百度机器人"小度"(见图 10 - 12),百度大脑在人工智能领域的很多研究成果都植入到其身上。

"百度大脑"已建成超大规模的神经网络,拥有万亿

图 10 - 12 百度机器人"小度"

级的参数、千亿样本、千亿特征训练,能模拟人脑的工作机制。百度大脑智商已经有了超前的发展,在一些能力上甚至超越了人类。在人脸识别技术的国际测评中,百度最高能达到99.77%的准确率,2015年曾获得过两次世界第一。

1. 人脸识别人机对决

这场人脸识别人机对决包括两轮。

第一轮:跨年龄识别

现场嘉宾从20张蜜蜂少女队成员童年照中挑出3张高难度照片,选手通过动态录像表演,将所选童年照和在场的成年少女相匹配。

蜜蜂少女队人员众多且每个人在赛场上化妆表演,不排除有微整形、戴美瞳等因素干扰。此外,挑选的童年照都在0~4岁范围内,与现在成年少女队的年龄跨度比较大。同时,比赛现场有实时照片传输、现场摄影机捕捉人脸图像晃动、灯光干扰等因素都会影响人工智能的识别准确率。而且蜜蜂少女队成员中有一对双胞胎,恰巧被现场嘉宾抽中(见图10-13)。

最终,人类出战代表未能从双胞胎中区分出差别,导致判断错误。而百度机器人则给出了相似度仅相差0.01%的两个结果,相似度分别为72.99%和72.98%,较高那个最终被证明是正确答案。第一轮机器人获胜。

第二轮:千脸跨年龄识别

人机共同观察一位30岁以上的观众(见图10-14),随后将他从30张小学集体照中找出(见图10-15)。这一回合样本容量大,30张集体照大约需要在1 000~2 000个人脸中找到对应的人,年龄跨度也覆盖在80后、90后等年龄层中。

图10-13　蜜蜂少女队的　　图10-14　千脸跨年龄　　图10-15　千脸跨年龄识别结果

　　　　双胞胎成员　　　　　　识别对象

最终,机器和人类代表先后在合照中正确识别出了嘉宾选择出的观众。经过两轮角逐,百度机器人以微弱优势胜出。

2. 百度机器人识别蜜蜂少女成员原理流程

"小度"识别蜜蜂少女成员原理流程图如图10-16所示,具体步骤如下:

1)人脸检测

根据眼睛、眉毛、嘴巴、鼻子等器官的特征以及相互之间的几何位置关系来检测人脸,即在一幅图像或一个序列图像(视频)中判断是否有人脸,若有则返回人脸的大小、位置等信息(见图10-17)。

人脸识别流程图

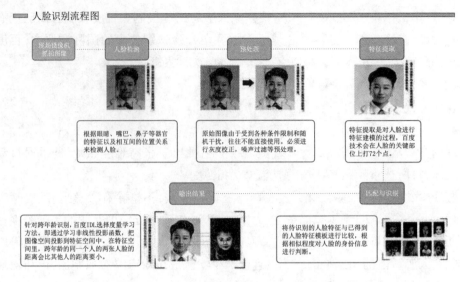

| 现场摄像机抓拍图像 | 人脸检测 | 预处理 | 特征提取 |

根据眼睛、嘴巴、鼻子等器官的特征以及相互间的位置关系来检测人脸。

原始图像由于受到各种条件限制和随机干扰,往往不能直接使用。必须进行灰度校正、噪声过滤等预处理。

特征提取是对人脸进行特征建模的过程,百度技术会在人脸的关键部位上打72个点。

输出结果 ｜ 匹配与识别

针对跨年龄识别,百度IDL选择度量学习方法。即通过学习非线性投影函数,把图像空间投影到特征空间中。在特征空间里,跨年龄的同一个人的两张人脸的距离会比其他人的距离要小。

将待识别的人脸特征与已得到的人脸特征模板进行比较,根据相似程度对人脸的身份信息进行判断。

图 10 - 16　"小度"识别蜜蜂少女成员原理流程图

图 10 - 17　人脸检测

2）人脸图像预处理

系统获取的原始图像由于受到各种条件的限制和随机干扰,往往不能直接使用,必须在图像处理的早期阶段对它进行灰度校正、噪声过滤等图像预处理。

3）人脸图像特征提取

人脸特征提取是针对人脸的某些特征进行的,是对人脸进行特征建模的过程。

4）人脸图像匹配与识别

人脸识别就是将待识别的人脸特征与已得到的人脸特征模板进行比较,根据相似程度对人脸的身份信息进行判断。这一过程又分为两类:

（1）人脸确认,是一对一进行图像比较的过程,将某人面像与指定人员面像进行一对一的比对,根据其相似程度（一般以是否达到或超过某一量化的可信度指标/阈值为依据）来判断两者是否是同一人。

（2）人脸辨认,是一对多进行图像匹配对比的过程。将某人面像与数据库中的多人的人脸进行比对（有时也称"一对多"比对）,并根据比对结果来鉴定此人身份,或找到其中最相似的人脸,并按相似程度的大小输出检索结果。

影响人脸识别的因素有很多,光照、表情、姿态、遮挡、年龄、模糊是影响人脸识别精度的关键因素,而在跨年龄人脸检测中影响因素更多。一般而言,在跨年龄阶段人脸识别中,类内变化通常会大于类间变化,这造成了人脸识别的巨大困难。同时,跨年龄的训练数据难以收集。没有足够多的数据,基于深度学习的神经网络很难学习到跨年龄的类内和类间变化。

基于第一点,百度人脸识别团队选择用度量学习的方法。即通过学习一个非线性投影函数,把图像空间投影到特征空间中。在这个特征空间里,跨年龄的同一个人的两张人脸的距离会比不同人的相似年龄的两张人脸的距离要小。

针对第二点,考虑到跨年龄人脸的稀缺性。百度采用大规模人脸数据——两百万人的 2 亿张图片作为训练样本数据,将训练好的模型作为基础,然后用跨年龄数据对其进行更新。这样不容易产生过拟合。

将这两点结合起来进行端到端的训练,可以大幅度提升跨年龄识别的识别率。

世界顶级的科学家也只能理解人脑运作机制的一部分,百度人工智能算法参考人脑较少,更多的是基于数据分析和深度学习。

这次比赛选择的竞赛项目对于机器来说非常困难,但事实上这些对于人类来说却相对容易。人们可以通过直觉进行很好地判断,比如见到一个人,不假思索地就能认出他是谁。但是机器必须从大量的数据中进行训练,有些项目中甚至需要识别不清晰的、老旧的照片,所以这对于机器来说是个巨大的挑战。

今天,我们基于强大的数据分析,很容易识别两张近期的照片,但是对于识别整容、化浓妆或者十几年跨度的照片,我们并没有大量的数据可以分析。所以这是人脸识别技术遇到的世界性的挑战,也是比赛中最大的难点之一。

10.3.2　百度无人驾驶

自动驾驶的目标是让交通工具能够自主行驶,典型的是飞行器和车辆,这是人类长期以来追求的目标。飞机的自动驾驶在多年前已经实现,空中的障碍物、交通情况比地面简单很多,而且有雷达等手段精确定位。现阶段的重点是车辆的自动驾驶。无人驾驶是人工智能当前最热门的方向之一,也是未来将对人类生活产生重大影响的方向。目前,Google、百度、特斯拉等公司都投入大量资源在这个领域进行研发,也取得了一些重要进展。而机器视觉在无人驾驶中有着举足轻重的地位。

20 世纪 90 年代,卡耐基梅隆大学(CMU)研制出了无人驾驶汽车 Navlab2V,配有视觉系统,可以实时对道路情况进行检测、目标识别与跟踪和避障等,完成了横穿美国东西部的驾驶实验。此后,在美国国防部高级研究计划局(DARPA)的支持下,越来越多的学者开始对无人驾驶车辆进行研究。2007 年,DARPA 主办了城市无人车挑战赛(The DARPA Urban Challenge:Autonomous Vehicles in City Traffic),美国众多著名大学及研究所参加,参赛机器人如图 10 – 18 所示。2010 年,意大利帕尔马大学的人工智能实验室研制了两辆无人驾驶车辆,从意大利木兰出发到上海,完成了在实际交通情况下的无人驾驶,这两辆车辆配有 3 台 linux 计算机、5 台激光扫描仪、7 台摄像机以及 GPS 定位等设备。

Stanley机器人

Hlghlander机器人

Boss机器人

Junior机器人

图 10-18　参赛机器人

1. 百度无人驾驶汽车

百度无人驾驶汽车是百度与第三方汽车厂商合作制造的无人驾驶汽车,2015 年 12 月,百度公司宣布,百度无人驾驶车国内首次实现城市、环路及高速道路混合路况下的全自动驾驶。百度无人驾驶汽车可自动识别交通指示牌和行车信息,具备雷达、相机、全球卫星导航等电子设施,并安装同步传感器。车主只要向导航系统输入目的地,汽车即可自动行驶,前往目的地。在行驶过程中,汽车会通过传感设备上传路况信息,在大量数据基础上进行实时定位分析,从而判断行驶方向和速度。

百度公布的路测路线显示,百度无人驾驶车(见图 10-19)从位于北京中关村软件园的百度大厦附近出发,驶入 G7 京新高速公路,经五环路,抵达奥林匹克森林公园,随后按原路线返回。百度无人驾驶车往返全程均实现自动驾驶,并实现了多次跟车减速、变道、超车、上下匝道、调头等复杂驾驶动作,完成了进入高速(汇入车流)到驶出高速(离开车流)的不同道路场景的切换。测试时最高速度达到 100 km/h。2016 年 7 月 3 日,百度与乌镇旅游举行战略签约仪式,宣布双方在景区道路上实现无人驾驶。这是继百度无人车和芜湖、上海汽车城签约之后,首次公布与国内景区进行战略合作。

图 10-19　在我国做试驾的百度无人驾驶汽车

2016 年百度世界大会无人车分论坛上,百度宣布,百度无人车刚获得美国加州政府颁发的全球第 15 张无人车上路测试牌照。2016 年 9 月,在"彭博市场最具影响力峰会"上百度宣称,百度自动驾驶汽车计划在2018年上市,2020年实现量产。

2017年4月19日上午,百度发布"Apollo(阿波罗)计划",向汽车行业及自动驾驶领域的合作伙伴提供一个开放、完整、安全的软件平台,帮助他们结合车辆和硬件系统,快速搭建一套属于自己的完整的自动驾驶系统。百度开放了封闭场地循迹自动驾驶能力、自定位能力和端到端等非常有价值的数据。更为重要的是,Apollo会快速地开放越来越多的能力,每周都会更新,每两个月左右都有新的版本和总体能力的提升。到2018年9月份,Apollo开放固定车道自动驾驶能力和开放部分的仿真引擎数据;到2018年底,Apollo开放一系列新的能力,使车辆能够在简单城市路况下,完成自动驾驶任务,同时会开放更多的数据及数据上传的接口;2018—2020年,Apollo会加强开发能力,加速开放速度,直到最后实现完全自动无人驾驶。

2. 百度阿波罗无人驾驶开放平台

第1章列出了自动驾驶中需要用机器视觉解决的问题,这里以百度阿波罗平台为例,看看这些问题是如何解决的。

阿波罗(Apollo)是百度的无人驾驶开放平台,它能让车辆保持在某一车道上,并与前面最近的车辆保持距离,这通过一个前视摄像头,以及前视雷达来实现。对摄像头图像的分析采用了深度神经网络,随着样本数据的累积,神经网络的预测将越来越准。官方说明,目前不支持在高度弯曲、没有车道线标志的道路上行驶。

阿波罗的感知模块为我们提供了类似人类眼睛所提供的视觉功能,即理解我们所处的驾驶环境。感知模块包括障碍物检测识别和红绿灯检测识别两部分。障碍物检测识别模块通过输入激光雷达点云数据和毫米波雷达数据,输出基于两种传感器的障碍物融合结果,包括障碍物的位置、形状、类别、速度、朝向等信息。红绿灯检测识别模块通过输入两种焦距下的相机图像数据,输出红绿灯的位置、颜色状态等信息。上述两大感知功能,使无人车具备在简单城市道路自动驾驶的能力。

通过安装在车身的各类传感器如激光雷达、摄像头和毫米波雷达等获取车辆周边的环境数据。利用多传感器融合技术,车端感知算法能够实时计算出环境中交通参与者的位置、类别和速度朝向等信息。背后支持这套自动驾驶感知系统的是多年积累的大数据和深度学习技术,海量的真实路测数据经过专业人员的标注变成机器能够理解的学习样本,大规模深度学习平台和GPU集群将离线学习大量数据所耗费的时间大幅缩短,训练好的最新模型通过在线更新的方式从云端更新到车载大脑。人工智能+数据驱动的解决方案使百度无人车感知系统能够持续不断地提升检测识别能力,为自动驾驶的决策规划控制模块提供准确、稳定、可靠的输入。

阿波罗将目标分为两种类型,静态和动态的。静态目标包括车道线、交通灯其他各种写有文字的交通标志。除此之外,路上还有一些标志可用于视觉定位,包括路灯、栅栏、天桥、地平线等;动态目标目前关注的是车辆、自行车、行人、动物等。在这些目标中,最重要的是道路上离我们最近的物体,其次是相邻车道上的物体。核心的算法包括车道检测、目标检测、车道线检测、目标跟踪、轨迹管理、相机标定、预测算法、规划算法。

1）道路和车道线识别

车道线属于静态目标,不会移动。准确地确定车道线,不仅对车辆的纵向控制有用,还对横向控制有用。车道线由一系列的线段集合表示。首先,用卷积神经网络对摄像机采集的图像进行处理,预测出车道线的概率图,即每一点处是车道线的概率;然后,对这种图进行二值化,得到分割后的二值图像;接下来计算二值图像的联通分量,检测出所有的内轮廓,然后根据轮廓边缘点得到车道的标志点。其核心的步骤是用卷积神经网络预测出图像每一点处是车道线的概率。

2）障碍物检测识别

障碍物模块包括基于激光雷达点云数据的障碍物检测识别、基于毫米波雷达数据的障碍物检测识别以及基于两种传感器的障碍物结果融合。基于激光雷达点云数据的障碍物检测识别,通过线下训练的卷积神经网络模型,学习点云特征并预测障碍物的相关属性(如前景物体概率、相对于物体中心的偏移量、物体高度等),并根据这些属性进行障碍物分割;基于毫米波雷达数据的障碍物检测识别,主要用来对毫米波雷达原始数据进行处理而得到障碍物结果。该算法主要进行了噪点去除、检测结果构建以及感兴趣区域过滤;多传感器障碍物结果融合算法,用于将上述两种传感器的障碍物结果进行有效融合。该算法主要进行了单传感器结果和融合结果的管理、匹配以及基于卡尔曼滤波的障碍物速度融合。

从这里可以看出,对障碍物的检测与车道线检测不同,这里采用的是基于激光雷达和毫米波雷达的数据。这是出于安全的考虑,如果采用摄像机,在恶劣天气如雨雪,以及极端光照条件下,图像将无法进行有效的分析;另外,激光雷达和毫米波雷达给出了物体准确的距离数据,这对安全的行驶至关重要,而单纯靠图像数据分析则很难做到。

3）目标跟踪

在检测出各个运动目标之后,接下来需要准确地跟踪这些目标,得到它们的运动参数和轨迹。目标跟踪是一个状态估计问题,这里的状态就是目标的位置、速度、加速度等参数。跟踪算法可分为单目标跟踪和多目标跟踪两类,前者只跟踪单个目标,后者可同时跟踪多个目标。

跟踪算法的数据来源是目标检测的输出结果,即在每一个时刻先检测出路上的移动目标,得到它们的位置、大小等信息,然后对不同时刻的这些数据进行分析,得到目标的状态和运动轨迹。

单目标跟踪算法的核心是估计出单个目标的位置、速度、加速度等状态信息,典型的算法有卡尔曼滤波、粒子滤波等。

和单个目标跟踪不同,多目标跟踪需要解决数据关联问题,即上一帧的每个目标和下一帧的哪个目标对应,还要解决新目标出现、老目标消失问题。多目标跟踪的一般流程是每一时刻进行目标检测,然后进行数据关联,为已有目标找到当前时刻的新位置,在这里,目标可能会消失,也可能会有新目标出现。另外,目标检测结果可能会存在虚警和漏检测,联合概率滤波、多假设跟踪、线性规划、全局数据关联、马尔可夫链、蒙特卡洛算法先后被用于解决数据关联问题来完成多个目标的跟踪。

首先我们定义多目标跟踪中的基本概念,目标是跟踪的对象,每个目标有自己的状态,如大小、位置、速度。观测是指目标检测算法在当前帧检测出的目标,同样的,它也有大小、位置、速度等状态值。在这里,我们要建立目标与观测之间的对应关系,如图 10-20 所示是一个数据关联示意图。

在图 10-20 中,第一列圆形为跟踪的目标,即之前已经存在的目标;第二列圆形为观测值,即当前帧检测出来的目标。在这里,第 1 个目标与第 2 个观察值匹配,第 3 个目标与第 1 个观测值匹配,第 4 个目标与第 3 个观测值匹配。第 2 个和第 5 个目标没有观测值与之匹配,这意味着它们在当前帧可能消失了,或者是当前帧漏检,没有检测到这两个目标。类似的,第 4 个观测值没有目标与之匹配,这意味着它是新目标,或者虚警。

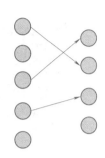

图 10-20 数据关联示意图

这里采用了多种线索来跟踪目标,包括 3D 坐标、2D 图像块、2D 包围盒以及通过深度学习得到的 ROI 特征。对于多目标跟踪,这里采用了多假设跟踪算法,这种算法最早用于雷达数据的跟踪。

4)红绿灯检测识别

红绿灯模块根据自身的位置查找地图,获得前方红绿灯的坐标位置。通过标定参数,将红绿灯从世界坐标系投影到图像坐标系,从而完成相机的自适应选择切换。选定相机后,在投影区域外选取一个较大的感兴趣区域,在其中运行红绿灯检测来获得精确的红绿灯框位置,并根据此红绿灯框的位置进行红绿灯的颜色识别,得到红绿灯当前的状态。得到单帧的红绿灯状态后,通过时序的滤波矫正算法进一步确认红绿灯的最终状态。基于 CNN 的红绿灯的检测和识别算法具有极高的召回率和准确率,可以支持白天和夜晚的红绿灯检测识别。

10.3.3 亚马逊无人超市

无人零售作为新零售的主要概念,受到了很多关注,其中亚马逊无人超市 Amazon Go 是无人零售的样板。在 Amazon Go 中,计算机视觉配合多种传感器进行 ID 识别(人脸识别),通过动作识别建立购物清单。

1. Amazon Go 概述

Amazon Go 是世界电商巨头亚马逊于 2016 年 2 月推出的一种全球最先进的购物技术,它颠覆了传统便利店、超市的运营模式。同年 12 月 5 日,亚马逊推出其革命性的线下实体商店 Amazon Go 无人超市(见图 10-21)。这家位于西雅图的超市没有收银台,用户进入时只需在手机上打开 Amazon Go App 的二维码,在闸机上刷一下,选好商品就可以径直离开(Just walk out)。在这个过程中,顾客不需要提着购物篮等待结账,只需拿起想要的东西,在完全没有收银员的环境中自行选购并通过亚马逊账号付款,从而彻底抛弃了传统超市的收银结账过程。

顾客在商店入口打开 Amazon Go 的 App,扫描二维码,就可以进入 Amazon Go 商店购物。也就是说,当消费者开始购物时,需要用智能手机打开虚拟购物篮。之后,随着顾客在货架之间转悠,一个超大规模的传感器系统会跟踪你去了什么位置,拿起了什么,最终带走了什么。亚马逊应用的新技术会自动甄别出商品是被拿走还是被放回,并将信息传到消费者的虚拟购物车中。最后 Amazon Go 的传感器会计算顾客有效的购物行为,并在顾客离开商店后,自动根据顾客的消费情况在亚马逊账户上结账收费。

图 10 -21 Amazon Go 无人超市

亚马逊把先进的传感器和算法应用于便利店,使用了计算机视觉、深度学习以及传感器融合等技术,利用摄像机、传感器和算法观察用户并追踪他们到底选购了哪些商品。然而在测试过程中团队发现一旦选购人数超过 20 人,Amazon Go 的整套设备就很难追踪用户以及手头上选购的产品标签,因此这项技术当时的测试环境是仅能容纳少量用户,或者要求用户放慢移动速度,原本亚马逊计划于 2017 年 3 月底对外开放 Amazon Go,但由于技术方面的原因,这一拖就是一年。好在问题得到了改善,2017 年 11 月,亚马逊的三名员工身着皮卡丘的服装进行了一次购物测试,结果系统准确地从萌系外表中识别并验明了他们的真身,进行了准确的扣款。

一切准备就绪后,2018 年 1 月 22 日,这家位于亚马逊西雅图总部地标性建筑旁边的 Amazon Go 无人超市正式开门营业,迎接了它的真正顾客。2018 年 9 月,亚马逊宣布第二家 Amazon Go 于西雅图正式开业,从技术角度看,第二家店与旗舰店相比,工作原理是相同的。

2. Amazon Go 系统构成

Amazon Go 系统布局如图 10 - 22 所示。

Amazon Go 用到了无人驾驶技术中的计算机视觉、传感器融合和深度学习。前两者主要用于采集数据,后者用于数据分析和识别,采用的硬件有摄像头、红外或重力传感器、蓝牙发送器。主要过程是通过监控分析商品的运动,判断用户是否购买,传感器采集数据,通过分析进一步印证判断,最后通过蓝牙进行发送。系统中的硬件及其作用如下:

1)摄像头

计算机视觉就是监控摄像头及图像分析技术,所以摄像头是必不可少的。系统中包含多个摄像头,图 10 -22 中代号为 208 的物体就是摄像头,大约有 10 多个,分别置于天花板、货架两侧和货架内部。天花板上的摄像头用来采集用户和货品的位置,货架两侧的摄像头用来捕捉用户的图像和周围的环境,货架内的摄像头用来确定货品的位置或用户手的移动(进入和离开货架)。这里的摄像头可以是多种类型的,如 RGB 摄像头或深度感知摄像头。

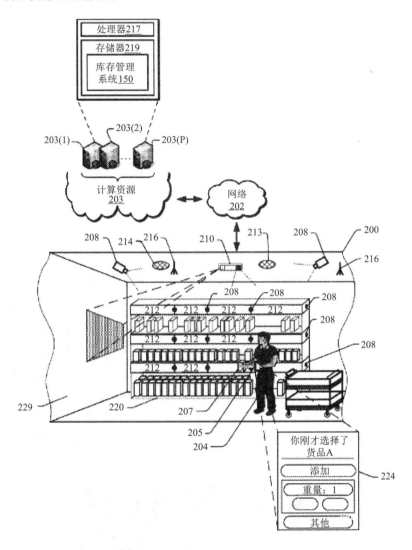

图 10-22 Amazon Go 系统布局

Amazon Go 利用摄像头拍摄的图像识别人的肤色,通过图像分析精确找到顾客的手。因为当购物者较多时,两位顾客很有可能会在一个货架上拿货,通过肤色来识别用户是最有效的方法,可以降低失误率。此外,利用摄像头拍摄的图像也可以分析商品离开货架到进入货架的过程。

2)压力/红外/体积位移传感器/光幕

货架墙壁上安装多个摄像头,多种传感器埋在每层货架的底部或顶部。摄像头负责拍照,光幕/红外传感器负责制造一个水平面,如果用户的手穿过此面表示用户开始实施某种动作,以此提高图像分析效率。压力/红外传感器用来表示商品的位置和状态,为用户的行为提供数据。

当商品静置时,视频图像变化不大,系统可以进行实时图像分析。当商品被拿动时,可以根据商品的运动来区分原有商品是否在原地,这个运动的边界就是货架,商品离开货架表示购买,原有商品放回原地表示不购买。

利用图像分析技术可以分析商品是否跨越边界,还要从图像中识别商品(如果放回来的不一样呢),图像识别技术无法达到100%识别,而且在超市这样复杂的环境中肯定不能只依靠这种技术。因此,识别商品跨界和识别商品还需要压力/红外传感器。

红外传感器可以识别商品进入与否,重力感应也可以,没有重量时表示被拿起,有重量表示被放下。通过压力传感器,系统可以判断货架上的商品是否已经被拿走或还回。再配合图像分析,系统就能及时发现用户在还回商品时是否放错了货架。

压力传感器可以检测商品移出和进入的时间,红外传感器可以用来区分用户的手和商品。

3. Amazon Go 技术核心

Amazon Go 的核心技术是反作弊/识别系统,不管它能提供多强大的商业功能,作为无人超市系统,反作弊/识别是它存在的第一要素。利用摄像头和传感器获取的数据进行深度学习,建立商品—动作—人的判别模型,提高系统反作弊/识别能力。

在 Amazon Go 中,系统要解决"什么人对什么商品做了什么"的问题,其识别流程是:商品/货架——识别拿出或放入动作——识别被动商品——商品与用户商品清单关联——清单与行为用户关联。因此,Amazon Go 核心系统分三个部分:识别动作,识别商品,识别人。顾客购物行为非常丰富,从货架角度来看,核心动作只有两种:拿走和放回。

1)顾客行为检测和识别:拿走或放回

不论如何,商品被从货架拿走了,最大的可能就是被买走了,而被放回来就是你不需要了(见图10-23)。如果能识别拿走或放回,那么就解决了核心问题。

图 10-23 商品被拿走或放回

Amazon Go 的识别动作包括如下步骤:

(1)采集用户的手进入货架平面前的图像。

(2)采集用户的手离开货架平面后的图像。

（3）两者对比，可以知道是拿出货物还是放入货物。

如果是拿起，进入前的手和进入后的手及手中的商品等特征是可区分的，这个特征与放入是相反的。简单地说，如果是拿起，进入之前手是空的，没有商品的，离开后是手里有商品的。放入则相反。那么如何识别手呢？从形状和图像颜色（肤色）可以辨别。在货架前利用光幕或者红外形成一个平面，就可以知道用户的手到了那里。

图像分析和传感器都可以提供这样的数据，多种数据结合可以判断用户行为是拿走还是放回。

2）承受动作的商品识别：拿走或放回

有了顾客动作，还要识别动作承受的商品，不然会出现张冠李戴的现象。识别商品分成两个步骤来处理：识别被拿走的商品和识别放回的商品。

（1）识别被拿走的商品：

①不必用图像识别，用传感器即可，简单快速。例如重力/红外传感器的变化可表示商品被拿起。

②因为商品是被雇员人工放置的，所以该商品可以直接标记到系统中，不用图像识别是何种商品（它已经被人工识别了）。用传感器表示它被拿走即可。

③在某些情况下，需要图像识别被拿出的商品是否与所在位置表示的商品一致。

④商品可能没有被设置或者设置后被打乱了，那么此时需要图像识别该位置现有的商品与应该有的商品是否一致。例如，商品 A 被放在 B 商品处，如果只采用上面提到的方式处理，就会被当成商品 B，不过这种情况较少。

⑤如果是高置信度事件，可直接确认，更新（增加）商品清单，否则还有顾客配合确认的环节。

（2）识别被放回的商品。在用户放回商品前，可以通过商品清单确定用户与商品的关系，这些商品的图像被存储在系统内。

①通过检索图像，与被放回的商品进行比较，识别商品。

②识别结果为高置信度即可判断商品正确，更新（删除）商品清单，否则还有顾客配合确认的环节。

③被放回的商品存在错放位置的情况，识别后通知店员整理。

④不管是拿走还是放回，如果是低置信度事件，会被系统记录分析。

对于正常的购物，在固定区域的商品种类单一，容易识别。对于被错放的商品，因为概率较少，识别难度和计算量不会显著增加。但是对于故意作弊的行为，需要极大的计算资源识别。

3）对某商品进行了某动作的人是谁

Amazon Go 在进出口设置了"转移区"，类似于现有超市的防盗门，此门可扫描用户二维码，识别进出口的顾客。这里问题的关键是需要实时识别"对某商品进行了某动作的人是谁"或者说"谁对什么商品干了什么"的问题。

解决这个问题的关键还是要在货架上入手，因为任何人对商品实施动作的时候必须在货架前，因此利用用户位置信息来识别人，图像、音频、GPS 都可以提供定位，通过多个数据判断可将位置精度缩小到足够小。

例如,张三站在货架 A 前,此时 A 货架商品被取走,那么就认定张三购买了商品。这里存在很大的隐患是张冠李戴问题,因为仅通过位置定位顾客,只要在此区域的用户都可能被当成购买者,从而形成商品和顾客一对多的关系。如果这个位置定位区域限制在足够小的区域,就能实现一一对应关系。

Amazon Go 同时利用了图像分析和音频分析。通过摄像头可检测用户及其方位,天花板或货架里的多个音频可根据时差分析用户位置。此外,天花板上的天线可用三角测量确定位置,用户手机 GPS 也能提供定位。

总之,Amazon Go 反作弊/识别系统是通过"商品—识别动作—识别承受动作的商品—商品与用户清单/用户关联"进行运作的。对 Amazon Go 反作弊/识别系统而言,它只需要知道哪些商品被拿走或放回了,并且知道是谁实施的,那么就知道是谁购买/放回了什么商品。最后在出口(转移区),顾客刷卡确认顾客与商品的关系即可。

●●●●● 10.4　人机交互 ●●●●●

10.4.1　百度识图

百度识图(见图 10 - 24)是百度图片搜索的一项功能。常规的图片搜索是通过输入关键词的形式搜索到互联网上相关的图片资源,而百度识图则能通过用户上传的图片或输入图片的 url 地址,从而搜索到互联网上与这张图片相似的其他图片资源,同时也能找到这张图片相关的信息。

图 10 - 25 所示是一张我们拍摄的照片,但是不知道它是什么鸟,因此求助于百度识图,在百度图片搜索框"请描述

图 10 - 24　百度识图

图片"中输入拍摄的照片,单击"百度一下"按钮,图片识图结果如图 10 - 26 所示,显示为"斑头雁"。

百度识图的主要功能如下:

1)相同图像搜索

通过图像底层局部特征的比对,百度识图具备寻找相同或近似相同图像的能力,并能根据互联网上存在的相同图片资源猜测用户上传图片的对应文本内容。从而满足用户寻找图片来源、去伪存真、小图换大图、模糊图换清晰图、遮挡图换全貌图等需求。

2)全网人脸搜索

据统计,互联网上约 15% 的图片包含人脸。为了优化人脸图片的搜索效果,百度识图引入自主研发的人脸识别技术,推出了全球第一个全网人脸搜索功能。该功能可

以自动检测用户上传的图片中出现的人脸,并将其与数据库中索引的全网数亿人脸比对并按照人脸相似度排序展现,帮你找到更多相似的 TA。该功能上线后获得了新浪科技、搜狐 IT、36 氪等多家科技媒体的第一时间热烈报道,解放日报甚至进行了专访并开辟了相关专栏报道。基于人脸搜索技术的百度魔图"PK 大咖"功能,以单日最高访问量 9 000 万次创造了人脸识别技术使用的纪录,并斩获 2013 年艾菲奖大中华区金奖,成为技术与产品结合的典范。

图 10 - 25　照片原图　　　　　图 10 - 26　百度图片识图结果

3）相似图像搜索

基于深度学习算法,百度识图拥有超越传统底层特征的图像识别和高层语义特征表达能力。2013 年,百度识图推出了一般图像的相似搜索功能,能够对数十亿图片进行准确识别和高效索引,从而在搜索结果的语义和视觉相似上都得到很好的统一。从相同图像搜索(Near Duplicate Image Search)到相似图像搜索(Similar Image Search),百度识图首次突破了长期以来基于内容的图像检索问题的困境,在解决图像的语义鸿沟这个学术界和工业界公认的难题上迈出了一大步。该技术极大优化了识图产品的用户体验。借由相似图像搜索,用户可以轻松找到风格相似的素材、同一场景的套图、类似意境的照片等,这些都是相同图像搜索无法完成的任务。

4）图片知识图谱

知识图谱是下一代搜索引擎的趋势,通过对检索更精确的分析和结构化的结果展示,更智能地给出用户想要的结果。百度识图除了返回给用户相同、相似的搜索结果,也在图片知识图谱方面做出了相应的尝试。2013 年百度识图相继上线了美女和花卉两个垂直类图片搜索功能,通过细粒度分类技术在相应的垂直类别中进行更精准的子类别识别。比如告诉用户上传的美女是什么风格并推荐相似风格的美女写真,或识别花卉的具体种类,给出相应百科信息并把互联网上相似的花卉图片按类别排序展现。这些尝试都是为了帮助用户更直观了解图片背后蕴藏的知识和含义。图 10 - 27 所示是一个图片知识图谱的例子,输入水仙花图片,给出了水仙花的相关知识介绍。

图 10 - 27　百度识图图片知识图谱

5) 百度识图插件

浏览图片时直接截屏并发起识图搜索,可以省去下载图片或拷贝 URL,并访问识图网站的麻烦,让识图体验更加完美,如图 10 - 28 所示。

图 10 - 28　百度识图插件

10.4.2 腾讯云 OCR 文字识别

腾讯优图实验室采用深度学习光学字符识别(Optical Character Recognition,OCR)文字识别技术,将图片上的文字内容智能识别为可编辑的文本。支持印刷体和手写体识别,包括身份证、名片等卡证类,也支持票据、运单等定制化场景的识别,可以有效地代替人工录入信息的场景。腾讯云 OCR 识别技术,单字识别率可达到中文 98% 以上,数字 99% 以上,身份信息、名片等 OCR 文字识别服务已成功应用于银行、QQ 等,接受过海量用户和复杂场景的考验。主要应用场景如下:

1. 用户身份认证

在金融行业,身份证识别可广泛应用于银行、保险、证券行业中,例如在用户身份认证中,可以减少用户的信息输入,提升效率,提高用户体验。在互联网行业,如视频直播中,可以通过身份证识别进行主播身份认证;在网约车场景中,可以通过身份证识别进行乘客身份认证,降低违规和犯罪风险。

如图 10-29 所示为身份证识别,一次扫描即可识别所有字段,能够较稳定地处理倾斜、暗光、曝光、阴影等异常情况,通过自适应判别纠正技术提高身份证上的数字识别准确率。可广泛应用于需要用户身份验证的场景中,降低用户输入错误,有效提升用户体验。

图 10-29 身份证识别

如图 10-30 所示为名片识别。支持姓名、手机号、QQ 等字段的自动定位与识别。

图 10-30 名片识别

2. 运单识别

在快递行业中，存在大量的手写或机打运单，对于这类信息的录入存档消耗了大量人力物力，通过 OCR 识别技术，可精确识别运单上的寄件人和收件人信息，有效降低人力投入成本，优化业务流程，提升快递行业效率，如图 10 - 31 所示。

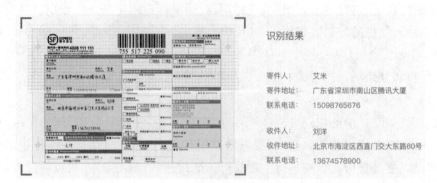

图 10 - 31　运单识别

3. 行驶证/驾驶证识别

基于腾讯优图的深度学习引擎，能够智能识别行驶证和驾驶证（见图 10 - 32）上的信息内容，可广泛应用于车险、车主身份认证等使用场景中，减少用户的手工录入，节省人力，提升效率。

图 10 - 32　驾驶证识别

4. 通用 OCR 识别

支持多种复杂场景、任意版面的图像上的文字识别，可广泛应用于印刷文档、广告图、医疗、物流等行业中的识别，如图 10 - 33 所示。在电商行业中，会涉及各种广告图片，通过 OCR 识别技术，可以智能识别广告图中的文字信息，过滤广告中的违规文字，降低违规风险；通过 OCR 识别技术，可以快速识别视频中的字幕信息，可应用于各类视频场景中，有效地区分文字内容是否合规。

对于传统媒体行业，会有大量纸媒体的存档，通过 OCR 识别技术，可以转成可编辑的文本，对于文字的排版、信息的检索有很大的帮助。对于出版物图片，通过 OCR 识别技术，可以将出版物的图像转成可供编辑的文本，在出版物的归类、检索等方面，大大降低人力投入成本。

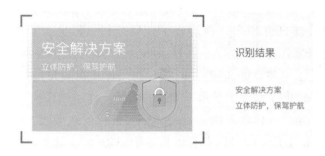

图 10-33　通用 OCR 识别

10.4.3　Facebook 图片搜索

今天的人们使用智能手机拍摄的照片数量激增,这对传统的照片分类方式造成了不小的挑战。我们每个人整理自己手机中存储的海量照片尚且如此困难,要为所有人的照片定义一种更有序的分类方式无疑更是困难重重。每天,人们会将数十亿张照片分享到 Facebook,想想你自己向下滚屏查找几天前发布的照片有多麻烦,如果要找几个月甚至几年前的照片呢? 为了帮助大家更容易找到自己的照片,Facebook 照片搜索团队使用机器学习技术深入了解照片内容,改善照片的搜索和获取过程。

(1)人工智能让图片搜索无障碍化。Facebook 认识到图像是一种维持自己 18.6 亿用户保持活跃的生命力的手段。Facebook 用户每年分享数十亿的婴儿、宠物、假期以及其他事物的照片。这就使公司必须要开发出能够搜索到最相似的图像的技术,这样用户就能轻松找到朋友、亲人或爱人经常分享的图片。Facebook 宣布了一系列人工智能上的创新,它认为这将改善用户体验。这方面的技术突破,使它的人工智能系统能够在像素级别上对图像进行理解。

新的人工智能在两个方面带来了精彩的成果:首先是一套新的图像分类功能,系统可以向视力受损的用户说明照片中的内容,这在以前是不可想象的;第二,可以允许用户在照片没有被任何文本标记和注释的情况下,基于关键词找到他们的朋友或家庭成员共享的照片。

Facebook 认为人工智能可以作为重点跨越自己的许多(甚至可能是全部)主要服务来传递最相关的内容。Facebook 希望自己能够像在社交网络和即时通信中那样,在人工智能和机器学习中占据主导地位,并且在该领域专门组织了超过 150 人的团队。近年来,Facebook 在增强人工智能和机器学习处理能力的研究投资增加了三倍——尽管它没有公开这笔投资的具体数额。

在关于发展新技术的博客文章中,Facebook 的机器学习应用小组负责人指出,在线搜索,即使是针对图像的搜索,在传统上都需要解析文本,而图像通常只有在被标签或字幕正确标记的情况下才能被正确搜索到。"改变正在发生,因为我们已经将计算机视觉推动到下一个阶段,目标是在像素级别上理解图像,这有助于我们的系统完成诸如识别图像中的内容、场景类型是否是一个著名地标等事务。这反过来又帮助我们更好地向视力残障人士描述照片,并为带有图像和视频的帖子提供更好的搜索结果。"

无障碍环境自 2011 年以来一直是 Facebook 的工作重心,其目的在于改善视觉或听力受损用户参与服务互动的方式。2015 年,Facebook 开始利用人工智能来丰富盲人用户体验。它设计了一种算法,能够自动将某些照片和视频转换为口头词句,让那些有视力障碍的对象也能了解他们从来不能看的帖子。使用该系统,屏幕阅读器可以告诉用户一幅日落的照片中包含着诸如自然、室外、云、草、地平线、植物或树木等元素。但是现在,新的图像分类系统可以在它的描述中添加动作,比如"人在走路""人在骑马""人在跳舞""人在弹奏乐器"等。通过建立基于 130 000 个人工标记照片的机器学习模型,可以无缝推断照片中的人的行为。

(2)主要创新是一个搜索系统,基于图像识别技术能够过滤掉大量不相关的照片,并且以尽可能最快的方式找到最相关的结果。比如说,只要在搜索框输入"黑色衬衫",就能找到没有被文本标记的黑色衬衫的图片。这对于看到过某人或某物的照片,但不知道照片来自哪里的用户而言是有价值的,特别是在所需的照片没有标签或标题的情况下。

第 11 章

智能图像处理发展趋势

本章介绍智能图像处理总体、技术和应用发展趋势。首先介绍智能图像处理的发展动力和发展趋势，之后推荐几种图像处理与分析的开发平台，说明智能图像处理应用发展趋势，最后总结智能图像处理存在的问题。

●●●●●● 11.1 智能图像处理的发展动力 ●●●●●●

智能图像处理从早期在军事、科研领域的"小众"应用，发展至今已经广泛应用到安防、制造、交通、医疗、军事、农业、工业、娱乐等各行各业，成为与人们生活和生产息息相关的大众应用。近三十年的发展历程，见证了这门学科是极具潜力和应用价值的。目前智能图像处理已成为一个蓬勃发展的行业，其发展动力来自以下四个方面：

1. 传统图像处理存在的问题

随着应用的推广和深入，传统图像处理技术以及图像处理系统在准确率、速度、精度等方面已难以满足需求。例如，在视频监控领域，由于视频联网后导致监控中心的视频图像数据量激增，依托人工长期监控容易产生疲劳从而导致危情漏报；在公安侦查领域，公安人员仅依靠肉眼和简单的人脸搜索技术已经难以从浩如烟海的视频和图像资料中快速找到嫌疑人；在质检领域，通过人工进行产品缺陷检查，已难以在规定的时间内完成对数量巨大、流水线速度飞快的产品的检查；而在航天侦察领域，随着卫星影像技术的飞速提高，数量有限的图像判读员和传统的图像处理技术根本难以"读"完汗牛充栋的各类遥感图像数据，更无法全面、及时地对其进行深度分析，这造成了硬盘的极大浪费。

2. 相关技术理论发展的驱动

智能图像处理技术依赖的相关技术和理论已经或者正在发生大的进步和突破，这驱动着智能图像处理技术和应用不断发展。

硬件方面：一是 CPU、DSP、大规模可编程逻辑器件、CMOS 图像传感器以及面向并行处理的嵌入式微处理器（如 Transputer）等核心零部件的制造技术飞速发展，其性能日趋提高，价格更加亲民；二是用于海量图像集中处理和分析的 PC 从最初的 XT 系统发展到今天的多核系统，使得复杂算法可在短时间内完成，尤其是其低廉的价格使得可以通过将大量低价 PC 集群应用形成更为强大的计算能力。硬件性能的提高、功耗的降低、价格的低廉为智能图像处理技术的广泛应用提供了肥沃的土壤。

软件方面:一是深度学习、遗传算法、蚁群算法、粒子群算法与人工鱼群算法等智能算法的不断改进优化和推陈出新使得智能图像处理技术能适应更多的应用场景;二是 OpenCV、Face^{++}、NiftyNet 等针对图像分析的开源/半开源平台为广大科研工作者和开发人员提供了通用的基础设施,大大降低了智能图像处理和分析系统搭建和研发的门槛,这也大幅促进了智能图像处理的发展。

理论方面:在与智能图像处理紧密相关的光学成像领域,近几十年来国内外众多研究人员进行了辛勤不辍的研究和实践,目前已在高光谱成像、多光谱成像、偏振光谱成像理论方面取得了大量成绩,并将这些成像理论和相关的图像处理技术应用到农业、海洋、地质、医疗等众多国民行业;在目前最为前沿的量子计算领域,衍生发展而来的量子成像理论也取得了一定成绩,并在实验室层面取得了一些有意义的成像效果。这些关联学科的发展既丰富了智能图像处理的技术内容,也拓宽了智能图像处理的发展道路。

3. 人类认知自然本能方式的延伸

人类获取与处理的信息约 83% 来自视觉,11% 来自听觉,5% 来自嗅觉,包括图像采集在内的图像处理可以视为眼睛的延伸,智能图像处理与分析可视为大脑的延伸。智能化图像处理以模拟和替代人眼与大脑的部分功能为目标,自然成为解决智能化、知识化的有效技术途径。

4. 行业应用对新兴需求的牵引

在智能图像处理技术广泛应用于各行各业的同时,各行各业层出不穷的新兴需求也促进智能图像处理的不断发展。比较典型的有:

智能交通:智能交通系统是电子信息技术在交通运输领域应用的前沿课题,它将信息处理、定位导航、图像分析、电子传感、自动控制、数据通信、计算机网络、人工智能、运筹管理等先进技术综合运用于交通管制体系,是未来交通的发展方向。智能交通要解决对行人、道路、车辆三要素的检测以及车辆防碰撞、套牌监控、违章跟踪甚至行人行为的分析等问题,而能否高效、准确地解决这些客观需求在很大程度上取决于对各种视频图像的智能化处理水平,这给智能图像处理提出了极高的要求。

智慧医疗:目前医疗数据中有超过 90% 来自医疗影像,医疗影像数据已经成为医生诊断必不可少的"证据"之一。近年来,越来越多的人工智能方法发挥着其特有的优势,改进和结合了传统图像处理方法,应用到图像情况复杂的医学图像处理领域,这样可以辅助医生诊断、降低医生错诊的概率和工作强度;二来可以利用网络实现对边远地区病患者的远程诊断,能够大幅提高优秀医疗资源的覆盖面和利用率。但是,眼部、肝部等不同组织在患有不同疾病时采取不同光学成像手段所形成的医学影像具有不同的特点,这需要针对不同疾病进行个性化的图像特征提取和智能分析。

现代农业:在人们对食品安全和环境保障的双重高要求下,现代农业既要向人们提供品类丰富、安全美味的各类农产品,又要尽量降低除草剂、农药等各类化学制剂的使用。面对杂草、蝗虫等农作物"敌人"的侵袭,农业科技人员在杂草自动识别、蝗虫图像监测、粮食遥感监测等方面引入智能图像处理,初步实现了高效、无害的机械除草、蝗灾防治和粮食估产等目标,但实践证明其准确率与实际要求仍有较大距离,需要对其中采用的智能算法予以进一步完善。

卫星遥感:卫星遥感图像是典型的大数据,依靠人工判读已经远远不能满足各行各业的广泛需求。目前,国内外不少公司已经采用各种智能技术对海量的卫星遥感图像进行自动化的判断和分析,但是其效果经常受到云、雨、雾、霾等天气因素的影响,需要进行"云检测"和"去雾"处理,而且应用部门对卫星影像的要求已经从针对单幅图像的一次性分析变成针对多幅图像的变化趋势分析,这些不断提高的要求对智能图像处理也是一个挑战。

●●●●●● 11.2　智能图像处理的发展趋势　●●●●●●

11.2.1　总体发展特点

智能图像处理的发展有以下特点:

(1)图像设备智能化。随着 CPU、DSP、大规模可编程逻辑器件的普及,ARM 芯片等图像设备依赖的基础零部件性价比的大幅提高,新的高速信号处理器阵列、超大规模 FPGA 芯片的兴起,使得在图像设备硬件中集成实现更为强大的智能图像处理能力成为可能,由此必然带来摄像机、数码照相机智能化程度的进一步提高。

(2)图像数据视频化。在智能交通、安防监控等行业应用中,摄像头等前端设备采集的已不再是单帧或者若干帧图像,而是由海量连续、关联的图像组成的视频。视频与图像相比,一方面其数据量更大,在采集、预处理、传输、存储和处理等各环节要求更高,另一方面其关注点也从单幅图像中目标的识别转向一段时间中目标的行动轨迹提取和行为分析识别上,其实现难度大大提高。

(3)图像处理实时化。传统算法继续不断有所突破,新一波人工智能浪潮带来不少新的性能优良的图像处理算法,如深度学习(DL)、卷积神经网络(CNN)、生成对抗网络(GAN)等。基于这些算法出现更多结构新颖、资源充足、运算快速的硬件平台支撑,例如基于多 CPU、多 GPU 的并行处理结构的计算机、海量存储单元等,为图像处理实时化提供了支持。

(4)技术运用综合化。在智能交通、智能监控等大型联网式智能系统中,通常要综合运用云计算、大数据、物联网以及智能图像处理技术等多种先进技术。其中,物联网将各种视频图像采集并汇聚到云端,而云计算与大数据一方面使得大计算量的算法训练成为可能,另一方面使得海量视频图像的实时处理成为可能,这极大提高了各类图像数据的潜在价值与应用时效性。而随着智慧城市理念的兴起和实施,这种趋势将更加明显。

(5)系统架构云端化。随着云计算、大数据、物联网等技术的综合应用,智能交通、灾害监测、航天侦察等面向一个行业、一个城市甚至一个国家的应用系统必将以"云＋端"架构实现,其中,涉及海量而复杂的图像分割、图像融合、图像识别等计算任务将迁移到"云"中,而摄像头、照相机等"端"节点只需负责图像视频的采集和预处理。"云＋端"架构具备良好的扩展性和动态调整能力,能适应数据量的不断增加和业务需求的不断变化。

(6)开发模式平台化。搭建一个具有智能图像分析功能的系统要用到大量的智能算法库和图像处理库,对于中小公司和个人开发者来说这是一个颇费时力的工作,从而限制了智能图像处理研究的广泛开展。目前已有 OpenCV 和 NiftyNet 等开源平台提供免费的开发平台和环境,而 Face++ 也面向不同级别用户提供不同等级的开发服务,其中包括云服务模式。可以预见,在未来若干年,将会有更多类似的平台出现。

(7)行业应用深度化。智能图像处理的根本价值来源于其解决实际问题的能力,其发展轨迹必然是"从应用中来,到应用中去"。目前智能图像处理在工业、农业、军事、民用、科研等领域得到了广泛应用。一方面,智能图像处理解决了这些行业的一些急需问题;另一方面,这些行业层出不穷的新需求也反过来牵引、促进智能图像处理技术的针对性改进,最终必然形成两者深度融合的局面。

(8)军民应用融合化。从历史经验看,高新技术通常是从军事领域孕育成熟,然后在民用领域发展壮大,智能图像处理似乎也不例外。目前,以卫星遥感为典型,其军民两用的属性使得卫星遥感影像的智能化处理技术得以在军事侦察、国土监测、海洋研究、粮食估产、航运管理等众多领域得到广泛深度的应用,并且其发展势头锐不可当。

11.2.2　图像设备发展趋势

随着 CPU、DSP 等各类计算单元成本的降低和性能的提高,各类图像设备不断推陈出新。目前市场上主要应用有数字摄像机、模拟摄像机,其种类包括枪机、球机、一体化摄像机等,其中大都采用了先进的设计和一流的芯片产品。但从应用程度来看,绝大部分的视频监控都还仅仅停留在实时浏览和录像,无法识别画面中的内容,更谈不上思考和行动,缺乏一定的智能化图像处理,难以形成大规模监控网络,并不能满足当前安防市场对视频监控技术的需求。

如果视频监控能够通过机器视觉和智能分析识别出监控画面中的内容,并通过后台的云计算和大数据分析来做出思考和判断,并在此基础上采取行动,我们就能够真正地让视频监控代替人类去观察世界。要做到这一点,我们必须拥有具备感知能力的摄像机。因为,只有前端摄像机具有感知识别功能,我们才能进行智能分析的规模化部署和应用。智能化是安防监控摄像机发展的趋势。

1. 智能摄像机

2013 年,Smart IPC(智能型摄像机)的出现,让我们看到了曙光。Smart IPC 主要提供越界侦测、场景变更侦测、区域入侵侦测、音频异常侦测、虚焦侦测、移动侦测、人脸侦测、动态分析等多种报警功能,通过警戒线、区域看防等功能输出告警信号,但是无法感知和识别画面中的内容,智能化程度还很低。大数据时代,我们需要的是真正具备感知和识别能力的摄像机。Intelligent IPC(感知型摄像机)就是这样的摄像机,它能够基于视频的智能分析,识别出监控画面中的内容,并对其进行语义描述和最佳图片抓拍,然后通过后端云计算平台进行分析,代替我们做出思考和判断。根据监控场景和需要识别的内容,科达推出了3个系列的感知型摄像机产品:特征分析摄像机、车辆卡口摄像机、人员卡口摄像机。

1)特征分析摄像机

如图11-1所示,特征分析摄像机适用于相对开阔的场景,能在较为宽广的画面中捕获人、车、物等目标,并准确识别出每一个目标的类型、大小、颜色、方向、速度、……然后生成语义与图片信息,送入后端大数据平台。针对不同的应用环境,科达设计了六款特征分析智能IPC——枪机、红外枪机、高速球、红外高速球、枪球联动、红外枪球联动,基本能够满足当前绝大部分监控场景下的特征分析应用。

图11-1 特征分析摄像机

2)车辆卡口摄像机

如图11-2所示,针对城市道路等重点场所,为了获得更详细的车辆特征信息,可以部署车辆卡口摄像机。车辆卡口摄像机不仅仅局限于车牌抓拍与识别,它还能准确识别车标、车型、车身颜色等更丰富的特征信息。而且,它还能够捕获车内司乘人员,即使是在白天逆光的场景下,它也能清晰识别和抓拍司乘人脸照片,供后端分析和识别。

图11-2 车辆卡口摄像机

3）人员卡口摄像机

如图11-3所示，除了颜色、方向等基本特征信息，很多重点场所还需要准确识别和抓拍人脸照片，以便于开展人脸识别等深度应用。这类场所非常适合人员卡口摄像机的部署。人员卡口摄像机不仅能够准确抓拍最佳的人脸照片，它还能抓拍人的行进、体貌特征。抓拍的人脸、全身照片，以及行进的方向、速度等信息，一起传送到后端大数据平台，提供深层分析应用。

图11-3　人员卡口摄像机

拥有感知能力的 Intelligent IPC，相当于物联网中的一个个视觉传感器，大量摄像机感知的海量信息，进入大数据和云计算平台，使我们不仅能从单个摄像机中识别内容做出判断，还能从海量的监控数据中，做出深度分析和挖掘，从而对社会管理产生深远的影响。

2. 智能化自动跟踪摄像机

目前市面上一种"自动跟踪全景高速球型摄像机"凸显出了监控智能化技术水平。它采用仿生学设计，组合超大广角摄像机与高变倍球型云台摄像机，模拟鹰眼视觉系统，能够在大范围全景预览的同时实现对现场任意角落的细节进行监控。另外，它在提供球型云台摄像机的全部功能之外，还采用嵌入式系统设计，加入了智能检测以及跟踪算法。对于全景大范围内或者设置的感兴趣区域内出现的目标进行自动跟踪，直到跟踪的目标消失或者感兴趣区域内出现新的目标。

3. 具有图像增强功能的红外摄像机

智能红外摄像机是一款极低照度全彩色实时摄像机。由于采用了超灵敏度图像传感器和电子倍增和噪点控制技术，能够极大地提高照度，在一般星光级照度情况下具有全彩色实时图像，所以没有普通低照度的拖尾现象。而当应用环境非常暗甚至没有光线时，智能红外摄像机会启动红外灯。智能红外摄像机的红外灯采用一颗单晶点阵红外灯，具有热量小、亮度高、效率高、寿命长等特点，并能有效解决散热问题，最远距离70 m。该摄像机采用不同的透镜可以改变不同的照射角度和距离，不同的照射角度配合不同的镜头使用。

11.2.3　图像处理硬件系统发展趋势

图像处理通常涉及较大计算量,而智能图像处理因为使用到深度学习、神经网络等新型算法更是需要海量、复杂的计算。目前许多智能算法离实际应用还有很大差距,其主要原因之一就是运算量太大,而当前的计算机硬件系统性能难以支撑。随着智能算法的推陈出新以及各种应用场景的迫切需求,支持图像处理中大规模并行计算的芯片和硬件系统也将逐步向着智能化方向发展。

1. 现状:三强争霸

目前智能图像处理的芯片市场处于三强争霸态势,其中主流产品包括 CPU、GPU 和 FPGA 三大类:

(1)CPU。CPU 基于经典的冯·诺依曼架构,主要针对算术运算,其计算与存储功能分离,主要应用于非嵌入式环境下基于云平台的大规模图像处理系统的搭建,主要代表厂商是英特尔和 ARM。但 CPU 在架构设计之初就不是针对神经网络计算,在处理深度学习问题时效率很低,尤其是在当前功耗限制下无法通过提升 CPU 主频来加快指令执行速度,这更是制约了 CPU 在智能图像处理领域(尤其是嵌入式环境下)的应用和推广。

(2)GPU。GPU 在设计之初便是面向类型高度统一、相互无依赖的大规模数据和不需要被打断的计算环境,且具有低延迟、大吞吐量特点,非常适合大规模图像处理计算,其主要代表厂商是英伟达(Nvidia)。在过去的几年,尤其是 2015 年以来,人工智能的大爆发很大程度上就得益于英伟达公司各类 GPU 性价比的不断提高及其带来的广泛应用。目前,英伟达的 GPU 芯片占据了大部分通用计算市场,其 Tegra 系列智能芯片更是已经应用到特斯拉的智能驾驶汽车中。

(3)FPGA。FPGA(现场可编程门阵列)运用硬件语言描述电路,根据所需要的逻辑功能对电路进行快速烧录,拥有与 GPU 相当的超强计算能力,且具有可编程和低成本两个优势,这使得基于 FPGA 的软件与终端应用公司能够提供与其竞争对手不同且更具成本优势的解决方案,其主流厂商包括硅谷的 Xilinx 与 Altera,其中 Altera 已于 2015 年被英特尔斥巨资收购。但是,FPGA 也面临着因为 OpenCL 编程平台应用不广泛、硬件编程实现困难等导致的生态圈不完善、推广阻力大等不利因素。

2. 未来:智能主导

智能图像处理越来越多地应用到深度学习,而深度学习实际上是一类多层大规模人工神经网络。它模仿生物神经网络而构建,由若干人工神经元节点互联而成。神经元之间通过突触两两连接,突触记录了神经元间联系的权值强弱。面对模仿人类大脑的深度学习,传统的处理器(包括 x86 和 ARM 芯片以及 GPU 等)存在以下不足:

(1)主要面向通用计算。深度学习的基本操作是神经元和突触的处理,而传统的处理器指令集(包括 x86 和 ARM 等)是为了进行通用计算发展起来的,其基本操作为算术操作(加减乘除)和逻辑操作(与或非),深度学习的处理效率不高。因此谷歌甚至需要使用上万个 x86 CPU 核运行 7 天来训练一个识别猫脸的深度学习神经网络。

（2）计算存储架构分离。神经网络中存储和处理是一体化的，都是通过突触权重来体现。而冯·诺依曼结构中，存储和处理是分离的，分别由存储器和运算器来实现，两者之间存在巨大的差异。当用现有的基于冯·诺依曼结构的经典计算机（如 x86 处理器和英伟达 GPU）来实现神经网络应用时，就不可避免地受到存储和处理分离式结构的制约，因而影响效率。

为了克服以上不足，全球众多芯片厂商和科研机构针对神经网络处理特点开始了关于神经网络处理器（NPU）的探索和实践，近几年已取得了不少成果。其中，出自中国科学院的寒武纪芯片吸引了国人的广泛关注，其 DianNaoYu 指令直接面向大规模神经元和突触的处理，一条指令即可完成一组神经元的处理，并对神经元和突触数据在芯片上的传输提供了一系列专门的支持。虽然这些神经网络处理器的公开报道因为商业原因可能有一定的宣传成分，但神经网络处理器的发展大趋势已经非常清晰。可以预见，在不远的未来，神经网络处理器将在智能图像处理领域发挥主导作用。

11.2.4　图像处理技术发展趋势

1. 图像识别技术发展趋势

目前"全新的读图时代已经来临"，随着图像识别技术的不断进步，越来越多的科技公司开始涉足图像识别领域，这标志着读图时代正式到来，图像识别技术经历了从初级阶段到高级阶段的发展，并且将引领我们进入更加智能的未来。

1）图像识别的初级阶段——娱乐化、工具化

在这个阶段，用户主要是借助图像识别技术来满足某些娱乐化需求。例如，百度魔图的"大咖配"功能可以帮助用户找到与其长相最匹配的明星，百度的图片搜索可以找到相似的图片；Facebook 研发了根据相片进行人脸匹配的 DeepFace；雅虎收购的图像识别公司 IQ Engine 开发的 Glow 可以通过图像识别自动生成照片的标签以帮助用户管理手机上的照片；国内专注于图像识别的创业公司旷视科技成立了 VisionHacker 游戏工作室，借助图形识别技术研发移动端的体感游戏。

这个阶段还有一个非常重要的细分领域——光学字符识别，是指光学设备检查纸上打印的字符，通过检测暗、亮的模式确定其形状，然后用字符识别方法将形状翻译成计算机文字的过程，也就是计算机对文字的阅读。人们可以借助互联网和计算机轻松获取和处理文字，但如果是图片格式的文字，就对人们获取和处理文字平添了很多麻烦。所以需要借助于光学字符识别技术将这些文字和信息提取出来。在这方面，国内产品包括百度的涂书笔记和百度翻译等；而谷歌借助经过训练的大型分布式神经网络，可以对 Google 街景图库的上千万个门牌号进行识别，其识别率超过 90%。

在这个阶段，图像识别技术仅作为辅助工具存在，为我们自身的人类视觉提供了强有力的辅助和增强，带给我们一种全新的与外部世界进行交互的方式。我们可以通过搜索找到图片中的关键信息；可以随手拍下一件陌生物体而迅速找到与之相关的各

类信息；可以将潜在搭讪对象拍下提前去她的社交网络了解一番；也可以将人脸识别作为主要的身份认证方式……这些应用虽然看起来很普通，但当图像识别技术渗透到我们行为习惯的方方面面时，就相当于把一部分视力外包给了机器，就像我们已经把部分记忆外包给了搜索引擎一样。

这将极大改善我们与外部世界的交互方式，此前利用科技工具探寻外部世界的流程是这样的：人眼捕捉目标信息→大脑对信息进行分析→转化成机器可以理解的关键词→与机器交互获得结果。而当图像识别技术赋予了机器"眼睛"之后，这个过程就可以简化为：人眼借助机器捕捉目标信息，机器和互联网直接对信息进行分析并返回结果。图像识别使摄像头成为解密信息的钥匙，我们仅需把摄像头对准某一未知事物，就能得到预想的答案。就像百度科学家余凯所说，摄像头成为连接人和世界信息的重要入口之一。

2）图像识别的高级阶段——拥有视觉的机器

图像识别初级阶段的图像识别技术是作为一个工具来帮助我们与外部世界进行交互，只为我们自身的视觉提供了一个辅助作用，所有的行动还需自己完成。而当机器真正具有了视觉之后，它们完全有可能代替我们去完成这些行动。目前的图像识别应用就像是盲人的导盲犬，在盲人行动时为其指引方向；而未来的图像识别技术将会同其他人工智能技术融合在一起成为盲人的全职管家，不需要盲人进行任何行动，而是由这个管家帮助其完成所有事情。举个例子，如果图像识别是一个工具，就如同我们在驾驶汽车时佩戴谷歌眼镜，它将外部信息进行分析后传递给我们，我们再依据这些信息做出行驶决策；而如果将图像识别应用在机器视觉和人工智能上，这就如同谷歌的无人驾驶汽车，机器不仅可以对外部信息进行获取和分析，还全权负责所有的行驶活动，让我们得到完全解放。

在人工智能最权威、最经典的《人工智能：一种现代的方法》一书中提到，在人工智能中，感知是通过解释传感器的响应而为机器提供它们所处的世界的信息，其中它们与人类共有的感知形态包括视觉、听觉和触觉，而视觉最为重要，因为视觉是一切行动的基础。Chris Frith 在《心智的构建》中提到，我们对世界的感知不是直接的，而是依赖于"无意识推理"，也就是说在我们能感知物体之前，大脑必须依据到达感官的信息来推断这个物体可能是什么，这构成了人类最重要的预判和处理突发事件的能力。机器视觉之于人工智能的意义就是视觉之于人类的意义，而决定着机器视觉的就是图像识别技术。

更重要的是，在某些应用场景，机器视觉比人类的生理视觉更具优势，它更加准确、客观和稳定。人类视觉有着天然的局限性，我们看起来能立刻且毫不费力地感知世界，而且似乎也能详细生动地感知整个视觉场景，但这只是一个错觉，只有投射到眼球中心的视觉场景的中间部分，我们才能详细而色彩鲜明地看清楚。偏离中间大约10°的位置，神经细胞更加分散并且智能探知光和阴影。也就是说，在我们视觉世界的边缘是无色、模糊的，因此，我们才会存在"变化盲视"，才会在经历着多样事物发生时，仅仅关注其中一样，而忽视了其他事物的发生，而且不知道它们的发生。而机器在这方面就有着更多的优势,它们能够发现和记录视力所及范围内发生的所有事情。

许多科技巨头也开始了在图像识别和人工智能领域的布局,Facebook 签下的人工智能专家 Yann LeCun 最大的成就就是在图像识别领域,其提出的 LeNet 为代表的卷积神经网络,在应用到各种不同的图像识别任务时都取得了不错的效果,被认为是通用图像识别系统的代表之一;Google 借助模拟神经网络"DistBelief"通过对数百万份 YouTube 视频的学习自行掌握了猫的关键特征,这是机器在没有人帮助的情况下自己读懂了猫的概念。图像识别技术,连接着机器和这个一无所知的世界,帮助它越发了解这个世界,并最终代替我们完成更多的任务。

目前基于分类图片的图像识别已经非常准确,没有太大的发展空间。未来图像识别人工智能的研究将转向没有标注的图片和视频。此外,图像识别技术的下一个挑战是视频识别,这方面 Facebook 的计算视觉技术已经取得一些进展,能够在查看视频的同时理解并区分视频中的物体,例如猫或食物。对视频中物体的实时区分功能将大大提高 Facebook 视频直播内容的推荐准确性,而且随着技术水平的提升,未来机器将能根据场景、物体和动作的时空变化给出实时的描述。

2. 智能图像分析技术发展趋势

基于视频的智能图像分析技术在以下几个方面存在难点:

(1)智能分析的准确率。视频分析技术的准确率达不到非常理想的效果,例如在实时报警类的应用中,误报率和漏报率都是客户最关心的问题。特别是一些要求比较高的应用,只要有漏报,实际作用就微乎其微。

(2)智能分析对环境的适应性。智能图像分析对场景的要求高,光照变化引起目标颜色与背景颜色的变化,可能造成虚假检测与错误跟踪。采用不同的色彩空间可以减轻光照变化对算法的影响,但无法完全消除其影响。

(3)智能分析在不同场景使用的复杂性。安装调试复杂的智能分析应用产品几乎都需要按每一个应用场景进行不同的参数调试,而且会涉及非常多的专业的参数调试,非专业人员根本无法调试出理想效果。

随着经济环境、政治环境、社会环境的发展,城市建设日趋复杂,高楼林立道路交错,各行业对安防的需求不断增加,同时对于安防技术的应用性、灵活性、人性化也提出了更高的要求,传统安防技术的局限性日益凸显。视频的高清化已经成为现实,制约智能分析分辨率的障碍已经消除,未来基于智能分析技术的安防应用将会是安防发展的一个大方向。给视频装上大脑,实时看得懂视频、快速检索历史视频成为新常态。传统的视频监控系统将会因为智能分析技术的大规模应用,逐步向智能大数据综合应用系统发展。在这样的大背景下,智能图像分析技术发展呈现出以下几种趋势:

(1)前端智能不断发展。各种智能型摄像机(Smart IPC)和感知型摄像机(Intelligent IPC)不断涌现,包括专注几种智能分析算法的专用 IPC。感知型摄像机的推广是未来城市建设的一个必备要素,如果视频监控能够通过机器视觉和智能分析,识别出监控画面中的内容,并通过后台的云计算和大数据分析,做出思考和判断,并在此基础上采取行动,我们就能够真正地让视频监控代替人类去观察世界。而要做到这一点,必须拥有具备感知能力的摄像机。因为只有前端摄像机具有感知识别功能,才能进行智能分析的规模化部署和应用。可以说感知型摄像机是智能分析经济性和规模化部署的基础,也是智慧城市大数据应用的关键,要真正拥抱大数据时代,感知型摄像机无疑才是视频监控的基石。

(2)算法准确率和环境适应性不断提高。随着图像检测、跟踪、识别等技术的发展,特别是机器学习、人工智能等技术的不断进步,使得图像智能分析算法的准确率和环境适应性不断提高,促进了智能分析应用的大规模部署。深度学习能够根据不同复杂环境进行自动学习和过滤,能够将视频中的一些干扰目标进行自动过滤,从而达到提高准确率,降低调试复杂度的目的。

(3)智能分析与云计算、大数据的融合应用将越来越多。大数据与视频监控具有天然的联系,据统计,每天全国新产生的视频数据达 PB 级别(1 PB = 1 024 TB),占全部大数据份额的 50% 以上,因此,视频就是大数据。在安防领域,主要的数据来源是视频,与其他行业结构化的数据不一样,视频本身就是一种非结构化的数据,不能直接进行处理或分析。因此,安防要进行大数据应用,首先就要采用智能分析技术将非结构化的视频数据转换成计算机能够识别和处理的结构化信息,即将视频中包含的各种信息(主要是运动目标及其特征)提取出来,转换成文字描述并与视频帧建立索引关联,这样才能通过计算机来对这些视频进行快速搜索、比对、分析等。

●●●●●● 11.3 图像处理与分析开发平台 ●●●●●

目前已有不少针对图像智能处理和分析的开发平台,它们集成了大量的图像处理库与算法库。基于这些平台,广大开发人员可以直接利用其提供的完整、成熟、丰富的各项功能,快速搭建和开发图像智能处理和分析系统。

11.3.1 OpenCV

1. 平台概况

OpenCV 于 1999 年由 Intel 建立,如今由 Willow Garage 提供支持,是一个基于 BSD 许可协议的开源跨平台计算机视觉库,可以运行在 Linux、Windows 和 Mac OS 操作系统上。它轻量级而且高效,由一系列 C 函数和少量 C + + 类构成,同时提供了 Python、Ruby、MATLAB 等语言的接口,实现了图像处理和计算机视觉方面的很多通用算法。

OpenCV 拥有包括 500 多个 C 函数的跨平台的中、高层 API。它不依赖于其他的外部库,尽管它也可以使用某些外部库。OpenCV 平台 Logo 如图 11 - 4 所示,平台架构如图 11 - 5 所示。

2. 平台优势

相比于目前市场上的视觉软件,OpenCV 具有以下优势:

(1)专门团队支持,运行稳定,运行速度快,兼容性强。目前研究型项目大多存在运行速度慢、不稳定以及版本独立不兼容等问题。

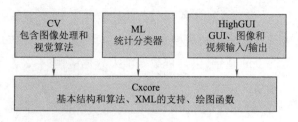

图 11-4 OpenCV 平台 Logo   图 11-5 OpenCV 平台架构

（2）完全免费，无论是对商业应用还是非商业应用。而使用 Halcon、Matlab + Simulink 等商业工具需要支付高昂的费用。

（3）跨平台，能支持 Windows、Linux 和 Mac OS 等多个平台。

（4）为 Intel 的高性能多媒体函数库（Integrated Performance Primitives, IPP）提供了透明接口。这意味着，如果有为特定处理器优化的 IPP 库，OpenCV 将在运行时自动加载这些库，以得到更好的处理速度。

OpenCV 正致力于形成标准的 API，从而简化计算机视觉程序和解决方案的开发。

3. 应用方式

OpenCV 所有的开放源代码协议允许个人免费使用 OpenCV 的全部代码或者 OpenCV 的部分代码生成商业产品。使用 OpenCV 后，个人不必对公众开放自己的源代码或改善后的算法。许多公司（IBM、Microsoft、Intel、SONY、Siemens 和 Google 等其他公司）和研究单位（如斯坦福大学、麻省理工学院、卡耐基美隆大学、剑桥大学）都广泛使用 OpenCV，其部分原因是 OpenCV 采用了这个宽松的协议。

Yahoo groups 里有一个 OpenCV 论坛（http://groups. yahoo. com/group/OpenCV），用户可以在此发帖提问和讨论。该论坛大约有 20 000 个会员。OpenCV 在全世界广受欢迎，在中国、日本、俄罗斯、欧洲和以色列都有庞大的用户群。

4. 应用领域

自从 OpenCV 在 1999 年 1 月发布 Alpha 版本开始，它就被广泛用于许多应用领域中。相关应用包括卫星地图和电子地图的拼接、扫描图像的对齐、医学图像去噪、图像中的物体分析、安全和入侵检测系统、自动监视和安全系统、制造业中的产品质量检测系统、摄像机标定、军事应用、无人飞行器、无人汽车和无人水下机器人。例如，在斯坦福大学的 Stanley 机器人项目中，OpenCV 是其视觉系统的关键部分。

11.3.2 Face++

1. 平台简介

Face++是新一代云端视觉服务平台，提供一整套世界领先的人脸检测、人脸识别、面部分析的视觉技术服务。

Face++旨在提供简单易用、功能强大、平台通用的视觉服务，让广大的 Web 及移动开发者可以轻松使用最前沿的计算机视觉技术，从而搭建个性化的视觉应用。Face++同时提供云端 REST API 以及本地 API（涵盖 Android、iOS、Linux、Windows、

Mac OS),并且提供定制化及企业级视觉服务。通过Face⁺⁺,可以轻松搭建自己的云端身份认证、用户兴趣挖掘、移动体感交互、社交娱乐分享等多类型应用。

2. 平台特色

通过Face⁺⁺ 1∶N人脸识别技术可以自动识别出照片、视频流中的人脸身份,可以实现安防检查、VIP识别、SNS照片自动圈人、智能相册管理、人脸登录等多种功能。人脸识别中还包含人脸聚类,可以自动将同一个人的人脸聚集到一起,方便图片管理。

1)人脸检测

(1)人脸检测、追踪。Face⁺⁺人脸检测与追踪技术提供快速、高准确率的人像检测功能。能够支持图片与实时视频流,支持多种人脸姿态,并能应对复杂的光照情况(见图11-6)。可以令相机应用更好地捕捉到人脸区域,优化测光与对焦;同时,还可以使用人脸追踪技术进行游戏交互,提供全新的体感游戏体验。

图11-6 人脸检测和追踪

(2)人脸关键点检测。Face⁺⁺人脸关键点检测(见图11-7)可以精确定位面部的关键区域位置,包括眉毛、眼睛、鼻子、嘴巴等;精准定位人脸,美化局部,做到智能美妆美化。同时,使用实时的人脸关键点检测技术,还可以实现表情交互等多媒体应用。

2)人脸分析

(1)微笑分析。如图11-8所示,Face⁺⁺微笑分析技术可以精确分析一张图片或者视频流中人物是否在微笑,以及相应的微笑程度。从而轻松捕捉每一个微笑的瞬间,在相机应用中实现"微笑快门"。还可以通过微笑与设备进行交互。

(2)面部属性分析。如图11-9所示,Face⁺⁺提供精准的面部属性分析技术,可以快速分析摄像头前的用户人脸,从图片或实时视频流中分析出人脸的性别、年龄、种族等多种属性,帮助电子商务及各类应用实现精准个性化。

图11-7 人脸关键点检测　　图11-8 微笑分析　　图11-9 面部属性分析

3)人脸识别

(1)1∶1人脸验证。如图11-10所示,Face⁺⁺ 1∶1人脸验证技术可以快速判定两张照片是否为同一个人,或者快速判定视频中的人像是否为某一个特定的人。人脸验证可被用于身份认证、智能登录等应用场景。

图 11 – 10　人脸验证

（2）大规模人脸搜索。如图 11 – 11 所示,Face⁺⁺ 大规模人脸搜索技术可实现亿级人脸的快速检索。基于人脸搜索技术,可以实现真正的互联网人脸搜索引擎,广泛应用于社交搜索、逃犯追缉等应用场景。

图 11 – 11　大规模人脸搜索

3. 应用方式

Face⁺⁺平台可为个人、公司等各类用户提供使用云端 API、离线 SDK 和定制化云服务三种服务方式。目前,旷视公司向用户提供基础版和企业版两个版本的 Face⁺⁺服务。

基础版:以 API 形式提供,个人可以免费使用基础版构建自己的人脸识别系统进行学习和实验。

企业版:在提供性能更好的 API 服务的基础上,还提供离线 SDK 和定制化云服务等形式。开发者和公司可以通过购买企业版服务的方式构建功能强大、性能卓越的人脸识别 APP 甚至应用系统。

Face⁺⁺这种灵活的应用方式能够将人脸识别技术广泛应用到互联网及移动应用场景中,从而让广大的 Web 及移动开发者可以轻松使用最前沿的计算机视觉技术,搭建出个性化的视觉应用。

4. 应用领域

Face⁺⁺在人脸识别领域的优异表现使得其在众多行业得到了广泛的应用,其中最吸引大众眼球的是其被应用到支付宝的人脸支付功能中。除此之外,Face++还与360搜索达成了合作,进行试水阶段的图片搜索应用,为360搜索的用户提供"美女魔镜"等服务;同时它也为世纪佳缘设计人脸识别场景,让用户可根据自己对另一半长相的需求,从网站的数据库中搜索相似外貌的用户。除此之外,它的服务对象还包括美图秀秀、美颜相机、联想、神州智联等。

11.3.3 NiftyNet

1. 平台简介

NiftyNet 是一款基于卷积神经网络的医疗影像分析平台,为研究社区提供一个开放的机制来使用、适应和构建各自的医疗影像研究成果,由 WEISS(Wellcome EPSRC Centre for Interventional and Surgical Sciences)、CMIC(Centre for Medical Image Computing)和 HIG(High – dimensional Imaging Group)三家研究机构共同推出。NiftyNet 平台 Logo 如图 11 – 12 所示,体系架构如图 11 – 13 所示。

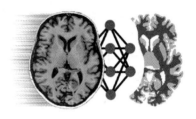

图 11 – 12 NiftyNet 平台 Logo

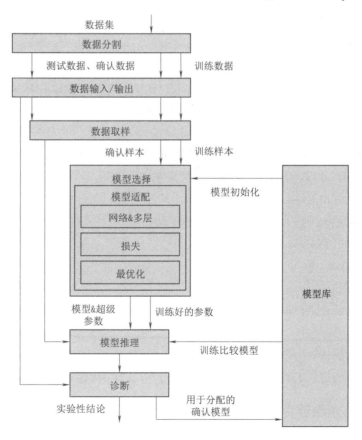

图 11 – 13 NiftyNet 平台架构

2. 平台特色

NiftyNet 构建在 TensorFlow 上(默认使用 TensorBoard),能为各种医疗影像应用提供模块化的深度学习流程,包括语义分割、回归、图像生成和表征学习等常见的医学影像任务。NiftyNet 的处理流程包括数据加载、数据增强、网络架构、损失函数和评估指标等组件,它们都是针对并利用医学影像分析和计算机辅助诊断的特性而构建的。

1)开发特性

NiftyNet 采用模块化设计,专门针对医学图像处理分析以及医学影像辅助治疗,包含了可共享的网络和预训练模型,支持研究和开发人员方便、快速地搭建针对医学图像处理的神经网络模型。使用该模块架构,开发人员还可以开展以下工作:

(1)使用内建工具,建立好的预训练网络。

(2)基于自有的图像数据改造已有的网络。

(3)基于自有的图像分析问题快速构建新的解决方案。

2)平台特征

NiftyNet 现在支持医疗影像分割和生成式对抗网络,它是一个研究型平台,目前并不面向临床使用,具有以下特征:

(1)易于定制的网络组件接口。

(2)共享网络和预训练模块。

(3)支持 2D、2.5D、3D、4D 输入。

(4)支持多 GPU 的高效训练。

(5)多种先进网络的实现(HighRes3DNet、3D U-net、V-net、DeepMedic)。

(6)对医疗影像分割的综合评估指标。

3)网络模型

在 NiftyNet 框架中,实现了以下网络模型,而这些网络模型都可被应用在 2D、2.5D、3D 配置中,并且使用自己的默认参数来实现:

(1)DeepMedic(Kamnitsas et. al. 2017)。

(2)HighRes3dNet(Li et. al. 2017)。

(3)ScaleNet(Fidon et. al. 2017)。

(4)UNet(Cicek et. al. 2016)。

(5)VNet(Milletari et. al. 2016)。

以上网络模型的详细信息可以在 NiftyNet 官网上查看,网址:http://www.niftynet.io。

3. 平台应用

NiftyNet 因为开源较晚,目前主要应用于国外,其在国内的应用尚未见诸报道。

11.3.4 其他开源项目

除了 OpenCV、Face++ 和 NiftyNet 之外,能为搭建智能化图像处理框架和系统提供支撑的还有 JavaCV、QVison、OpenVIDIA 与 Matlab 等开源项目。

JavaCV：一款开源的视觉处理库，基于 GPLv2 协议，对各种常用计算机视觉库封装后的一组 jar 包，封装了 OpenCV、libdc1394、OpenKinect、videoInput 和 ARToolKitPlus 等计算机视觉编程人员常用库的接口。JavaCV 通过其中的 utility 类方便地在包括 Android 在内的 Java 平台上调用这些接口。

QVison：基于 QT 的面向对象的多平台计算机视觉库，可以方便地创建图形化应用程序，算法库主要从 OpenCV、GSL、CGAL、IPP、Octave 等高性能库借鉴而来。

OpenVIDIA：集成了诸多计算机视觉算法，使用 OpenGL、Gg 和 CUDA-C 可运行于图形硬件，如单个或多个图形处理单元（GPUs）。一些实例得到了 OpenGL 和 Direct Compute API 和 apos 的支持。

Matlab：Matlab 的计算机视觉包（http://www.sochina.net/p.mvision）包含用于观察结果的 GUI 组件，用于学习或者验证算法。

●●●●●● 11.4 智能图像处理应用发展趋势 ●●●●●●

随着技术成熟度的不断提高，智能图像处理的应用愈来愈渗透到人们生活的各个角落，一方面在智能交通、安防监控等人们熟知领域的应用更加深入，另一方面在工业制造、农业生产、军事航天等重要行业的应用也越来越广泛，已在诸多领域创造出新的生活和工业模式。反过来，这些需求各异的行业应用也吸引了更多公司与科研机构投入其中，从而促进了智能图像处理技术的进一步发展。

11.4.1 智能安防行业

1. 看得更清

人们对高清的追求永无止境。从标清、高清到超高清，再到4K，智能安防厂家纷纷推出新一代智能摄像机——它们不仅像素极高，还能智能截取画面，在恶劣光线下也能实现高清监控。

针对无光或者弱光环境下监控摄像机无法拍摄清晰画面的难题，相关企业开发了"星光级摄像机"，实现在低照度环境下无须补光仍可保证画面清晰，细节丰富，噪点小。

针对雾霾天研发出的透雾技术摄像机，即使在大气环境极其恶劣的情况下，也可保证对区域的实时高清监控。

2. 看得更准

利用人脸的唯一匹配性，一种基于人的相貌特征信息进行身份认证的生物识别技术逐渐兴起，也因其安全优势正被广泛接受。

门禁模式下，省去公司职员刷卡或前台人员开门的步骤，通过人脸识别自动开启门禁；考勤模式下，代替传统、陈旧的打卡系统，通过人脸识别技术有效避免代替打卡、指纹膜等系列问题。

目前较新型的智能迎宾系统是一套动态人脸识别系统，非常具有代表性，如果放在公司门口,可能就是一个操控门的智能门禁;如果放在会场,可能是一套嘉宾签到系统;如果放在商店门口,可能就是一套 VIP 识别系统。

3. 看得更远

摄像头想要真正地"思考"世界,做出实时响应,要求后台能够处理海量数据、灵活存储数据、快速解锁并提供高效分析和统计数据。在云数据支撑下,智能安防已经不仅仅局限于安防领域,更像是一个入口。

北京旷视科技有限公司和集成商"店小二"就展开了这样一种合作。当客户进入店铺时,摄像头会对客户进行快速的脸部识别,一旦锁定会员身份,这名顾客之前的行为数据将被调用,包括浏览过的商品、购买物品以及消费记录等都会在第一时间推送至门店店长或销售人员手中。随着后续开发,系统还会自动记录客户在货品前方的停留时间、客户年龄、性别等,真正实现品牌体验店或智能门店对自有产品的实时掌控。

11.4.2 智能交通领域

在智能交通领域,智能图像处理已不同程度地应用于无人驾驶、智能防碰撞等多个应用场景,其性能不断提高,作用不断凸显。

1. 无人驾驶

无人驾驶的基础是感知。没有对车辆周围三维环境的定量感知,就犹如人没有了眼睛,无人驾驶的决策系统就无法正常工作,而感知离不开智能图像识别的重要支撑。通过智能图像识别与计算机视觉等技术,无人驾驶系统可以识别在行驶途中遇到的物体,如行人、空旷的行驶空间、地上的标志、红绿灯以及旁边的车辆等。

谷歌、特斯拉、百度等公司已经推出了能够上路驾驶或者测试的无人汽车,其中百度在国内公司中走在前列。百度无人驾驶车的技术核心是"百度汽车大脑",包括高精度地图、定位、感知、智能决策与控制四大模块。其中,百度无人驾驶车依托国际领先的交通场景物体识别技术和环境感知技术,实现高精度车辆探测识别、跟踪、距离和速度估计、路面分割、车道线检测,为自动驾驶的智能决策提供依据,而其中的物体识别技术就深度应用到智能图像识别技术。

2. 智能防碰撞

随着我国汽车产业的迅猛发展,汽车从奢侈品已变成较普通的商品进入了普通百姓的家中。当汽车在给人们带来方便快捷的同时,长时间驾驶导致的疲劳,以及开车打电话、刷微信、传视频等系列不良驾驶习惯而导致车祸也正步步向我们逼近。与此同时,车辆安全性科技配置已经不再仅仅依赖几个气囊、ESP 等常见配置,汽车自动防碰撞系统越来越受到汽车厂商和驾驶人员的关注和重视。

汽车自动防碰撞系统是防止汽车发生碰撞的一种智能装置,它综合应用包括智能图像识别在内的多种技术,对车载各类摄像头采集到的图像数据进行实时、智能的分析,能够自动发现可能与汽车发生碰撞的车辆、行人或其他障碍物体,向驾驶员发出车道偏移预警、侧后方盲区预警等警报或同时采取制动或规避等措施,从而避免碰撞的发生。

目前,包括特斯拉、克莱斯勒和一汽、东风在内的国内外厂商推出了各自的防碰撞系统或者功能,如特斯拉研发的 Autopilot 自动辅助驾驶功能,可以实现半自动驾驶辅助驾驶者规避误操作或者因不良驾驶习惯导致的碰撞风险;而东风日产天籁搭配的 NISSANi-SAFETY 智能防碰撞安全系统整合了前方碰撞紧急制动系统、防误踏油门系统、车道偏离预警系统、侧方盲区预警系统、全景影像系统以及移动物体检测系统,提高了行车的安全性。

11.4.3 身份识别

目前基于生物特征的身份识别技术主要包括声音识别、人脸识别、虹膜识别等,而眼纹识别、步态识别等新技术也日臻成熟,并逐渐应用到网络金融、安检进站、人群中抓罪犯等场景中,其中人脸识别、虹膜识别、眼纹识别、步态识别均应用了智能图像处理技术。

1. 眼纹识别

眼纹识别是利用眼白的可见静脉图案进行身份识别,因为没有任何两个人的脉管系统完全相同(见图 11-14),即便是长相极端相似的同卵孪生兄弟或者同卵四胞胎,其中每个人的眼纹特征也是独一无二的,所以可以被用作识别个人身份的生物特征。据介绍,在充足的可见光下,用户自然看着手机的前置摄像头就可以进行眼纹识别,而不用像虹膜识别需要特殊的摄像头。不过这项技术还没有解决眼球反光、眨眼、眼睫毛等干扰因素,现在还属于实验室产品阶段。

眼纹识别技术由生物识别技术创业公司 EyeVerify 研发,该公司已被蚂蚁金服用 7 000 万美元收购,并被整合为全球可信身份平台——蚂蚁佐罗(ZOLOZ)。ZOLOZ 的这一前沿技术已在央视一套的"机智过人"节目中亮相,并在节目现场成功识别 4 位长相极其相似的同卵四胞胎。

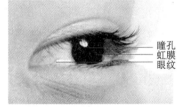

图 11-14 眼纹识别示意图

ZOLOZ 计划将这项领先全球的金融级生物识别技术能力向外界开放,并希望这项技术完全成熟后能够去做一些有社会价值的事情,比如帮助寻找走失儿童,尤其是走失多年的儿童。小朋友面貌变化很大,人脸识别往往很难识别长大后的他们,但是他们的眼纹是不会变的。

2. 步态识别

所谓步态识别,就是只通过走路姿势,在极短时间内,摄像头就可识别特定对象。不同于人脸识别需要"主动配合",哪怕一个人在几十米外背对摄像头,机器也可通过算法把你认出来。如果你看过《碟中谍5》,一定会对电影中"最后一道安保系统"——步态识别印象深刻:它可以对生物体的身体和步态进行 360° 无死角扫描,识别进入者身份。

由中科院自动化所孵化的银河水滴科技公司已经掌握了全球领先的步态识别技术,该公司将跨视角步态识别做到精确度高达94%,并拥有全球最大的步态数据库(超过第二大数据库数百倍)。银河水滴的产品在中央电视台"机智过人"节目中战胜了有最强大脑之称的记忆大师,成功地从 10 名身高、体型相似的人中识别出目标"嫌疑犯",并且从 21 只体型毛色相似的金毛犬及剪影中识别出目标金毛犬(见图 11 – 15),这一成绩被图灵奖获得者姚期智院士称赞"机智过人"。

(a)识别"嫌疑人"　　　　　　　　　　　　　(b)识别金毛犬

图 11 – 15　银河水滴步态识别技术在央视"机智过人"节目中表现过人

目前,银河水滴的步态识别技术已经在公安系统、石油系统、核电系统、军工领域、家电领域成功应用,大幅提升了工作效率。

11.4.4　工业生产领域

机器视觉系统是指通过视觉图像获取装置获取被测目标的图像信号,根据图像像素的颜色、亮度等信息,进行目标特征的检测提取、分析判别,进而根据判别的结果来控制现场的设备动作。随着机器视觉技术与人工智能、智能图像识别等技术的深度结合和各自发展,机器视觉技术在对机器零部件的识别、定位方面能力越来越高,已经广泛应用于零部件检测、食品生产、精密机械制造等不同行业,能大幅提高工业生产线的装配效率和检测一致性,从而进一步促进工业生产过程的自动化和智能化。

1. PCB 缺陷检测

我国已经成为印刷电路板(printed circuit board,PCB)生产大国,是全球产值最大的 PCB 生产基地。在 PCB 的生产过程中,裸板缺陷检测是确保产品质量的重要工序之一。该工序主要检查蚀刻后的 PCB 是否存在线路问题,如短路、断路、线宽和线距过宽或过窄等;瑕疵,如凹陷、凸起、余铜等;孔位缺陷,如孔位偏移、缺失等。

目前,裸板缺陷检测有几种常用方法:人工目测,接触式检测,非接触式。其中人工目测存在易疲劳、不稳定和效率低等缺陷,接触式检测容易对产品产生影响,而基于机器视觉的 PCB 缺陷检测(automatic optical inspection,AOI)是非接触式检测中的重要方法之一,具有检测速度快、无损伤、检测范围更宽、检测精度更高等特点。

基于机器视觉的 PCB 检测系统是通过 CCD 摄像头获取 PCB 图像,对图像进行去噪、增强、二值化等处理,通过对 PCB 图像的智能识别分析,并与 PCB 参考模板比对,快速而准确地发现印刷电路板的常见缺陷,并将识别结果存档、报告。系统硬件结构示意图如图 11 – 16 所示。在计算机的控制下,PCB 传送机构将待检 PCB 传送到检测室。在检测室内,由面阵 CCD 工业相机对 PCB 进行扫描拍照,并将图像传送到计算机中进行缺陷检测。检测完成后将 PCB 分为合格品和非合格品传出。

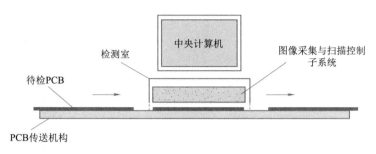

图 11 – 16 AOI 系统工作示意图

目前,英国 DiagnoSYS、美国 Tera-dyne、日本 OMRON 以及国内部分公司已有成熟产品应用于 PCB 生产企业的检测中。

2. 食品加工

随着人口红利逐渐消失,劳动力短缺,食品加工企业招工越来越难,用人成本增加;同时,由于食品行业的特殊性,要严格保障食品的安全,人工挑选不仅效率低,而且容易产生二次污染,影响产品品质。在食品加工行业,进行技术革新,用机器取代人工,是未来的发展趋势。例如,利用 3D 机器视觉系统对无序来料进行位置定位、品相识别和分类,指导机械手进行抓取、搬运、旋转、摆放等操作。综合运用人工智能算法和图像识别技术进行食品和农产品的智能分拣等。不仅识别准确率高、而且能够极大地提升生产效率。

3. 焊缝跟踪

目前,焊接机器人在汽车、机床、核电等制造行业的应用越来越广泛,但在工件装配精度、坡口状况、接头形式等焊接条件的影响下,焊枪偏离焊接位置从而降低焊接质量和生产效率的情况屡见不鲜。焊缝跟踪系统通过应用包括摄像头等各种传感器技术,采集焊接过程中产生的电、光、热、力、磁等物理信号,可以大大提高焊接质量和焊接过程的自动化程度。相比基于电磁学、超声技术的焊缝跟踪传感器,基于视觉的传感器不与工件接触,直接获取焊接区域的三维图像信息并对图像进行实时的综合处理,具有再现性好、实时响应性高、使用寿命长等特点。

4. 机器码垛

伴随着物流产业的飞速发展,国内外码垛技术实现了跨越式的进步。早期的人工码垛存在负载量低、吞吐量小、劳动成本高、搬运效率低等问题,无法满足自动化工业生产的需求。在工业生产中,普遍用于自动化生产中的码垛机器人实质上是一种普通的工业搬运机器人,主要负责执行装载和卸载的任务,且一般都采用预先设定好抓起点和摆放点的示教方法。这种工作方式无法对生产线的情况进行分析判断,如不能区

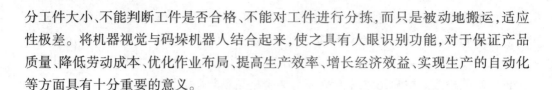

分工件大小、不能判断工件是否合格、不能对工件进行分拣,而只是被动地搬运,适应性极差。将机器视觉与码垛机器人结合起来,使之具有人眼识别功能,对于保证产品质量、降低劳动成本、优化作业布局、提高生产效率、增长经济效益、实现生产的自动化等方面具有十分重要的意义。

11.4.5 农业生产领域

1. 田间杂草识别

在农作物生长过程中,杂草成为影响农作物产量的一个重要因素,除草成为提高农作物产量,保证农作物品质的一个重要方面。目前,在除草剂除草、人工除草和机械除草三种除草方式中,机械除草综合效能最高,它一方面解决了除草剂滥用对环境带来负担的负面效应;另一方面其工作效率相比人工除草提升了 5 倍,同时能够疏松土壤,有利于幼苗根系生长发育,促进幼苗的生长。因此,在"绿色农产品"种植过程中机械除草被视为最佳的除草方式。获取田间图像,并采用智能图像处理技术进行苗间杂草的高效识别,具有快速、准确、便利性,能够满足实际需要。

2. 果园管理

采用智能图像处理技术,快速、准确地采集各种农田信息,有效地检测农业对象,是实施精细农业的重要基础。这种"精细"的技术思想已经开始渗透到果园管理中。同一果园内,土壤、植物的特性不均,而且随着时间、空间变化。为了提高资源的利用率,需要根据果树的差异制定管理方案,提高果树种植的效率,而单株果树早期估产是实现果树挂果期精准管理的前提。在苹果园内获取果树树冠图像,采用智能图像处理技术实现对早期树上苹果的识别;然后从中提取果实个数、果实面积、果实树叶比、受遮挡果实个数比例及受遮挡果实面积比例,再以这些特征参数作为输入,实际产量为输出,利用人工神经网络建立苹果早期估产模型;最后以估产模型对产量进行预测,有助于提高果园的精确化管理水平。

3. 蝗灾防控

蝗灾是一种突发性强、危害面积大、对农牧业生产具有毁灭性破坏的世界性生物灾害。为了确保蝗灾防治工作有的放矢、避免盲目性,应及时准确地测报蝗虫发生的范围、密度及其成灾强度等虫情。目前,国外发达国家主要采用基于遥感技术、地理信息技术的蝗灾预测预警系统进行测报,而智能图像处理是其核心。英国爱丁堡大学与英国国立自然资源研究所、联合国粮农组织联合研制并安置于联合国粮农组织总部(罗马)的沙漠蝗虫预警管理系统,可对全球或大区域尺度的沙漠蝗动态做出预测和预警;澳大利亚国家蝗虫灾害委员会针对澳大利亚四个州建立的蝗虫治理决策支持系统,已成功地应用于飞蝗的实时动态监测和预警。

4. 烟草分级

烟叶等级的划分是烤烟收购过程中的重要措施,能够合理分配和利用烟叶资源,从而有效提高后期烟制品的质量。传统的烟叶分级主要是依靠人为经验和感官进行判定,存在很大的主观性和随机性,分级效率和精度低,逐渐难以适应烟叶质量检测与分级标准不断细化和规范化的客观要求。随着信息技术及模式识别在烟草领域的应用,基于图像处理技术的烤烟智能化分级具有准确性及可靠性高等优点,可使整个过程逐步趋于智能化和自动化。

●●●●●● 11.5 智能图像处理存在的问题 ●●●●●

作为人工智能的一个重要应用领域,智能图像处理正在不断深度融入人们的生活。但在蓬勃发展的同时,智能图像处理也面临着以下问题:

1. 通用性问题

识别现实世界中的各种复杂景物对人类来说是一件轻而易举的事,而用计算机进行图像识别却非常困难,图像识别大多数成功应用在相对简单(或对识别环境有严格限制)的领域,并且基本上是二维的。当前图像识别所面临的主要问题有如下几个方面:

(1)完成一幅图像的识别一般要经过许多不同的处理过程,图像的识别正是这些过程综合运用的结果。然而,至今还没有一个普遍的原理来指导这些过程在完成特定任务时应该如何组织和搭配,即便是对各种常用的图像分割算法之间的性能比较,也没有一个较好的统一标准。

(2)现有的各种图像识别算法都或多或少地带有一定的局限性,在一种环境下效果很好的算法在另一种环境中就可能很糟,如传统的只考虑灰度等关系的简单处理方法很难构造图像中景物的完整描述。

(3)一些有一定通用性、效果好的算法往往计算量大,难以实时应用。

(4)人类对生物体的视觉机理还很不清楚,不能给计算机图像识别提供有力的指导。

尽管计算机图像识别面临着巨大的困难,但是这一技术还是得到了很大的发展,综观图像识别技术近十年来的发展变化,不难看出一些特点:立体视觉与人工智能仍然是计算机图像识别今后的发展方向,短期内实现全自动的通用性较大的计算机视觉系统的可能性不大,今后仍应结合各种实际应用开发各种计算机图像目标识别系统。

2. 精确度问题

高精确度一直是图像识别和跟踪领域的终极目标之一,但也是最大的难点之一。近十几年来,人们将神经网络算法、蚁群算法、粒子群算法等多种智能算法综合应用在对各种目标的自动识别和跟踪上,特别是近年来深度学习在图像领域的运用,使得图像识别技术获得大幅度提升,但是迄今为止,实践应用中目标识别的精确度与实际需求相比仍有不小的差距。尤其是针对复杂背景环境下动态目标的自动识别,现有智能图像识别技术仍有很大提升空间。例如,在草原蝗灾防治中,由于蝗虫体型较小,而且具有与地理环境相近的保护色,跳跃的蝗虫很容易与草原背景浑然一体,"隐藏"其间,难以识别;在机器视觉系统中,要求图像识别和测量的准确性接近100%,任何微小的误差都有可能带来不可预测的后果,如目标定位误差会使装配出来的设备不符合要求;在军事领域,美国空军也遇到了许多棘手的问题,如对城市、平民区空中打击时,如何进行空 – 地目标精确打击,远程末制导和光电对抗武器系统如何能及早发现小、暗、多、快以及伪装和隐蔽的目标等。

3. 实时性问题

实时性问题主要凸显在无人驾驶、工业制造及军事领域的目标跟踪打击等对时效性要求较高的场景中,例如,在无人驾驶中,"无人驾驶脑"需要基于高速摄像头、毫米波雷达等多类传感器获取各种场景图像,再提炼出行人、车辆、道路等要素的特征并予以迅速、精确的识别,这些处理通常必须在十几毫秒甚至几毫秒内完成,不然将可能造成车毁人亡的严重后果;在军事作战领域的目标打击中,精确制导导弹的智能控制单元必须在毫秒级时间内完成对正在高速机动的小型目标的精确识别和跟踪,识别时间过长将直接导致丢失打击目标、丧失作战机遇;在工业控制中,如果图像采集速度、处理速度较慢,再加上深度学习算法加大了系统实时处理的难度,有可能跟不上机器运行和控制的节奏。

智能图像处理系统的实时性瓶颈主要存在于两方面,一是采用的智能算法耗时长,这需要不断改进算法;二是智能算法依赖的嵌入式图像处理系统计算能力不足,这需要对硬件系统进行并行处理、精简指令等多方位设计改进。

4. 安全性问题

智能图像处理面临的安全性问题包括两方面:

(1)技术上的安全性。随着智慧城市理念的兴起和落地,深度应用智能图像处理技术的智能交通、平安城市等涉及公共利益的智能系统将迁入"云端",这在提高了城市管理和决策水平的同时,也带来了安全上的隐患。例如,如果犯罪组织侵入"云端",他将可以查看、篡改、销毁汇聚在"云端"的海量视频图像数据,甚至对分布于城市各个角落的智能摄像头进行控制,这将严重影响城市的正常运行和公正执法,其后果不可估量。

(2)法律道德上的安全性。科技历来是一把双刃剑。智能图像处理技术的广泛应用将使其成为未来智慧城市的一项基础性核心技术,它为城市的社会管理提供直接的支撑,构建了一个触角延伸至城市各个角落、能够全天候工作、具备高度智能化图像分析能力的超级监控系统——"天眼"系统。"天眼"系统无处不在,人们几乎时时刻刻生活在"天眼"的全方位监视之下,丧失了大部分隐私。政府追求高效的社会治理,民众要求保护个人隐私,从长远来看,两者必然存在冲突,如何平衡两者也将极大地考验人们的智慧。我们相信,以人类几千年的智慧沉淀,我们终将可以给出完美的解决方案。

参考文献

[1] 佚名. 斯坦福大学终身教授李飞飞做客上海交大讲述人工智能[EB/OL]. http:// news. sjtu. edu. cn/ info/ 1002/ 1563617. htm,2018.

[2] 目标分割、目标识别、目标检测和目标跟踪的区别[EB/OL]. https://blog. csdn. net/mdjxy63/article/details/76009046,2017-7-24.

[3] 丁毓. "AI + 医疗"人工智能的下一个风口[J]. 上海信息化,2017(3):78-80.

[4] 王浩宇. 数字交通图像融合算法研究[D]. 长春:吉林大学,2016.

[5] 佚名. Pascal VOC Challenge [EB/OL]. http://www. 360doc7. net/wxarticlenew/286033689. html,2013-05-17.

[6] 佚名. 图像数据库[EB/OL]. https://blog. csdn. net/qq_14845119/article/details/51913171,2016-07-14.

[7] 佚名. 人工智能图像识别大赛最后一年举办,胜者多是中国团队[EB/OL]. http://www. sogou. com/link? url = DSOYnZeCC_qsC00FRL8qeImM8VCP_-HWYw4ou2GcbMZ8q9JZXuktQa4to0wa_Tif,2017-08.

[8] 佚名. 人工智能程序可 1 秒检测出肠癌,准确率 86% [EB/OL]. http:// tech. 163. com /17/ 1031/ 09/ D22K00MQ00098IEO. html,2017-10-31.

[9] 佚名. 机器学习在自动驾驶中的应用:以百度阿波罗平台为例[上][EB/OL]. https://mp. weixin. qq. com/s/EYM41R-J21EdRgBN0AspFQ,2018. 06.

[10] 佚名. 智能图像处理,让机器视觉及其应用更智能高效[EB/OL]. https://blog. csdn. net/cszn6666/article/details/81701397,2018-08-15.

[11] 孙志军,薛磊许,阳明. 深度学习研究综述[J]. 计算机应用研究,2012,29(8):2806-2810.

[12] 吴峰. 基于机器学习的道路交通标志识别方法研究[D]. 北京:北京交通大学,2015.

[13] 阳柯. 基于深度神经网络的图像分类算法研究[D]. 沈阳:沈阳航空航天大学,2016.

[14] 常见的七种回归技术[EB/OL]. https://blog. csdn. net/u012102306/article/details/52988660,2016. 10. 31.

[15] 佚名. 一文读懂数据分析师最常用的十大机器学习算法[EB/OL]. https://mp. weixin. qq. com/s/s4e15EfZLIyCuABvUIPYbA,2018. 09. 05.

[16] 卷积神经网络为什么能称霸计算机视觉领域[EB/OL]. https://mp. weixin. qq. com/s/pgbXo4pTFi-7SUiwo9dcfg,2018. 4. 26.

[17] 佚名. 如何简单形象又有趣地讲解神经网络是什么[EB/OL]. https://mp. weixin. qq. com/s/3vD3Wr0m0w4iSAt8ksD30Q,2015. 09. 11.

[18] 苏志远. 基于模糊 C 均值聚类和字典学习的肺结节分割[D]. 济南：山东财经大学, 2016.

[19] 熊厚金. 彩色白细胞图像分割中的智能方法研究[D]. 南昌：南昌航空大学, 2013.

[20] 潘喆. 智能交通 x 图像阈值分割方法研究[D]. 南京：南京航空航天大学, 2010.

[21] 肖欣庭. 群体智能算法在图像分割中的阈值选择优化算法研究[D]. 重庆：重庆大学, 2016.

[22] 丁蓬莉. 基于深度学习的糖尿病性视网膜图像分析算法研究[D]. 北京：北京交通大学, 2017.

[23] 从图像分类到图像分割卷积神经网络[EB/OL]. https://blog.csdn.net/boss2967/article/details/78929288, 2017.

[24] 张霖. Facebook 开源三款图像识别人工智能软件[EB/OL]. https://www.ctocio.com/ccnews/21630.html, 2016.

[25] 图像分割与 FCN [EB/OL]. https://blog.csdn.net/linolzhang/article/details/71698570, 2017.

[26] 佚名. 医学图像分割：U-Net：Convolutional Networks for Biomedical Image Segmentation [EB/OL]. https://blog.csdn.net/zhangjunhit/article/details/73289655, 2017.

[27] Luca Del Pero, Susanna Ricco, Rahul Sukthankar. Discovering the physical parts of an articulated object class from multiple videos[C], IEEE Conference on Computer Vision and Pattern Recognition, CVPR2016.

[28] Christian S. Peron, Convolutional neural networks and feature extraction with Python [EB/OL]. blog.christianperone.com, 2015-08-27.

[29] 黄涛. 基于综合特征的图像分类[D]. 南京：南京邮电大学, 2016.

[30] 关亚勇. 医学图像的多特征融合和识别研究与应用[D]. 成都：电子科技大学, 2016.

[31] 梁秀梅. 无人艇视觉系统目标图像特征提取与识别技术研究[D]. 哈尔滨：哈尔滨工程大学, 2013.

[32] 佚名. 人脸检测算法综述[EB/OL]. https://mp.weixin.qq.com/s？src=11&timestamp=1525570490&ver=859&signature=T6l4, 2018-05-03.

[33] 佚名. 基于深度学习的目标检测算法综述[EB/OL]. https://mp.weixin.qq.com/s/3R-Bdydob6Mv5lGxs1x0kw, 2018-05-01.

[34] 王雨晨. 移动机器人运动目标检测与跟踪[D]. 杭州：浙江工业大学, 2015.

[35] 黄晓丽. 基于计算机视觉的目标检测与目标跟踪算法改进[D]. 青岛：青岛大学, 2016.

[36] 目标检测评价指标（mAP）[EB/OL]. http://www.cnblogs.com/makefile/p/metrics-mAP.html.

[37] 行人检测算法[EB/OL]. https://mp.weixin.qq.com/s/2oRzEEfyzfpswCz3abwrKQ, 2018-05-31.

[38] 黄孟缘. 多层卷积神经网络在 SAR 图像目标检测与识别的应用研究[D]. 西安：西安电子科技大学, 2017.

[39] 吴小俊. 图像特征抽取与识别理论及其在人脸识别中的应用[D]. 南京：南京理工大学, 2002.

[40] 曹晶. 新形势下智能交通系统中的车牌识别技术研究[J], 通讯世界, 2016(4)：272-273.

[41] 张涛, 张鹏. 车牌字符自动识别技术分析[J], 中国水运, 2007, 5(4)：135-137.

[42] 佚名. 一文读懂文字识别（OCR）[EB/OL]. https://baijiahao.baidu.com/s？id=1565436389263638& wfr=spider&for=pc.

[43] 佚名. Python（TensorFlow 框架）实现手写数字识别系统[EB/OL]. https://blog.csdn.net/louishao/article/details/60867339, 2017.3.8.

[44] 屈冰欣. 基于深度学习的图像分类技术研究[D]. 西安：西北工业大学, 2015.

[45] 徐云云. 面向智能手机的掌纹识别技术研究[D]. 合肥：合肥工业大学, 2015.

［46］王明潇.图像识别算法研究及其智能终端上的实现［D］.北京:北京邮电大学,2010.

［47］倪翠竹.基于视频的交通标志文字检测与识别算法研究［D］.北京:北京交通大学,2015.

［48］施徐敢.基于深度学习的人脸表情识别［D］.杭州:浙江理工大学,2015.

［49］吉文阳.基于多模态和多视角的指静脉和指背纹识别算法研究［D］.北京:清华大学,2017.

［50］赵志国,鞠哲,顾宏.低分辨率多姿态人脸识别算法研究［J］,控制工程,2016,23(7):1057-1061.

［51］郭姗姗.多姿态人脸识别算法的研究与设计［D］.长春:吉林大学,2016.

［52］惠国保.基于深度学习的自动目标识别技术［C］.第四届中国指挥控制大会论文集,2016.

［53］鞠蓉.基于特征提取的视觉跟踪算法研究［D］.南京:南京信息工程大学,2016.

［54］胡昭华.基于粒子滤波的视频目标跟踪技术研究［D］.南京:南京理工大学,2008.

［55］欧阳光.基于图像分析技术的智能视频监控系统［J］,中国安防,2012.8;38-40.

［56］张艳霞,冯明,曹宁.智能视频监控应用和产品分析［J］,电信技术,2016,5;51-54.

［57］陈明洁.智能视频监控系统目标检测和跟踪技术分析［J］,电视技术,2008,32(10);85-87.

［58］赵云.智能视频监控系统在城市轨道交通的应用与发展趋势［J］,路桥科技,2016,34:250.

［59］韩秋平,万和平.智能视频分析技术在电力行业的应用与发展［J］,中国安防,2016,6;27-30.

［60］罗超.智能视频分析应用正当时:2015年智能视频分析技术发展调查［EB/OL］.www.cps. com.cn.

［61］汤志伟.智能分析技术在网络视频监控领域的应用［J］,中国安防,2011.3;47-49.

［62］李健,刘治红,蒋飞.一种基于智能视觉的群体性事件现场态势感知技术［J］,2015,34(6);61-63.

［63］杨劲,郭宏晨.视频图像中运动目标检测算法研究［J］,机械工程师,2014,4;101-102.

［64］郭昊.基于红外视频的人体检测与行为识别［D］.沈阳:沈阳工业大学,2016.

［65］周洁.智能视频监控中人群异常行为的检测与分析［D］.宁波:宁波大学,2016.

［66］单仁光.智能视频监控中行人检测与跟踪技术的研究与实现［D］.杭州:浙江工业大学,2015.

［67］秦为帅.智能交通监控中的视频处理方法与系统［D］.南京:东南大学,2015.

［68］寇思玮.基于特征配准的运动目标跟踪与识别技术研究［D］.西安:西安科大学,2015.

［69］深度学习在目标跟踪中的应用［EB/OL］.https:∥zhuanlan.zhihu.com/p/22334661,2018.

［70］视频图像跟踪算法综述［EB/OL］.http:∥www.p-chao.com/2016-12-30.

［71］郭璘.基于信息融合的交通信息采集研究［D］.合肥:中国科学技术大学,2007.

［72］于晓青,曹慧,魏德健.数据融合技术及其在医学领域的应用［J］,中国医疗设备,2017,32(3): 99-101.

［73］陈曦.医学超声影像中的图像融合应用［J］.医学信息,2014(5).

［74］刘峰,沈同圣,马新星.特征融合的卷积神经网络多波段舰船目标识别［J］.光学学报,2017,37 (10);1015002-1-1015002-9.

［75］臧金明.百度机器人对战人类最强大脑,赢在了小数点后第二位［EB/OL］.http://tech.qq.com/a/ 20170107/001226.htm,人工智能腾讯科技,2017.01.

［76］佚名.格灵深瞳:计算机视觉将改变什么［EB/OL］.http://tech.sina.com.cn/i/special/ silverage/deepglint/.

［77］佚名.一眼认出你!蚂蚁金服研发出眼纹识别技术［EB/OL］.http://sn.people.com.cn/n2/ 2017/1103/c378305-30885806.html,2017.11.

［78］佚名.商汤科技智能人群分析解决方案［EB/OL］.https://www.sensetime.com/isSecurity-PeopleAnalyze/,2017.

[79] 成娟娟. 宇视视频智能分析技术在公安领域大放异彩[J],中国安防,2017,6:84-87.

[80] 佚名. 腾讯云 OCR 文字识别[EB/OL]. https://cloud. tencent. com/product/ocr? fromSource = gwzcw. 743912. 743912. 743912,2017.

[81] 佚名. 让图像识别更智能,Facebook 可以更轻松找出相似图片[EB/OL]. http://36kr. com/p/ 5063108. html,2017. 02.

[82] 佚名. 智能视频监控行业应用案例集锦[EB/OL]. http://www. bellsent. com/news_info/ 2010111117304084. html,2010. 11.

[83] 佚名. 智能视频监控在轨道交通方面的应用案例[EB/OL]. http://www. asmag. com. cn/ solution/200906/18157. html,2009. 06.

[84] 孙明,孙红. 数字图像理解与智能技术:基于 MATLAB 和 VC + +实现[M].北京:电子工业出版 社,2015.

[85] 宋建中. 图像处理智能化的发展趋势[J]. 中国光学,2011(5):125-126.

[86] 卞志国,刘超,卢旻昊,等. 图像情报保障技术[J]. 指挥信息系统与技术,2017,8(1):53-58.